高等学校网络空间安全专业系列教材

密码技术应用与实践

主　编　张敏情

副主编　韩益亮　吴旭光　朱率率

参　编　周潭平　刘文超　吴立强　刘龙飞

西安电子科技大学出版社

内 容 简 介

全书分为 5 章。第 1 章为密码算法基本应用实践，介绍基于 Pycryptodome 密码函数库的对称加密算法、公钥加密算法、哈希算法的基本应用；第 2 章为密码学扩展应用实践，主要讲解使用常见密码库完成文件的加解密、签名传输，实现 HTTPS 的交互过程，进一步实现密码学在工程实践中的应用；第 3 章为 PKI 应用与实践，主要介绍基于 Windows Server 建立 PKI 体系，并介绍了其配置和综合防护应用；第 4 章为常见加密工具应用实践，主要介绍 PGP、Gnu PG、VeraCrypt 等常见工具的使用；第 5 章为加密技术创新综合实践，主要结合区块链、云计算、移动终端等场景，介绍密码算法的创新应用实践。

本书可作为高等学校密码学、网络空间安全或相关专业的密码实践指导性教材，也可作为信息安全工程人员的实践参考书。

图书在版编目(CIP)数据

密码技术应用与实践 / 张敏情主编. —西安：西安电子科技大学出版社，2021.7
ISBN 978-7-5606-6075-2

Ⅰ. ①密… Ⅱ. ①张… Ⅲ. ①密码术 Ⅳ. ①TN918.4

中国版本图书馆 CIP 数据核字(2021)第 103616 号

策划编辑 陈 婷
责任编辑 郑一锋 陈 婷
出版发行 西安电子科技大学出版社(西安市太白南路 2 号)
电 话 (029)88202421 88201467 邮 编 710071
网 址 www.xduph.com 电子邮箱 xdupfxb001@163.com
经 销 新华书店
印刷单位 陕西日报社
版 次 2021 年 7 月第 1 版 2021 年 7 月第 1 次印刷
开 本 787 毫米×1092 毫米 1/16 印 张 17.75
字 数 420 千字
印 数 1～3000 册
定 价 45.00 元
ISBN 978-7-5606-6075-2 / TN

XDUP 6377001-1

如有印装问题可调换

高等学校网络空间安全专业系列教材
编审专家委员会

前　言

密码技术是信息安全的关键技术之一，几乎所有的信息安全系统都会用到密码技术。要想把密码学的知识应用到实际中，就必须具有密码学的实践应用能力。2018 年，教育部高等学校网络空间安全专业教学指导委员会编制的《高等学校信息安全专业指导性专业规范(第 2 版)》明确指出，密码学实践能力是信息安全专业实践能力体系的重要组成部分。

在密码学实践能力教学方面，目前大多数学校将其作为密码学课程的一部分，缺乏对密码学实践能力培养的整体思考和设计，存在课时量少、内容体系不完善、实践难度低的问题。针对目前密码学实践能力培养存在的问题，我们设置了具备鲜明实践特色的“密码应用与实践”专业课程，并编写了本书作为课程的教材。本书不拘泥于算法的具体实现细节，而是直接面向具体的信息安全应用场景，着重培养学生的密码工程实践技能，意在帮助学生加深对密码理论的理解，提高解决实际信息安全问题的能力。

本书具有以下特色：

(1) 强化“工程”理念，突出密码算法及安全工具的综合应用和实践。

常见的密码学实验教材侧重于密码算法的细节实现，对于密码算法的实际应用关注不多。学完这些教材后，学生仍不知道如何安全地使用密码算法。比如用户设置的口令如何转化为安全的密钥；加密文件时，如何综合使用对称算法和公钥算法；在具体环境中，如何选择并使用密码算法。本书以工程实践为导向，在内容选择上注重实际应用，突出密码算法及安全工具的综合应用和实践，可为将来从事相关工作打下基础。

(2) 接轨“新工科”，增加新型场景应用。

随着新兴产业的发展，区块链、云计算等“新工科”内容吸引了学术界的注意。然而现有的教材大多止步于对理论的介绍，对于结合具体场景的信息安全应用涉及不多。本书结合区块链、云计算、移动终端等场景，在综合实践部分介绍了三个信息系统的具体实现细节，并配备了详尽的源代码，使学生更容易上手，有助于培养实践能力和创新能力。

(3) 紧贴前沿动态，加入国产加密算法的使用。

本书增加了中国商用算法 SM2、SM3、SM4、ZUC 等的应用实践，体现了我国密码政策的要求，符合信息安全商业开发需求。

本书由张敏情和韩益亮拟定大纲，由编写组成员共同编写，其中张敏情、韩益亮负责第 1 章内容的撰写，吴旭光、朱率率、吴立强负责第 2、3、4 章的撰写，第 5 章由吴旭光、周潭平、朱率率带领的密码技术竞赛团队的获奖作品组成，刘龙飞校对了代码，刘文超校对了文字。武警工程大学信息安全各专业的老师和学生在教学过程中，为本书的编写和出版提供了大量宝贵的意见和建议，在此对他们表示感谢！同时还要感谢西安电子科技大学出版社的编辑同志为本书出版付出的努力！

由于本书涉及大量代码与注释，加之编者水平有限，书中难免存在疏漏和不妥之处，敬请读者批评指正。

编者

2021.4

目　　录

第 1 章　密码算法基本应用实践

1.1　密码算法应用实践概述

1.1.1　信息安全威胁

人类社会已进入信息化时代，信息就像水、电、石油一样成为一种基础资源。信息资源的价值在各行各业体现得越来越明显，离开了计算机、网络和信息终端，人们将无法正常地工作和学习。保护信息资源在网络空间的安全事关人类共同利益，事关世界和平与发展，事关各国国家安全，是信息化时代不能绕开的基本问题。

通过网络设备、计算机终端、通信链路或其他终端对信息进行获取、处理、传输时，会受到多种威胁，其基本威胁类型主要有：

(1) 数据窃听：信息被泄露或透漏给了某个非授权的人或实体。这种威胁来自诸如被动分析、搭线窃听或者其他更加错综复杂的信息探测攻击。

(2) 数据篡改：数据的一致性通过非法授权的增删、修改或者破坏而受到损坏。

(3) 身份冒充：某个实体(人或系统)假装成另外一个不同的实体。这个非法授权的实体提示某个防线的守卫者，使其相信它是一个合法实体，如此攫取此合法用户的权利和特权。黑客大多采用这种假冒身份的方式来实施攻击。

上述三种基本威胁类型分别对应了密码算法的机密性、完整性和可认证性，并分别由相应的密码算法及其构造的协议实现应对上述威胁的具体方案。

在通信网络中主要的威胁表现形式有以下两种：

(1) 主动攻击：分为渗入威胁和植入威胁，其具体手段有假冒身份、旁路攻击和授权侵犯，也可通过植入特洛伊木马、设置陷门实施上述攻击和其他类型的威胁。在安全威胁中，这些可实现的攻击手段应引起高度关注，这类威胁一旦成功实施，就会直接导致其他类型的威胁的实施。

(2) 潜在威胁：主要包含窃听、流量分析、操作人员管理不当和媒体废弃物导致的信息泄露。在某个特定的环境中，如果对任何一种基本威胁或主要的可实现的威胁进行分析，就容易找到潜在威胁，而任意一种潜在威胁都可能导致一些更基本的威胁的发生。

1.1.2 密码学解决方案

使用密码算法和密码协议是保护信息免受网络空间安全威胁的最主要、最可靠的技术手段。

密码算法从实现体制上，主要分为对称密码体制(单钥或私钥密码)和公钥密码体制(双钥密码或非对称密码)。常用的密码工具有散列函数(Hash Function，又称杂凑函数、哈希函数)和消息认证码(Message Authentication Code，MAC)。

对称密码体制按照其加解密运算的特点，分为分组密码(Block Cipher)和流密码(Stream Cipher)。

由于分组密码具有灵活的工作模式，易于构造伪随机数生成器、流密码、消息认证码(MAC)等，进而可以构造消息认证技术、数据完整性结构、实体认证协议核心组成部件，因此，分组密码具有十分广泛的应用。在工程实践中，对于分组密码有着多方面的要求，除了安全性以外，还包括运行速度、存储代价(程序的长度、数据分组长度、高速缓存大小)、实现平台(软硬件、芯片)、运行模式等。因此，在算法实现中，不同实现方法的选择对算法的性能和安全性有着不同的影响。分组密码实践注重结合具体应用场景实现不同类型的算法、参数和工作模式的选择。

流密码是另外一类重要的对称密码体制，也是手工和机械密码时代的主流加密算法。20 世纪 50 年代，由于数字电子技术的发展，利用以移位寄存器为基础的电路能够方便地产生密钥流，促进了线性和非线性移位寄存器理论的迅速发展；同时，有效的数学工具如代数和谱分析理论被引入和研究，使得流密码理论迅速发展和走向成熟阶段。由于流密码实现步骤简单和速度上的优势，以及没有或者只有有限的错误传播，使其在实际应用中，特别是在专用和机密机构中仍保持优势。

公钥密码体制于 1976 年由 W. Diffie 和 M. Hellman 提出，同时 R. Merkle 也独立研究提出了这一体制。这一体制的最大特点是采用两个密钥将加密和解密能力分开：一个密钥公开作为加密密钥，称为公钥；一个密钥用户专用，作为解密密钥，称为私钥。通信双方无需事先交换密钥就可以进行保密通信。但是从公开的公钥和密文中分析出明文或私钥，在计算上是不可行的。若以公开密钥作为加密密钥，以用户专用密钥作为解密密钥，则可实现多个用户加密的消息只能由一个用户读取；反之，以用户专用密钥作为加密密钥而以公开密钥作为解密密钥，则可实现由一个用户加密的消息可使多个用户解读。前者可用于保密通信，后者可用于数字签名。在工程实践中，公钥密码体制主要用于构造功能复杂的密码协议，如公钥基础设施、零知识证明、身份认证等密码协议。

散列函数和消息认证码均是实现将任意长度的消息 M 映射到一个较短的定长输出密文串的函数。两者的区别在于 MAC 需要使用密钥控制，可以直接用于消息或文件的认证或完整性验证，而散列函数不需要密钥控制，任何人都可以用来输出消息的定长摘要，能够用于消息的完整性验证，有着更为广泛的应用。在密码学和信息安全技术中，散列函数是实现安全可靠数字签名和认证的重要工具，是各类认证协议中的重要模块。散列函数由于应用的多样性和其本身的特点，因而有很多不同的名字，其含义也有差别，如压缩(Compression) 函数、紧缩(Contraction) 函数、数据认证码(DAC)、消息摘要(Message

Digest)、数字指纹(Digital Fingerprints)、数据完整性校验(Data Integrity Check)、密码校验和(Cryptographic Check Sum)等。

针对信息存储和传输中面临的几类威胁，主要采用表 1.1 所示的几种数据加密方式(每种数据加密方式又有多种不同的算法实现)。

表 1.1　数据加密方式

数据加密方式	描　　述	主要解决的问题	常用算法
对称加密	数据加密和解密使用相同的密钥	数据的机密性	DES, AES，RC4
非对称加密	也叫公钥加密，数据加密和解密使用不同的密钥	身份验证	DSA，RSA
单向加密	只能加密数据，而不能解密数据	数据的完整性	MD5，SHA 系列

需要说明的是，SHA 系列算法是根据生成的密文的长度来命名的一系列散列算法，如 SHA1(160 bit)、SHA224、SHA256、SHA384 等。

1.1.3　实践应用环境

本部分内容侧重使用编程实践的方式，运用主流的密码学算法实现相应的具体功能，避免了密码算法理论学习中的抽象和枯燥乏味，达到进一步掌握算法精髓的目的，并且能够更加深入理解密码算法在具体应用环境中的工作方式和实现手段。为了在实践过程中使读者能够专注于算法本身的思路，避开底层复杂的数据结构操作，实现密码算法的快速构建和运行，本书使用 Python 密码包作为基本实践工具。

Python 是一种面向对象的解释型计算机程序设计语言，由荷兰人 Guido van Rossum 于 1989 年发明，第一个公开的发行版于 1991 年面世。Python 是纯粹的自由软件，包括其底层源代码和解释器 Cpython 都遵循 GPL 协议。其语法简洁清晰，可读性、可维护性和代码可重用性极强。Python 具有丰富、功能完备而强大的库，对密码算法有着良好的底层数据结构支持且扩展性强，可以跨平台使用。

本书使用 Python 语言的 Pycryptodome 模块进行各种应用场景的实践。Pycryptodome 模块是 Python 中用来处理加密解密等信息安全相关的一个很重要的模块。该模块主要包括 Crypto.Cipher、Crypto.Hash、Crypto.Protocol、Crypto.PublicKey、Crypto.Signature、Crypto.Util 等，涵盖了在实践中已经非常成熟的对称加密算法、公钥加密算法、签名算法、散列函数算法、密码协议、安全的随机数发生器、大数据处理等密码学主要功能。

该模块支持的加密方式包括：

(1) 对称加密方式，具体包括以下算法：

AES：当前工业界和商业界广泛使用的数据加密标准，也是主流的分组加密算法，在文件加密、数据加密和网络协议数据传输中作为基础密码算法使用。

DES：过去的数据加密标准，加解密速度极快，曾经非常流行，但对当前网络通信应用来说，其 56 bit 的有效密钥长度明显不能满足安全需求，目前主要采用其改进的 3DES 版本。

ARC4：Alleged RC4，目前最常用的流密码加密标准，广泛应用于在线数字媒体的安全传输和管理。

(2) 散列值计算，具体包括以下算法：

MD5：MD5(Message Digest 5)算法是早期杂凑函数的标准，广泛应用于认证和数字签名协议中，也可单独应用于文件校验、口令存储和校验中。

SHA：SHA(Secure Hash Algorithms)算法是一系列的杂凑函数标准，用于取代 MD5 标准，当前使用的主流算法是 SHA-256、SHA-384 和 SHA-512。

HMAC：HMAC(Hash function based MAC)算法是基于哈希函数设计的一类杂凑函数标准，与普通的哈希函数相比，HMAC 需要使用密钥。

(3) 公钥加密和签名，具体包括以下算法：

RSA：RSA 算法是当前使用最广泛的公钥密码算法，主要应用于数字签名算法、数字证书中。

DSA：数字签名标准，其中的算法使用了离散对数公钥算法。

Pycryptodome 支持常见的信息安全类密码算法，能满足密码算法应用实践。

本书选择使用 Python 3.X 作为 Python 编程实践的基础环境，并安装 Anaconda 作为开发的 IDE。安装方式为：pip install Anaconda。以下实践内容主要围绕上述算法并使用 pycrypto 库展开，通常该库安装方式为：pip install pycryptodome。安装过程如图 1.1 所示。

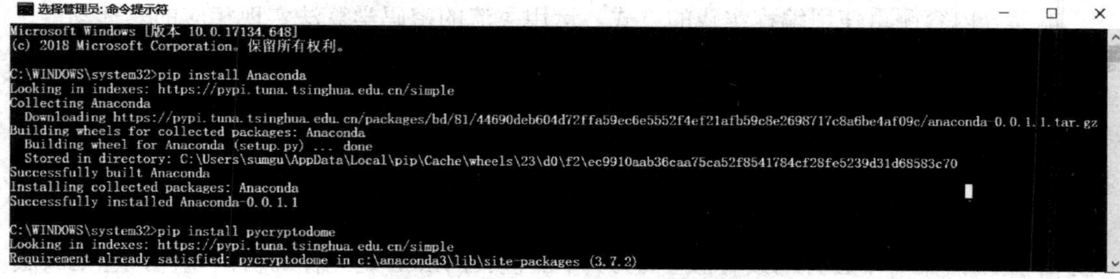

图 1.1　实践环境安装示意图

为了突出重点并结合实际应用的具体情况，本章选择了三类实践内容，精心设计了实践题目。

1.2　对称加密算法应用

通过本节内容的学习，可以使读者熟悉 AES、DES、3DES、RC5 算法的运行过程，能够使用 Python 语言编写实现加密算法对文件的加解密处理，增强对分组加密模式、算法参数、密钥使用、文件操作、数据填充的理解掌握，能利用 Python 语言实现 AES 算法的应用，会分析评价算法运行的性能。

1.2.1　基础知识

对称密码体制使用相同的加密密钥和解密密钥，其安全性主要依赖于密钥的保密性。对称密码体制主要包括分组密码(Block Cipher)和流密码(Stream Cipher)。其中分组密码将明文划分为长度固定的分组，逐组进行加密，得到长度固定的一组密文；密文分组中的每一个字符与明文分组和密钥的每一个字符都有关。流密码也叫序列密码，是用随机的密钥序列依次对明文字符加密，一次加密一个字符。流密码具有加解密速度快、低错误传播的优点，软硬件实现简单，缺点是对低扩散、插入及修改造成的密文篡改不敏感。

如图 1.2 所示，分组密码加解密模型为：将明文消息 m 填充并分组后，形成明文分组序列 m_1，m_2，…，m_n，其中每个分组长度一般为 64 bit 或 128 bit；接着明文分组序列在密钥 k 的作用下，经加密算法形成密文分组序列 c_1，c_2，…，c_n；而后，在相同的密钥 k 的作用下，经解密算法解密后，输出明文分组序列 m_1，m_2，…，m_n；再经过逆填充和组合后，最终恢复成明文 m。

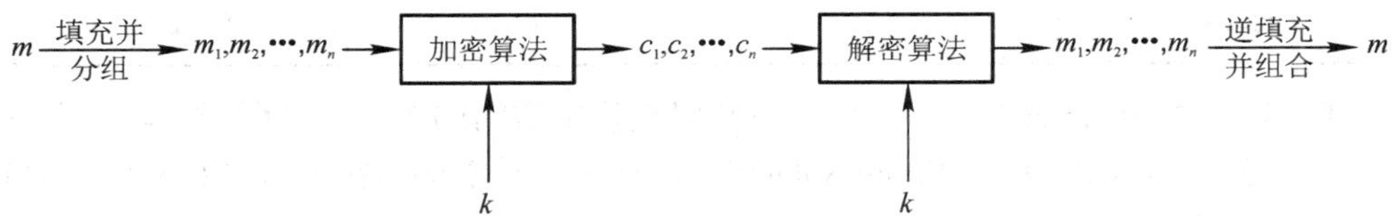

图 1.2　分组密码加解密模型

分组密码的设计准则为扩散(Diffusion)和混乱(Confusion)。扩散将单个明文数字的影响尽可能迅速地散布到较多位密文数字中去，以掩盖明文的统计结构；理想的情况是让明文中的每一位影响密文中的所有位，或者说让密文中的每一位受明文中所有位的影响。混乱就是将密文与密钥之间的统计关系变得尽可能复杂，使得对手即使获取了关于密文的一些统计特性，也无法推测密钥；使用复杂的非线性代替变换可以达到比较好的混淆效果，而简单的线性代替变换得到的混淆效果则不理想。

常见的分组加密算法有 DES、AES 和 SM4。数据加密标准(Data Encryption Standard，DES)是在 20 世纪 70 年代由 IBM 公司为了解决商业信息加密的标准化问题而设计的，在 1977 年开始作为商用加密标准。与 DES 相比，高级加密标准(Advanced Encryption Standard，AES)在工业和商业中得到广泛应用，如 IPSec、TLS、WiFi 协议中，已成为事实上的加密标准。SM4 是我国商用密码重要组成部分。2012 年 3 月国家密码管理局正式公布了包含 SM4 分组密码算法在内的《祖冲之序列密码算法》等 6 项密码行业标准。

1. AES 对称加密算法

1997 年 4 月 15 日，(美国)国家标准技术研究所(NIST)发起征集高级加密标准(Advanced Encryption Standard，AES)的活动，活动目的是确定一个非保密的、可以公开技术细节的、全球免费使用的分组密码算法，以作为新的数据加密标准。

截至 1999 年 8 月 9 日，只有 5 个算法进入最后一轮竞选：Mars(IBM 公司)、RC6(RSA 实验室)、Rijndael(Joan Daemen 和 Vincent Rijmen)、Serpent(Ross Anderson、Eli Biham 和 Lars Knudsen)、Twofish(Bruce Schneier、John Kelsey、Doug Whiting、David Wagner、Chris Hall 和 Niels Ferguson)。

2000 年 10 月 2 日，NIST 宣布使用 Rijndael 作为 AES 算法。

2001 年 11 月 26 日，AES 算法正式成为美国国家标准。

2003 年，美国国家安全局 NSA 宣布使用 AES 加密文件，其中秘密级文件加密时不对 AES 密钥长度做出要求，而机密级文件则要求 AES 密钥长度为 192 bit 或 256 bit。

AES 的原始方案 Rijndael 加密算法是迭代型分组密码，数据分组长度和密钥长度都可变，并可独立地指定为 128 bit、192 bit 或 256 bit。随着分组长度不同，迭代圈数也不同，如果用 Nb 表示数据分组长度/32，Nk 表示密钥分组长度/32，Nr 表示圈数，则圈数和数据规模的关系如表 1.2 所示。

表 1.2　圈数与数据规模关系

Nr	Nb=4	Nb=6	Nb=8
Nk=4	10	12	14
Nk=6	12	12	14
Nk=8	14	14	14

与 DES 不同，Rijndael 没有采用分组密码设计中常用的 Feistel 网络结构，而是采用了称为宽轨迹策略(Wide Trail Strategy)的结构，这是一种能够抵抗差分分析和线性分析的设计方法。

2. 分组加密模式

分组密码在实际使用时，通常要加密的明文消息长度比较大，远超分组密码单次加密的长度，如 DES 为 64 bit，AES 为 128 bit、192 bit、256 bit，SM4 为 128 bit。较长的分组消息需要被划分后，形成一系列连续排列的消息分组，而密码算法一次处理一个分组。当明文的长度不是分组长度的整数倍时，还需要对明文进行填充。根据分组的处理方式不同，对称密码有多个分组工作模式。

(1) 电码本模式(ECB)。

ECB(Electronic Code Book)模式是最简单的分组模式，是手工和机械密码时代主流的操作方式。如图 1.3 所示，每个明文分组独立地以同一密钥加密，可以并行实现。但是相同的明文分组会生成相同的密文，信息分组很容易被替换、重排、删除、重放。

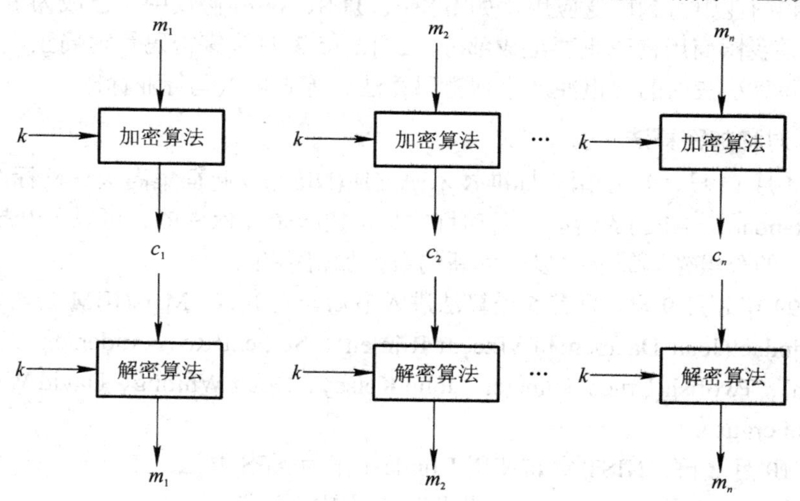

图 1.3　ECB 分组模式

(2) 密码分组链接模式(CBC)。

CBC(Cipher Block Chaining Mode)模式如图 1.4 所示，第一个分组在加密时，明文首先和初始向量异或，然后在密钥作用下，经加密算法加密后，输出密文分组；之后的分组加密方式与第一分组类似，区别在于被前一分组密文所代替。这里是一个随机的比特分组，每次会话加密时都要使用一个新的随机，而且它可以明文传输。

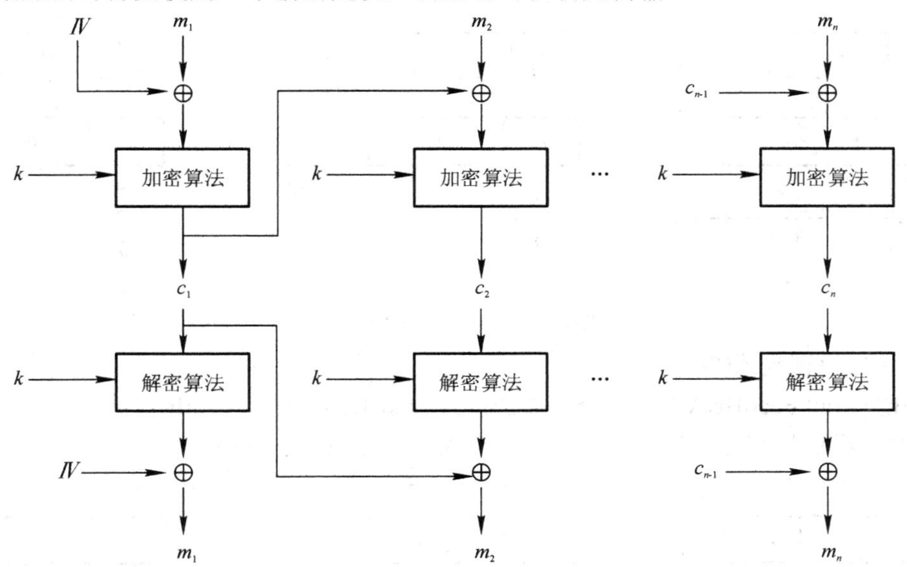

图 1.4　CBC 分组模式

这种分组模式下，相同明文则会生成不同的密文，能隐藏明文的模式信息，信息分组不容易被替换、重排、删除、重放。

(3) 密码反馈模式(CFB)。

CFB(Cipher FeedBack Mode)分组加密模式如图 1.5 所示，64 位的初始向量 *IV* 输入移位寄存器中，在密钥 k 作用下，经加密算法加密后，形成 64 位的中间输出；这时选择左侧的 j 位与明文 j 位异或，产生 j 位的密文分组 c_1；接着 c_1 被重新输入移位寄存器，原来寄存器的左侧 j 位被丢弃，其余加密过程与第一分组类似，依此类推，最终输出最后一个分组。

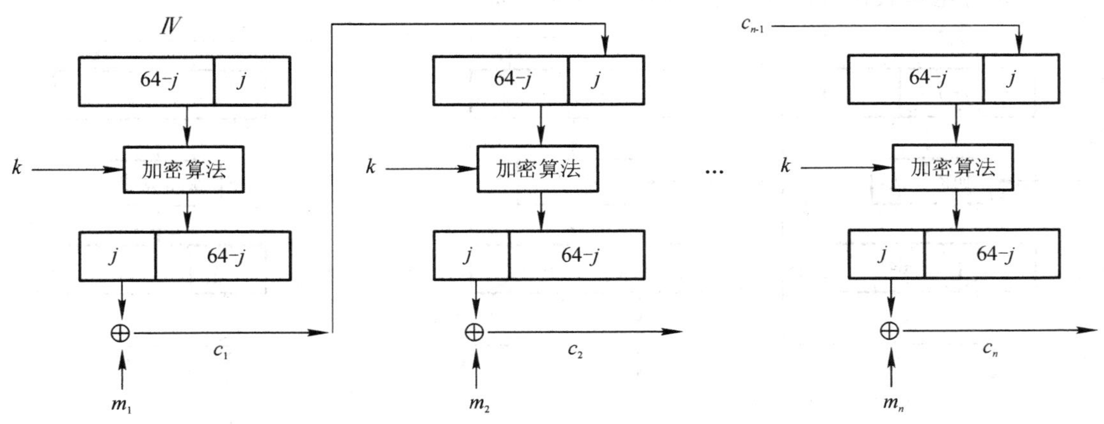

图 1.5　CFB 分组加密模式

CFB 分组模式在解密时，过程与加密类似，如图 1.6 所示。

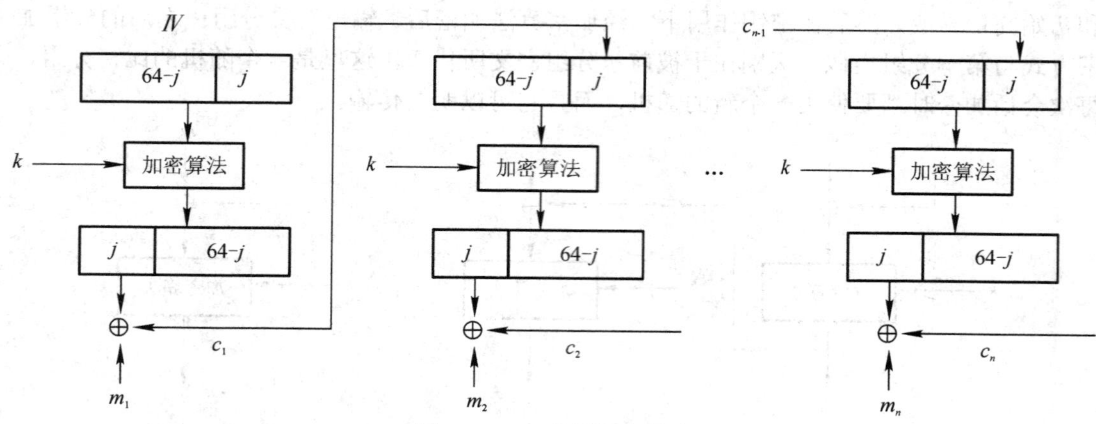

图 1.6　CFB 分组解密模式

(4) 输出反馈模式(OFB)。

OFB(Output FeedBack Mode)分组加密模式如图 1.7 所示，与 CFB 模式类似，区别在于 OFB 中明文经过加密算法后的中间输出，进入下轮分组加密之中。

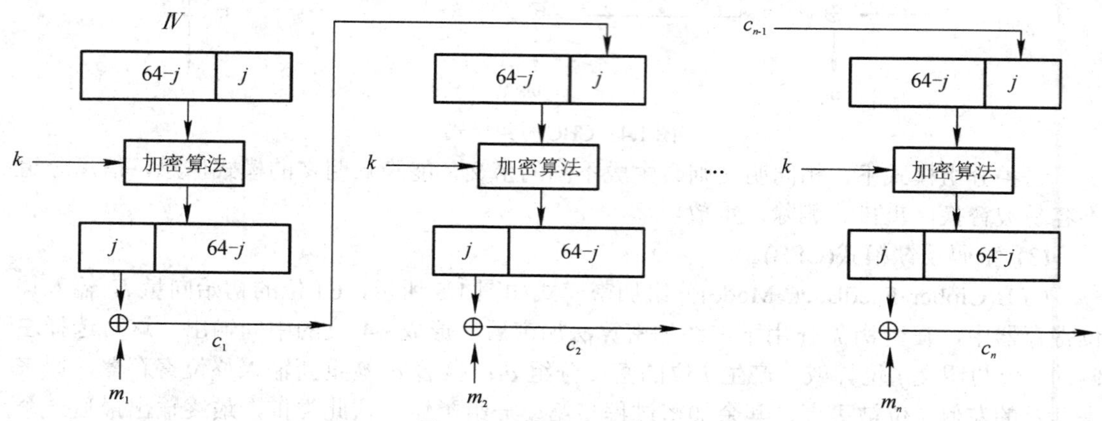

图 1.7　OFB 分组加密模式

OFB 分组模式在解密时，过程与加密类似，如图 1.8 所示。

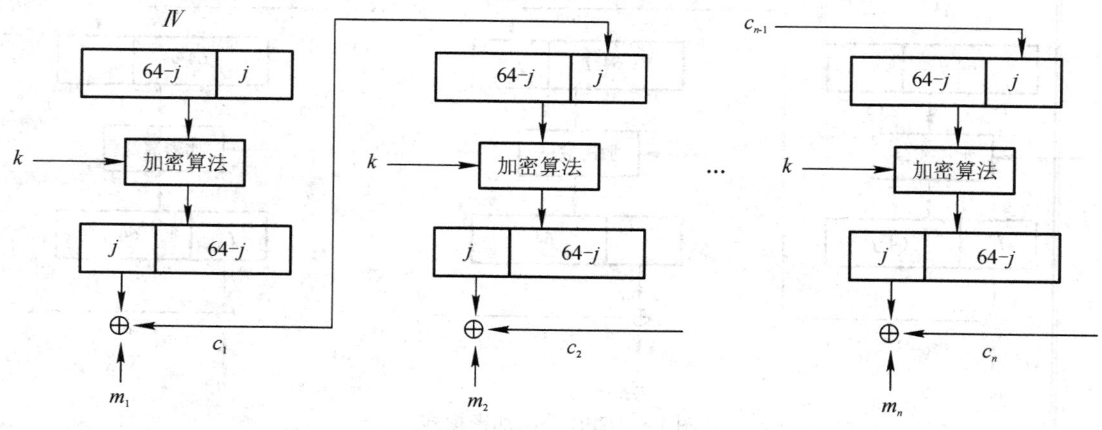

图 1.8　OFB 分组解密模式

1.2.2　Crypto.Cipher 加密函数包

Crypto.Cipher 包提供了加密功能，包括两种类型的加密算法：对称加密和公钥加密。

对称加密加密速度快，适合于加密大文件；收发双方拥有相同的密钥，用来加密或解密信息。该包支持的对称加密算法有 AES、ARC2、ARC4、Blowfish、CAST、DES、DES3、Salsa20、ChaCha20。其中 AES、ARC2、Blowfish、CAST、DES、DES3 属于分组密码，而 ARC4、Salsa20、ChaCha20 属于序列密码。

公钥加密运算速度相对比较慢，只能处理小的数据段；使用该算法的用户，都拥有两个密钥：公钥和私钥；发送方使用接收方的公钥来加密消息，而接收方收到密文后，使用自己的私钥来解开。该包支持的公钥加密算法有 RSA、Elgamal、ECC 等，用于实用加密的是 PKCS1_OAEP，用于实用签名的是 PKCS1_PSS。PKCS1_OAEP 是基于 RSA 算法和 OAEP 填充的非对称密码方案，在 RFC8017 标准中被称为 RSAES-OAEP，并进行了详细定义，包括 RSA 密钥文件的格式和编码方式，以及加解密、签名、填充的基础算法等方面。PKCS1_PSS 是基于 RSA 的数字签名方案，同样在 RFC8017 标准中被详细定义。

1. Crypto.Cipher 包的 API 使用

如图 1.9 所示，对称加密在实际使用时，有 3 个基本模块，分别是初始化、加密和解密。

(1) 初始化。调用 new( )函数实现算法引擎的初始化，如 Crypto.Cipher.Salsa20.new( )。该函数的第一个参数通常是密钥。

(2) 加密。当需要加密数据时，需调用加密对象的 encrypt( )函数，其输入为明文数据，输出为密文数据。对于大多数算法，用户可以多次调用 encrypt( )函数，实现对大块明文的加解密。

(3) 解密。当需要解密数据时，调用加密对象的 decrypt( )函数，其输入为密文数据，输出为明文数据。同样的，用户可以多次调用 decrypt( )函数。

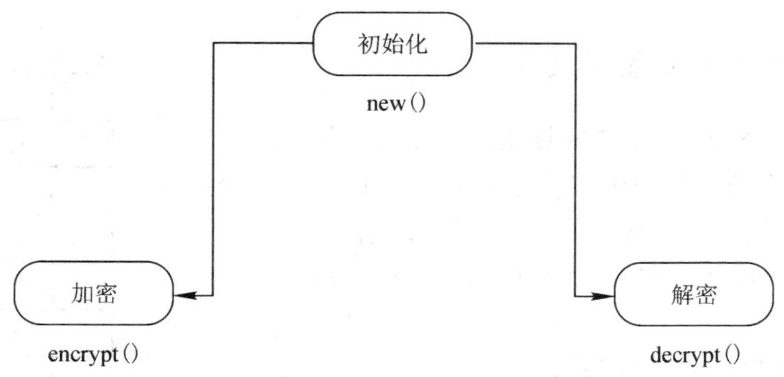

图 1.9　对称加密函数使用流程图

下面以对称加密中的流密码为例，介绍 Crypto.Cipher 包中加密算法的一般使用方法。

2. 使用流密码加密字符串的示例

(1) 初始化：第 1 行表示从 Crypto.Cipher 包里，引入序列密码 Salsa20；第 2 行表示设置密钥为 b'0123456789012345'，请注意 key 的数据类型为 bytes，同时 Pycryptodome 密码

库中所有的输入、输出类型都是 bytes；第 3 行表示初始化一个 Salsa20 加密对象，其输入为密钥 key。

(2) 加密：第 4 行表示使用 encrypt( )函数加密明文数据 b'The secret I want to send.'，其结果赋值给 ciphertext；第 5 行表示将 ciphertext 打印输出，其结果在第 6 行，即 b"\x89'\x00\x891\x1d\x8b\x91R+\xac\xff\xc4\x8c&\x8b5\x83\xc8\x00(o\xec{>\xf1"；第 7 行表示将 cipher 的 nonce 值打印输出，其结果在第 8 行，即 b'\x02\xda\xc8\xf3@\xcd\xbb\x98'，该值将被用于加解密，目的在于使得相同的输入对应不同的输出。

(3) 解密：第 9 行表示新建一个解密对象 de_cipher，使用初始化函数 new( )，其实输入为密钥 key 和 nonce 值；第 10 行表示使用 decrypt( )函数解密密文 ciphertext，赋值给明文 plaintext；第 11 行表示将 plaintext 打印输出，结果如第 12 行所示，即 b'The secret I want to send.'。

代码如下：

```
1   >>> from Crypto.Cipher import Salsa20
2   >>> key = b'0123456789012345'
3   >>> cipher = Salsa20.new(key)
4   >>> ciphertext = cipher.encrypt(b'The secret I want to send.')
5   >>> print(ciphertext)
6       b"\x89'\x00\x891\x1d\x8b\x91R+\xac\xff\xc4\x8c&\x8b5\x83\xc8\x00(o\xec{>\xf1"
7   >>> print(cipher.nonce)
8       b'\x02\xda\xc8\xf3@\xcd\xbb\x98'
9   >>> de_cipher = Salsa20.new(key,cipher.nonce)
10  >>> plaintext=de_cipher.decrypt(ciphertext)
11  >>> print(plaintext)
12      b'The secret I want to send.'
```

1.2.3 AES 文件分组加密实践

本次实践使用 AES 分组加密算法，实现对文件的加密和解密。加密流程如图 1.10 所示，程序运行后，产生可用的随机密钥，接着读取要加密的明文文件，接着使用 AES 加密算法的 CBC 加密模式对文件进行加密，然后输出密文。

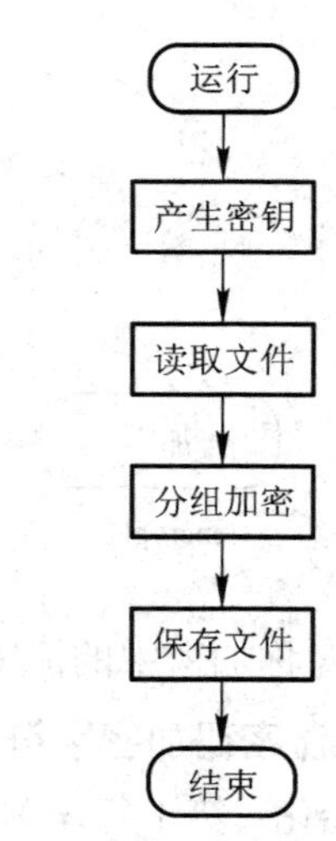

图 1.10　对称加密函数使用流程图

解密流程与加密流程基本类似。

1. 实现中的关键环节

1) 产生随机密钥

对于密码算法而言，密钥应该是符合密码学安全的随机数。只有这样才能保证密码算法的安全性，否则容易遭受攻击。在很多应用中，密钥并不随机，不符合密码学的要求，存在着漏洞。

通过计算法的方式得到真正的随机数，是几乎不可能的。冯•诺依曼说过：任何人考虑用数学的方法产生随机数肯定是不合情理的。一般而言，大家经常用到的随机数生成函数，并不能真正的产生随机数，也不能用在密码学算法中，比如 C 语言中的 rand()函数，它通过函数的计算而来。而真正的随机数是通过物理过程得到的，比如抛硬币、掷骰子，还包括布朗运动、量子效应、放射性衰变、振荡器采样等。

密码算法中使用的随机数是如何产生的呢？建议采用操作系统中的随机数产生器来生成，在 Unix 操作系统中可以使用 dev/urandom，而在 Windows 操作系统中则可以使用 CryptGenRandom 生成。由于我们使用 Python 语言，只需要使用如下的方法，即 Crypto.Random 包里的 Crypto.Random.get_random_bytes(N)函数。它输入的是数字 N，输出为 N 位长度的随机字节流。如 N=16，该函数将输出 16 个随机字节，即 128 位。

此处使用终端形式来展示该算法的使用。第 1 行表示从 Crypto.Random 引用 get_random_bytes；第 2 行表示使用 get_random_bytes(16)产生 16 个随机字节，赋值给 key；第 3 行表示打印该 key 值；第 4 行显示 key 的值，即 b'\n\xb6\x91\x91\xcc\x1d\xa8N\xdb\xca\x93\xd5\x10\x1f\xc9\xe6'；第 5 行使用 len()函数查看 key 的长度；第 6 行显示位 16，这就验证了 get_random_bytes(16)函数产生了 16 位的字节流。值得注意的是，每次运行后 key 的值应都不一样，保持了较强的随机性。代码如下：

```
1  >>>  from Crypto.Random import get_random_bytes
2  >>>  key = get_random_bytes(16)
3  >>>  print(key)
4  >>>  b'\n\xb6\x91\x91\xcc\x1d\xa8N\xdb\xca\x93\xd5\x10\x1f\xc9\xe6'
5  >>>  len(key)
6  >>>  16
```

2) 文件读写操作

(1) open()函数。

open()函数用于打开一个文件，创建一个 file 对象，相关的方法才可以调用它进行读写。其语法为 file object = open(file_name [, access_mode][, buffering])。

各个参数的含义如下：

• file_name：file_name 变量是一个包含了用户要访问的文件名称的字符串值。

• access_mode：access_mode 决定了打开文件的模式，如只读、写入、追加等。所有可取值见表 1.3。这个参数是非强制的，默认文件访问模式为只读(r)。

• buffering：如果 buffering 的值被设为 0，就不会有寄存。如果 buffering 的值取 1，访问文件时会寄存行；如果将 buffering 的值设为大于 1 的整数，表明了这就是寄存区的缓冲大小；如果取负值，寄存区的缓冲大小则为系统默认。

常用的文件访问模式如表 1.3 所示。

表 1.3　常用的访问模式

序号	文本模式	意　　义
1	b	二进制模式
2	r	以只读方式打开文件。文件的指针将会放在文件的开头。这是默认模式
3	rb	以二进制格式打开一个文件用于只读。文件指针将会放在文件的开头。这是默认模式。一般用于非文本文件如图片等
4	w	打开一个文件只用于写入。如果该文件已存在则打开文件，并从开头开始编辑，即原有内容会被删除。如果该文件不存在，则创建新文件
5	wb	以二进制格式打开一个文件只用于写入。如果该文件已存在则打开文件，并从开头开始编辑，即原有内容会被删除。如果该文件不存在，则创建新文件。一般用于非文本文件如图片等

由于 Pycryptodome 函数库内所有的数据操作都默认为二进制模式，我们在加解密时，打开并读取文件要使用“rb”模式，而在写入文件时使用“wb”模式。

(2) read()函数。

Read()函数可以从一个打开的文件中读取内容，如果模式为“rb”，则 Python 读取的是二进制数据。

语法：fileObject.read([count])。在这里，被传递的参数是要从已打开文件中读取的字节计数。该方法从文件的开头开始读入，如果没有传入 count，它会尝试尽可能多地读取更多的内容，一般直到文件的末尾。

(3) write()函数。

write()函数可将任何字符串写入一个打开的文件。需要重点注意的是，Python 字符串可以是二进制数据，而不是仅仅只是文字。

语法：fileObject.write(string)。这里，被传递的参数是要写入到已打开文件的内容中的。

(4) close()函数。

close()函数可以刷新缓冲区里任何还没写入的信息，并关闭该文件，这之后便不能再进行写入。当一个文件对象的引用被重新指定给另一个文件时，Python 会关闭之前的文件。用 close()方法关闭文件是一个很好的习惯。

语法：fileObject.close()。

(5) 文件读取举例。

例如，我们在磁盘的 D 盘分组新建一个文本文档，写入“I am the test file.”内容。接着，使用 Python 终端形式，对该文件进行打开并读取其内容。其中，第 1 行表示以二进制字节流形式，打开 D 盘下的 test 文本文件；第 2 行表示读取文本文件内容，并赋值给 content；第 3 行将 content 内容打印输出，其内容如第 4 行所示；第 5 行表示该文本文件关闭。代码如下：

```
1  >>>  file = open('D:\\test.txt','rb')
2  >>>  content = file.read()
3  >>>  print(content)
4       b'I am the test file.'
5  >>>  file.close()
```

3) 分组加密实现

该内容默认采用 from Crypto.Cipher import AES 的方式引入了 AES 函数。

(1) 创建加密对象。

使用 Crypto.Cipher.<algorithm>.new(key, mode)创建对称加解密对象。其中，输入参数 key 表示对称加密算法的密钥；输入参数 mode 表示分组加密模式，常见的模式有 ECB、CBC 等；<algorithm>表示加密算法，如 AES 等；函数的输出为对称加密对象，以进行加密等操作。

例如，cipher = AES.new(key, AES.MODE_CBC)。该语句表示产生一个 AES 加密对象，其密钥为 key，分组加密模式为 CBC。

(2) 填充。

对称加密算法在使用过程中，每次是对固定大小的分组数据进行加密。如 DES 算法的输入数据长度为 64 bit，AES 算法的输入数据长度可以为 128 bit、192 bit 和 256 bit。然而，真实的待加密数据几乎都不是分组长度的倍数。为了解决这个问题，大多数分组加密模式就需要对数据进行填充操作，将加密输入的数据长度补齐至分组长度的倍数。

在 pycryptodomo 函数库中，Crypto.Util.Padding 模块的函数完成数据的填充及移除填充的工作。

函数 Crypto.Util.Padding.pad(data_to_pad, block_size, style='pkcs7')负责进行数据的填充，其中输入参数 data_to_pad 表示待填充的数据；输入参数 block_size 表示用于填充的分组长度，填充后输出长度是 block_size 的倍数；输入参数 style 表示填充算法，默认的是 pkcs7，其他还有 iso7816 和 x923(详情介绍请参阅 https://en.wikipedia.org/wiki/Padding_(cryptography))；输出是填充后的数据，其数据类型是 byte。

Crypto.Util.Padding.unpad(padded_data, block_size, style='pkcs7') 负责进行填充后数据的解析，得到原始的数据。其中，输入参数与 pad 函数基本类似，其输出为移除填充后的原始数据，数据类型仍然是 byte。

(3) 加密与解密。

在数据填充后，我们使用 cipher = AES.new(key, AES.MODE_CBC)建立了对称加密对象，接下来使用 cipher.encrypt(data)对数据 data 进行加密。其中，该函数的输入 data 为 byte 类型，输出也为 byte 类型。解密数据时，使用函数 cipher.decrypt(data)，其中输入 data 为密文数据，输出为 byte 类型的明文数据。

(4) 加解密示例。

代码如下：

```
>>> from Crypto.Cipher import AES
>>> from Crypto.Random import get_random_bytes
>>> from Crypto.Util.Padding import pad
>>> key = get_random_bytes(16)
>>> cipher = AES.new(key, AES.MODE_CBC)
>>> ivec = get_random_bytes(AES.block_size)
>>> data= b"secret"
>>> ct_bytes = cipher.encrypt(pad(data, AES.block_size))
>>> print("ivec:",ivec)
    b'\xe9\xcf\xe5.\xd3B\xd3\xf0\x1d5\xf9\xbe(\xb4\xc9\xbf'
>>> print("ciphertext:",ct_bytes)
    b'\xfd\x9a\xedX\x08!f\x8b\xde\xda\xc7}l\xc0rp'
```

该段代码演示了 AES 以 CBC 的分组模式对明文进行加密的过程。其中，第 1 行表示引入 AES 函数；第 2 行表示引入 get_random_bytes 函数；第 3 行表示引入 pad 函数；第 4 行表示产生随机的 16 个 byte 的数，并赋值给 key；第 5 行表示创建 AES 加密对象 cipher；第 6 行表示创建 AES.block_size 个 byte 的随机数，AES.block_size 为 16；第 8 行中，pad(data, AES.block_size)先对 data 进行分组填充，而后 cipher.encrypt()对填充后的结果进行加密，接着输出密文 ct_bytes；第 9、11 行分别对 ivec 和 ct_bytes 进行打印输入，其结果如第 10、12 行所示。由于 key 和 ivec 都是随机产生，每次运行的输出结果也不同。

2. 实现代码

该段代码实现对明文的加解密及其验证，主要函数为 encrypt(p_file, c_file, key)和 decrypt(c_file, p_file, key)。

```
# -*- coding: utf-8 -*-

from Crypto.Random import get_random_bytes
from Crypto.Cipher import AES
from Crypto.Util.Padding import pad, unpad

def encrypt(p_file, c_file, key):
    """
    该函数实现AEC加密功能，采用CBC分组模式；其输入p_file表示明文路径，c_file表示密文路径，key表示密钥。
    """
    ivec = get_random_bytes(AES.block_size)  # 产生ivec
    aes = AES.new(key, AES.MODE_CBC, ivec)  # 创建AES加解密对象

    try:
        with open(p_file, 'rb') as f:  # 以读入方式，打卡明文p_file
            with open(c_file, 'wb') as c:  # 以写入的方式，打开密文c_file
                c.write(ivec)  # 将ivec写入密文c_file中

                content = f.read()  # 读取明文内容，赋值给content
                # AES对content先填充，而后以cbc分组进行加密
                c_seg = aes.encrypt(pad(content, AES.block_size))

                c.write(c_seg)  # 将密文c_seg写入c_file
        return 0  # 成功，则返回0
    except:
        #print("加密出错 ")
        return 1  # 产生错误，则返回1
```

```
def decrypt(c_file, p_file, key):
    """
    该函数实现AEC解密功能，采用CBC分组模式；其输入c_file表示密文路径，
p_file表示明文路径，key表示密钥。
    """
    try:
        with open(c_file, 'rb') as c:  # 以读入方式，打卡密文c_file
            ivec = c.read(AES.block_size)  # 读取AES.block_size大小的ivec
            aes = AES.new(key, AES.MODE_CBC, ivec)  # 创建AES加解密对象
            with open(p_file, 'wb') as f:  # 以写入方式，打卡明文p_file
                content = c.read()  # 读取密文
                seg = aes.decrypt(content)  # 解密密文
                # print("The message was: ", seg)
                f_seg = unpad(seg, AES.block_size)  # 执行uppad，反向填充
                f.write(f_seg)  # 将明文写入p_file中

        return 0
    except:
        #print("解密出错")
        return 1

if __name__ == '__main__':

    key=get_random_bytes(16) #产生16个字节的密钥key

    plain_file_name='ptxt.txt'#明文为当前目录下的ptxt.txt

    cipher_file_name = 'ciphertxt.txt'#密文为当前目录下的ciphertxt.txt

    decrypted_file_name='new_txt.txt'#解密后的密文存放路径为当前目录，文件名为
new_txt.txt

    a=encrypt(plain_file_name,cipher_file_name,key)#执行加密

    if(a==0):#执行成功，则打印输出加密成功
        print("加密成功")
```

```
b=decrypt(cipher_file_name,decrypted_file_name,key)#执行解密

if b==0:

    with open(plain_file_name,'rb') as file1: #读取明文内容
        plain_content=file1.read()

    with open(decrypted_file_name,'rb') as file2:#读取解密后的明文内容
        decrypted_content=file2.read()

    if( plain_content==decrypted_content):#比较两者是否相同
        print("解密成功")
```

1.3 散列函数和消息认证码应用

通过本节内容的学习，可以使读者熟悉 MD5, SHA-1, SHA-2 算法的运算过程，能够使用 Python 语言编写计算与验证文件或消息的散列值，掌握消息认证码的使用方法，会分析评价不同散列算法运行的性能。

1.3.1 基础知识

1. 散列函数

散列函数在完整性认证和数字签名等领域有着广泛应用，如散列函数用于口令表安全保护的场所时，网站服务器不是直接存储用户的口令，而是将口令的散列值保存至网站服务器的数据库内；每次认证时，客户端将用户的口令计算散列值后，发送至服务器端，由服务器进行比较验证。又如，对消息进行数字签名时，常用的方法是首先计算消息的散列值，再对散列值进行签名，而不是直接对消息生成数字签名。

散列函数应满足以下要求：

(1) 算法公开，不需要密钥。

(2) 具有数据压缩功能，可将任意长度的输入转换为固定长度的输出。

(3) 单向性：已知 m，容易计算出 $H(m)$；给定消息散列值 $H(m)$，要计算出 m 的值，在计算上是不可行的。

(4) 抗碰撞性：对任意不同的输入 m 和 m'，它们的散列值是不能相同的。

2. 消息认证码

散列函数较好地实现了消息的完整性，但是没有使用密钥，任何人都可以产生消息的散列值。在有些场合，用户还想实现消息的认证性，这时就需要消息认证码(Message Authentication Code，MAC)。

消息认证码也称密码校验和，通常被表示为 MAC=$F_k(M)$，其中 M 是长度可变的消息，k 是收发双方共享的密钥，F 是带密钥的单向函数，该函数的输出就是固定长度的 MAC。消息认证码 MAC 的特征为：带密钥 k 控制、单向计算、产生固定长度的输出。

在构建 MAC 时，传统的方法是基于分组密码的构造方法。近年来，构造 MAC 的方法通常为基于密码散列函数的构造方法，即 HMAC(Hash-based Message Authentication Code)。这种方法将散列函数作为重要的模块，可以直接使用现成的散列函数，并在需要的时候使用新散列函数。

3. 文件处理常用编码

编码是处理数据文件中不能忽略的问题。合理的编码既能提高效率，又能在一定程度上保证数据完整性和安全性。常用的编码格式有 unicode 和 utf-8；常用的编码方式为 BASE64。有的 Python 自带了 BASE64 模块。

BASE64 是一种编码方式，通常用于把二进制数据编码为可写的字符形式的数据。这是一种可逆的编码方式。Base64 编码的作用：由于某些系统中只能使用 ASCII 字符。Base64 就是用来将非 ASCII 字符的数据转换成 ASCII 字符的一种编码方法，其实不是安全领域下的加密解密算法，对数据内容进行编码来适合 http、mime 等协议下快速传输数据。

代码示例：

在 Python 2.x 中，代码如下:

```
>>>    import base64
>>>    a = "Hello world!"
>>>    b = base64.encodestring(a)
>>>    c = base64.decodestring(b)
>>>    print a==c
```

在 Python 3.x 中，由于字符串统一用 unicode 编码，而 base64 中函数的参数为 byte 类型，所以需要先进行转码，转为 utf-8 格式。代码如下：

```
>>>    import base64
>>>    a = "Hello world!"
>>>    b = base64.encodebytes(a.encode('utf-8')) #base64 编码
       b'SGVsbG8gd29ybGQh\n'
>>>    b = str(b,'utf-8')
>>>    print(b)
>>>    SGVsbG8gd29ybGQh
>>>    c = base64.decodebytes(b.encode('utf-8')) #base64 解码
       b'Hello world!'
>>>    c = str(c,'utf-8')
>>>    print(a==c)
       True
```

1.3.2 Crypto.Hash 散列函数包

Crypto.Hash 包提供了标准散列函数算法，支持的散列函数有 SHA-2 系列(sha224、sha256、sha384、sha512)、SHA-3 系列(sha3_224、sha3_256、sha3_384、sha3_512)、MD 系列(MD5、MD4、MD2)和 BLAKE2 系列(blake2s 、blake2b)等。

1. Crypto.Hash 主要函数

Crypto.Hash 支持的函数有 new()、update()、digest()和 hexdigest()，如表 1.4 所示，其中 hash 表示散列函数名称。

表 1.4　Crypto.Hash 主要函数

函数名/属性名	描　　述
hash.new([data])	这是一个通用的散列对象构造函数，用于构造指定的散列算法所对应的散列对象。其中 data 是一个可选参数，表示初始数据
hash.update(data)	更新散列对象所要计算的数据，多次调用为累加效果，如 m.update(a); m.update(b)等价于 m.update(a+b)
hash.digest()	返回传递给 update()函数的所有数据的摘要信息——二进制格式的字符串
hash.hexdigest()	返回传递给 update()函数的所有数据的摘要信息——十六进制格式的字符串
hash.copy()	返回该散列对象的一个 copy( )，这个函数可以用来有效的计算共享一个公共初始子串的数据的摘要信息
hash.digest_size	hash 结果的字节大小，即 hash.digest_size()方法返回结果的字符串长度。这个属性的值对于一个散列对象来说是固定的，SHA256 的 digest_size 为 32，MD5 的 digest_size 为 16
hash.block_size	hash 算法内部块的字节大小，如 SHA256 的 block_size 为 64，MD5 的 block_size 为 64

1) Crypto.Hash 包的 API 使用方法

如图 1.11 所示，散列函数实际使用时有三个阶段，分别是初始化、产生散列值和输出散列值。

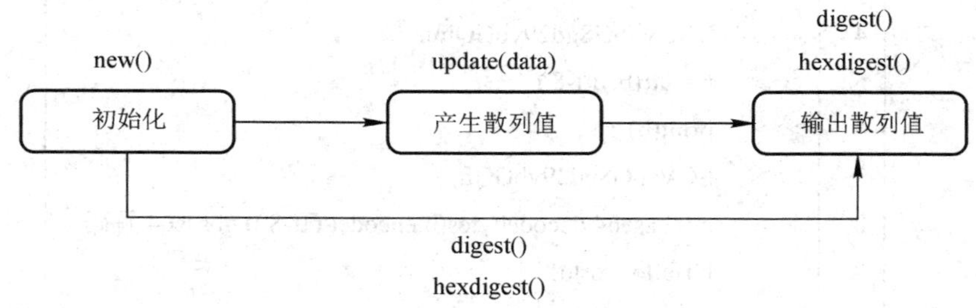

图 1.11　散列函数使用示意图

(1) 初始化。调用 new ([data])函数实现加密对象的初始化，如 Crypto.Hash.SHA256.new ([data])。该函数的 data 参数为可选项，如果设置了 data，那么可以直接使用 digest()或 hexdigest()函数输出散列值；如果没有设置则需要使用 update()函数。

(2) 产生散列值。调用 update(data)函数，可以设置或追加输入信息。不管 new ([data])函数是否设置了 data，update(data)都可以输入数据，并且 update(data)函数可以多次调用，最终的结果数据累加计算的效果。值得注意的是，多次调用是累加，而不是覆盖。

(3) 输出散列值。调用已得到的散列对象的 digest()方法或 hexdigest()方法，可得到传递给 update()方法的字符串的摘要信息。digest()方法返回的摘要信息是二进制格式的字符串，其中可能包含非 ASCII 字符、NUL 字节，这个字符串长度可以通过散列对象的 digest_size 属性获取；而 hexdigest()方法返回的摘要信息是十六进制格式的字符串，该字符串中只包含十六进制的数字，且长度是 digest()返回结果长度的 2 倍，这可用邮件的安全交互或其他非二进制的环境中。

2) 使用 SHA256 对字符串进行散列的示例

代码如下：

```
1  >>>  from Crypto.Hash import SHA256
2  >>>  hash_object= SHA256.new(b'First')
3  >>>  hash_object.update(b'Second')
4  >>>  print(hash_object.digest())
5       b'\xca\xd4\xc5b>\xfc\n\xe6}\xbe\x82t\xe7\xff\xc1\x84\xca\x91\xdf7\xa8\xe
6       8DbB@\xf8\xee\xf10\x0c\xe7'
7  >>>  print(hash_object.hexdigest())
8       cad4c5623efc0ae67dbe8274e7ffc184ca91df37a8e844624240f8eef1300ce7
```

以上代码使用了 Python 终端形式，来展示 SHA256 算法的基本使用方法。第 1 行表示从 Crypto.Hash 引用 SHA256 对象；第 2 行表示使用 SHA256.new(data)函数，创建一个散列对象 hash_object，并且输入初始 data 值 b'First'；第 3 行使用 updata(data)函数，将信息 b'Second'追加至待散列计算的消息；第 4 行将散列值以二进制的形式打印输出，其结果如第 5、6 所示；第 7 行以十六进制形式输出散列值。

在工程实践环境中，通常都是获取数据指纹的十六进制格式，比如在数据库中存放用户密码时，不是明文存放的，而是存放密码的十六进制格式的摘要信息。当用户发起登录请求时，按照相同的散列算法获取用户发送的密码的摘要信息，与数据中存放的与该账号对应的密码摘要信息做比对，两者一致则验证成功。

另外需要说明的是，下面这几段代码是等价的。区别在于，new()函数没有输入数据，而是在 updata()函数中，将数据一并输入，也就是执行 new_hash_object.update(b'FirstSecond')等价于执行 new_hash_object.update(b'First')并接着执行 new_hash_object.update(b'Second')。

```
>>>  new_hash_object= SHA256.new()
>>>  new_hash_object.update(b'FirstSecond')
>>>  print(hash_object.digest())
>>>  b'\xca\xd4\xc5b>\xfc\n\xe6}\xbe\x82t\xe7\xff\xc1\x84\xca\x91\xdf7\xa8\xe8DbB@\xf
     8\xee\xf10\x0c\xe7'
>>>  print(new_hash_object.hexdigest())
     cad4c5623efc0ae67dbe8274e7ffc184ca91df37a8e844624240f8eef1300ce7
```

2. Crypto.Hash.HMAC 模块

Crypto.Hash.HMAC 模块实现了 HAMC 算法，提供了相应的函数和方法，且与 Cipher.Hash 提供的散列函数 api 基本一致。

1) Crypto.Hash.HMAC 模块主要函数

Crypto.Hash.HMAC 模块提供的主要函数如表 1.5 所示。

表 1.5　Crypto.Hash.HMAC 主要函数

函　数　名	描　　述
HMAC.new(key, msg=b" ", digestmod = None)	用于创建一个 HMAC 对象，key 为密钥，msg 为初始数据，digestmod 为所使用的散列算法，默认为 MD5 算法
HMAC.update(msg)	同 hash.update(msg)
HMAC.digest()	同 hash.digest()
HMAC.hexdigest()	同 hash.hexdigest()
HMAC.copy()	同 hash.copy()
HMAC.verify(mac_tag)	验证 HMAC 的消息认证码是否与 mac_tag 相同，如果两者不同，则报出错误 ValueError: MAC check failed；否则，无任何显示
HMAC.hexverify(hex_mac_tag	与 verify(mac_tag)函数类似功能类似
HMAC.digest_size	同 hash.digest_size
HMAC.block_size	同 hash.block_size

2) HMAC 模块使用步骤

HMAC 模块的使用步骤与 Hash 模块的使用步骤基本一致，只是在第 1 步获取 HMAC 对象时， HMAC.new(key, msg=b" ", digestmod = None)函数的使用方法略有不同。

HMAC 模块使用代码实例如下，其中第 3 行表示新建 HMAC 对象，密钥为 b'key'，消息为 b'Hello'，采用的散列算法是 SHA256；第 4、5 行输出并打印消息的 MAC 消息认证码，其结果见第 6 行；同理，第 7、8 行输出消息的十六进制消息认证码，结果见第 9 行；第 10、11 行表示分别验证消息验证码，如果验证通过，则无任何输出，否则将报错。

```
1    >>>    from Crypto.Hash import HMAC
2    >>>    from Crypto.Hash import SHA256
3    >>>    h1=HMAC.new(b'key',b'Hello',SHA256)
4    >>>    ret=h1.digest()
5    >>>    print(ret)
6           b'\xc7\x0b\x9fMf[\xd6)t\xaf\xc85\x82\xde\x81\x0er\xa4\x1aX\xdb\x82\xc58\xa9
            \xd74\xc9&m2\x1e'
7    >>>    ret_hex=h1.hexdigest()
8    >>>    print(ret_hex)
9           'c70b9f4d665bd62974afc83582de810e72a41a58db82c538a9d734c9266d321e'
            h1.verify(ret)
10   >>>    h1.hexdigest(ret_hex)
11   >>>
```

1.3.3　文件散列值计算实践

Crypto.Hash 提供的散列函数可以计算任意文件的散列值，能够输出三种常用格式：普通字节流、十六进制和 base64 字节。

实践代码如下：

```
from Crypto.Hash import SHA256
import base64

def hash_file(file,hash_mod):

    with open(file,'rb') as f: #打开文件
        hash_object= hash_mod.new() #创新 hash 对象
        hash_object.update(f.read())#将文件内容交给 hash 对象
        dig1=hash_object.digest()#输出字节格式的散列值
        dig2=hash_object.hexdigest()#输出十六进制的散列值
        dig3= base64.b64encode(dig1)#输出 base64 编码的散列值

        return [dig1,dig2,dig3]

if __name__ =='__main__':

    file="test.jpg"#当前目录下的测试文件
    hash_mod= SHA256#选择 hash 函数为 SHA256
    hashes= hash_file(file,hash_mod)
    print(file,"的 SHA256 散列值为：")

    #打印输出
    print('二进制格式：',hashes[0])
    print('十六进制格式：' ,hashes[1])
    print('base64 格式：' ,hashes[2])
```

1.3.4　文件的消息认证码计算实践

Crypto.Hash 提供的消息认证码函数可以计算任意文件的消息认证码，其中散列函数选择 SHA512，认证码输出包含三种格式：普通字节流，十六进制和 base64 字节。

实践代码如下：

```
from Crypto.Hash import HMAC
from Crypto.Hash import SHA512
import base64

def hmac_file(file,key,hash_mod):

  h1 = HMAC.new(key,b'',hash_mod)#创新 hmac 对象

  with open(file,'rb') as f: #打开文件

      h1.update(f.read())#将文件内容交给 hmac 对象

      mac1=h1.digest()#输出二进制格式的散列值
      mac2=h1.hexdigest()#输出十六进制的散列值
      mac3= base64.b64encode(mac1)#输出 base64 编码的散列值

      return [mac1,mac2,mac3]

if __name__ =='__main__':

    file="test.jpg"#当前目录下的测试文件
    hash_mod= SHA512#选择 hash 函数为 sha512
    key=b'hello'#设置口令为 hello
    hmacs= hmac_file(file,key,hash_mod)
    print(file,"的消息认证码为：")

    #打印输出
    print('字节格式：',hmacs[0])
    print('十六进制格式：',hmacs[1])
    print('base64 格式：',hmacs[2])
```

1.4　公钥加密算法应用

通过本节内容学习，可以使读者熟悉 RSA、ElGamal、DSA 算法的运行过程，能够使用 Python 语言编写实现公钥密码算法的密钥产生、公钥加密和数字签名等操作，增加对公钥算法参数、密钥使用的理解，能够实现文件加解密、文件签名和验证签名，会分析评价算法运行的性能。

1.4.1　基础知识

1. 公钥密码体制

公钥密码体制又称为非对称密码体制，加解密使用公私钥密钥对，即两个不同的密钥，一个用于加密，一个用于解密，且不能从一个密钥推算出另一个。密钥对中的私钥由密钥拥有者秘密保管，而公钥可以公开，基于公开渠道进行分发。该密码体制解决了对称密钥体制中密钥管理、分发和数字签名等难题。

如图 1.12 所示，公钥加密体制加密的流程如下：

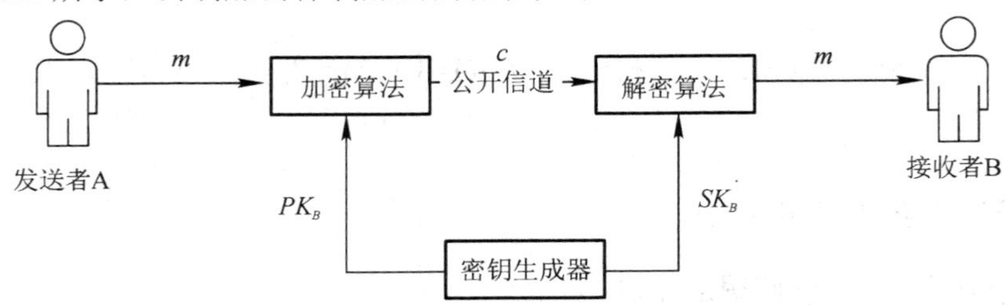

图 1.12　公钥密码加密示意图

(1) 密钥生成器为各用户生成公私钥对，如图中接收者 B 的公私钥分别为 PK_B 和 SK_B，其中私钥 SK_B 由接收者 B 私密保存，公钥 PK_B 通过公开渠道发布。

(2) 发送者 A 通过公开渠道获取了接收者 B 的公钥 PK_B，使用该密钥作为公钥加密算法的输入，加密消息 m，得到密文 c。

(3) 发送者 A 将密文通过公开信道发送给接收者 B。值得注意的是，该信道易受到各种攻击。

(4) 接收者 B 收到密文 c 后，使用自己私钥 SK_B，通过解密算法将密文 c 解密为明文 m。

2. RSA 算法

RSA 公钥算法由 Rivest、Shamir、Adleman 于 1978 年提出的，是目前公钥密码的国际标准。算法的数学基础是 Euler 定理，是基于 Deffie-Hellman 的单项陷门函数的定义而给出的公钥密码的实际实现，其安全性建立在大整数因子分解的困难性之上。

RSA 加密算法的过程如下：

(1) 取两个随机大素数 p 和 q(保密)。

(2) 计算公开的模数 $r = pq$(公开)。

(3) 计算秘密的欧拉函数 $\varphi(r) = (p-1)(q-1)$(保密)，两个素数 p 和 q 不再需要，应该丢弃，不要让任何人知道。

(4) 随机选取整数 e，满足 $\gcd(e, \varphi(r))=1$(公开 e，加密密钥)。

(5) 计算 d，满足 $de\equiv1(\bmod\ \varphi(r))$(保密 d，解密密钥，陷门信息)。

(6) 加密：将明文 x(其值的范围在 0 到 $r-1$ 之间)按模为 r 自乘 e 次幂以完成加密操作，从而产生密文 y(其值也在 0 到 $r-1$ 范围内)，即 $y=x^e\ (\bmod\ r)$。

(7) 解密：将密文 y 按模为 r 自乘 d 次幂，完成解密操作 $x=y^d\ (\bmod\ r)$。

当加密信息 x(二进制表示)时，首先把 x 分成等长数据块 $x_1, x_2, \cdots, x_i$，块长 s，其中 $2s \leqslant n$，s 应尽可能地大。对应的密文为：$yi = x_i^e\ (\bmod\ r)$。解密时作如下计算：$x_i = y_i^d\ (\bmod\ r)$。

用一个简单的例子来说明 RSA 公钥密码算法的工作原理。

(1) 取两个素数 p=11，q=13，计算 p 和 q 的乘积为 $r=p\times q=143$，并将 r 公开。

(2) 计算出秘密的欧拉函数 $\varphi(r)=(p-1)\times(q-1)=120$。

(3) 选取一个与 $\varphi(r)$=120 互质的数，例如 e=7。作为公开密钥，e 的选择不要求是素数，但不同的 e 的抗攻击性能力不一样，为安全起见要求选择为素数。

(4) 对于这个 e 值，可以算出另一个对应值 d=103，d 是私有密钥，满足 $e\times d=1 \bmod \varphi(r)$，其实 7×103=721 除以 120 确实余 1。公开组数(n, e)，将(n, d)这组数保密。

(5) 设想发送方需要发送信息 x=85。利用(n, e)=(143,7)计算出加密值：$y= x^e \pmod r=85^7 \bmod 143=123$。

(6) 接收方收到密文 y=123 后，利用 (n,d)=(143,103)计算明文：$x=y^d \pmod r =123^{103} \bmod 143=85$。

1.4.2 Crypto 公钥操作包

1. Crypto.PublicKey 密钥操作包

Crypto.PublicKey 函数包提供执行公钥和私钥操作的各种函数，如产生、导入、导出等，且公私钥对在该包内以 Python 类对象的形式来表示。

1) 常用函数

密钥对象有 4 种方式来产生：

(1) generate( )，如 Crypto.PublicKey.RSA.generate( )。该函数每次运行时，都会随机生成新的密钥。

(2) import_key( )，如 Crypto.PublicKey.RSA.import_key( )。该函数把本地密钥导入至内存。

(3) construct( )，如 Crypto.PublicKey.RSA.construct( )。该函数将根据参数，构建密钥。

(4) publickey( )，该函数在密钥已创建后来获取公钥，如 Crypto.PublicKey.RSA.RsaKey.publickey( )。

密钥对象可以通过 export_key()函数将密钥导出，同时密钥对象之间能够使用==或！==进行比较。

2) RSA 密钥相关函数

此处以 RSA 算法的密钥函数为例，对 Crypto.PublicKey 内的密钥操作函数做讲解。

(1) class Crypto.PublicKey.RSA.RsaKey(**kwargs)函数。它是 RSA 密钥类，不能直接被实例化，而是使用 generate()、construct()或 import_key()创建。

主要内建函数有：

① exportKey(format='PEM', passphrase=None, pkcs=1, protection=None, randfunc=None)函数。

该函数表示导出 RSA 密钥，输入参数有：

• format，字符串类型，表示导出的文件格式，支持 PEM、DER 和 OpenSSH 格式，其中 PEM 为默认格式。

• passphrase，字符串类型。它只用于私钥保护中，当用户导入私钥时，必须设置该字段。

• pkcs，证书类型，只用于私钥导出中。当默认 pkcs=1 时，私钥以 PKCS#1 格式保存；

当 pkcs=8 时，私钥以 PKCS#8 格式保存。

• protection，字符串类型，用于指定保护私钥的加密方案。默认设置为空(None)，这时算法依赖于参数 format：

当 format 为“DER”类型时，函数使用“PBKDF2WithHMAC-SHA1AndDES-EDE3-CBC”方案，其具体过程为使用 Crypto.Protocol.KDF.PBKDF2 函数依据 passphrasse 字段，产生 1 个 16 字节的 3 重 DES 密钥；接着用该密钥以 CBC 分组加密私钥；最后将加密后的私钥以 PKCS#8 格式编码。

当 format 为“PEM”类型时，函数使用“PEM”加密方案，其具体过程为：使用 passphrasse 字段作为输入，用 MD5 散列算法计算出会话密钥，接着用该会话密钥，使用 3 重 DES 加密算法，以 CBC 分组加密私钥，最后将加密后的私钥以 PKCS#8 格式编码。

• randfunc，它是回调函数，用于产生随机字节数据，只用于 PEM 编码，默认使用函数 Crypto.Random.get_random_bytes( )。

② has_private()函数。

该函数用来判断密钥是否为私钥。如果密钥为私钥，返回 True；若是公钥，则返回 False。

③ publickey()函数。

该函数返回与私钥相对应的公钥，它是 RsaKey 类型。

④ size_in_bits()函数。

该函数返回 RSA 算法中模数 n 的比特数。

⑤ size_in_bytes()函数。

该函数返回能够存放下 RSA 算法中模数 n 的最小数量字节数。

(2) Crypto.PublicKey.RSA.generate(bits, randfunc = None, e = 65537) 函数。该函数返回 RSA 密钥对象。模数 n 是两个素数乘积，且每个素数都通过了适当数量的随机 Miller-Rabin 测试和 Lucas 测试。

输入参数有：

① bits：整数类型，表示 RSA 算法的密钥长度。至少为 1024 位，本书建议设置为 2048 位，FIPS 标准规定可以设置 1024、2048、3072 位。

② randfunc：表示返回随机字节的回调函数，默认为 Crypto.Random.get_random_bytes( )。

③ e：整数类型，表示 RSA 公钥指数。它一定是个奇数正整数，通常是一个很小的数。FIPS 标准要求该数字至少为 65537(默认值)。

(3) Crypto.PublicKey.RSA.import_key(extern_key, passphrase = None)函数。该函数表示导入一个 RSA 密钥，返回 RSA 密钥对象。

输入参数有：

① extern_key：字符串或 byte 类型，表示 RSA 密钥导入的源文件。其中 RSA 公钥支持的密钥编码格式有 X.509(二进制或 PEM 编码)、PKCS#1(二进制或 PEM 编码)、OpenSSH(文本编码格式公钥)等；私钥支持的格式有 PKCS#1(二进制或 PEM 编码)、PKCS#8(二进制或 PEM 编码)、OpenSSH(文本编码格式公钥)。它至少为 1024 位，本书建议设置为 2048 位。

② passphrase：表示保护私钥的口令，用它将私钥加密后保存。它支持 PEM 格式编码或 PKCS#8 证书。

3) RSA 密钥操作实践

Crypto.PublicKey.RSA 模块提供了 RSA 密钥的诸多操作函数，如密钥产生、导出和导入等。现在举例说明它的使用，产生一个 RSA 密钥对，接着导出私钥后又重新读入。代码如下：

```
1    >>>    from Crypto.PublicKey import RSA
2    >>>    key = RSA.generate(2048)
3    >>>    f=open('private.pem','wb')
4    >>>    f.write(key.export_key('PEM'))
5           1678
6    >>>    f.close()
7    >>>    f=open('private.pem','r')
8    >>>    key_new=RSA.import_key(f.read())
9    >>>    key==key_new
10          True
```

其中第 1 行表示从 Crypto.PublickKey 包中导入 RSA 模块，需要说明的是 Crypto.PublickKey 只负责处理 RSA 的密钥，而加密仍然是由 Crypto.Cipher 模块来负责；第 2 行表示 RSA 产生 2048 位的公私钥，这里的 2048 表示 RSA 算法中 n 的位数；第 3～6 行表示打开当前目录下的'private.pem'文件，使用 key.export_key()函数将密钥数据导出，并写入该文件，其中第 5 行输出的 1678 表示文件长度；第 7 行表示打开私钥文件 private.pem；第 8 行表示从该源文件中读取密钥数据，并赋值给 key_new；第 9 行将 key 与 key_new 比较，其结果输出见第 10 行，结果为 True，表示两者相同。

2. 公钥加密实践

RSA 算法在实践中直接使用并不安全，被称之为“象牙塔”式算法，需要经过填充、随机化才能够安全地使用。公钥密码标准(PKCS)最初是为推进公钥密码系统的互操作性，由 RSA 实验室与工业界、学术界和政府代表合作开发的。PKCS 的研究随着时间不断发展，内容涉及了不断发展的 PKI 格式标准、算法和应用程序接口等。PKCS 标准提供了基本的数据格式定义和算法定义，成为事实上今天所有 PKI 实现的基础。

1) RSA 加密函数

Crypto.Cipher 提供了两种 RSA 的安全实现，分别为：PKCSs1_OAEP 和 PKCS1_v1_5。这两个算法的使用方法如下：

(1) PKCSs1_OAEP 算法的操作。

① PKCSs1_OAEP.new(key, hashAlgo=None, mgfunc=None, label=b'', randfunc=None)函数。该函数返回加密对象，能够执行 PKCS#1 OAEP 加密或解密算法。

输入参数有：

• Key：RSA key 对象类型，表示用于加解密消息的密钥。当解密时，该密钥是私钥；当加密时，该密钥是公钥。

• hashAlgo：hash 对象类型，表示使用到的散列算法。它可以是 Crypto.Hash 包下的散列函数，也可由用户自己来编写。如果没有指定，则默认使用 Crypto.Hash.SHA1 算法。

• mgfunc：回调函数，表示使用到的掩码生成函数。如果没有指定，则默认使用标准

MGF1 算法。

• label：字节或字节数组类型，用于标识特定的加密。如果没有指定，那么该参数为空字符串。指定该参数并不能提高算法的安全性，它仅起到标识的作用。

• randfunc：回调函数，表示产生随机字节的函数，默认为 Random.get_random_bytes( )。

② PKCSs1_OAEP.encrypt(message)函数。

该函数使用 PKCS#1 OAEP 算法对消息 message 进行加密，返回 byte 类型的密文。当 messge 过长时，它会返回 ValueError 错误。

③ PKCSs1_OAEP.decrypt(ciphertext)函数。

该函数使用 PKCS#1 OAEP 解密算法对密文 ciphertext 进行解密，返回 byte 类型的明文。当密文长度过长、完整性检查不正确时，函数返回 ValueError；当解密时，没有密文相应的私钥时，比如使用了公钥来解密，函数则返回 TypeError。

(1) PKCS1_v1_5 算法的操作

① PKCS1_v1_5.new (key, randfunc=None)函数。

该函数用于创建 PKCS#1 v1.5 算法的对象，能够执行加密或解密操作。

输入参数有：

• key：RSA key 对象类型，表示用于加解密消息的密钥；当解密时，该密钥是私钥；当加密时，该密钥是公钥。

• randfunc：回调函数，表示产生随机字节的函数，默认为 Random.get_random_bytes。

② PKCS1_v1_5.encrypt(message)函数。

该函数使用 PKCS#1 v1.5 加密算法对消息 message 进行加密，返回 byte 类型的密文。当密钥长度不足于加密给定消息时，返回 ValueError。

③ PKCS1_v1_5.decrypt(ciphertext, sentinel)函数。

该函数使用 PKCS#1 v1.5 解密算法对密文 ciphertext 进行解密，返回 byte 类型的明文。参数 ciphertext 表示密文，sentinel 用来接收解密出现的错误。当密文长度不正确时，sentinel 将是 ValueError；当解密时，没有密文相应的私钥时，比如使用了公钥来解密，那么 sentinel 将是 TypeError。值得注意的是，用户应该永远不要让提交密文的一方知道 sentinel 的值。因为攻击者在准备了相当数量的特定而无效的密文后，有可能重构任何其他加密的明文。

2) RSA 加密实现

以下代码说明了 PKCS1_OAEP 的加密过程。

```
>>>    from Crypto.PublicKey import RSA
>>>    from Crypto.Cipher import PKCS1_OAEP
>>>    key=RSA.generate(2048)
>>>    pub_key = key.publickey()
>>>    cipher = PKCS1_OAEP.new(pub_key)
>>>    c_txt=cipher.encrypt(b"Hello")
>>>    de_cipher = PKCS1_OAEP.new(key)
>>>    p_txt=de_cipher.decrypt(c_txt)
>>>    print(p_txt)
       b'Hello'
```

其中第 1 行表示从 Crypto.PublickKey 包中导入 RSA 模块；第 2 行表示从 Crypto.Cipher 引入 PKCS1_OAEP 加密算法；第 3 行表示由 RSA 产生 2048 位的公私钥对象 key；第 4 行表示将 key 中的公钥赋值给 pub_key；第 5 行表示创建 PKCS1_OAEP 加密对象 cipher，其输入参数为公钥 pub_key；第 6 行表示 cipher 加密消息"Hello"，得到密文 c_txt；第 7 行表示创建 PKCS1_OAEP 解密对象 de_cipher，其输入参数为密钥对象 key；第 8 行表示 de_cipher 对密文 c_txt 进行解密，得到明文 p_txt；第 9 行将 p_txt 打印，它的值如第 10 行所示，是 b'Hello'，说明解密正确。

3. 数字签名实践

数字签名用于对消息进行签名和验证签名，以便为数字消息提供真实性证明。数字签名提供如下功能：

- 消息认证：证明某个已知的发送方(私钥所有者)已经创建并签名了消息。
- 消息完整性：证明消息签名后并没有改变。
- 不可否认性：一旦创建了签名，签名者就不能否认对文档的签名。

如今，数字签名被广泛使用在商业和金融行业，如银行转账、电子合同签署、区块链等数字资产交易确认等。

1) 签名实现函数

Crypto.Signature 包含数字签名算法的各种函数，支持 pkcs1_v1_5 算法、pkcs1_pss 算法和 DSA 算法。

签名算法的主要函数包括 new()、sign()、verify()。此处以 PKCS#1 PSS 签名算法为例，解释签名算法函数。

① new(rsa_key, **kwargs)函数。

这是一个通用的签名对象构造函数，用来创建签名对象或验证签名对象，参数有：

- rsa_key：用于签名或验证签名的密钥，类型为 Crypto.PublicKey.RSA。当执行签名时，该密钥为私钥；验证签名时，该密钥为公钥。
- **kwargs：字典类型，包含多个参数，详细解释如下：

mask_func：掩码生成函数，如果没有指定，则使用 MGF1 算法。

salt_bytes：签名算法中所需 salt 值的字节长度，其中 salt 通常用于为算法产生随机性。如果没有指定，则默认使用散列函数的输出长度。

rand_func：产生随机字节字符串的随机函数，如果未指定，则默认使用 Crypto.Random.get_random_bytes()函数。

② sign(msg_hash)函数。

该函数使用 PKCS#1 PSS 签名算法，用于创建消息的签名。这个签名算法又被称为"RSASSA-PSS-SIGN" (section 8.1.1 of RFC8017 <https://tools.ietf.org/html/rfc8017#section-8.1.1>)。

它的参数为 msg_hash，是使用 Crypto.Hash 函数对消息散列后而形成的散列对象，其类型是 hash 对象。

该函数执行成功，则返回字节字符串类型的签名；如果 RSA 密钥不够长，则返回 ValueError；如果密钥没有私钥，则返回 TypeError。

③ verify(msg_hash, signature) 函数。

该函数使用 PKCS#1 PSS 签名算法，用于验证消息 m' 所对应的签名 S 是否一致。这个签名算法又被称为“RSASSA-PSS-VERIFY”(section 8.1.2 of RFC8037 https://tools.ietf.org/html/rfc8017#section-8.1.2)。

参数有：

• msg_hash：hash 对象类型，属于 Crypto.Hash 模块，它是对消息 m' 散列计算后而形成的对象。

• signature：字节性字符串类型，是需验证的签名信息 S。

2) 签名与验证签名的一般步骤

如图 1.13 所示，对消息 m 生成数字签名有如下步骤：

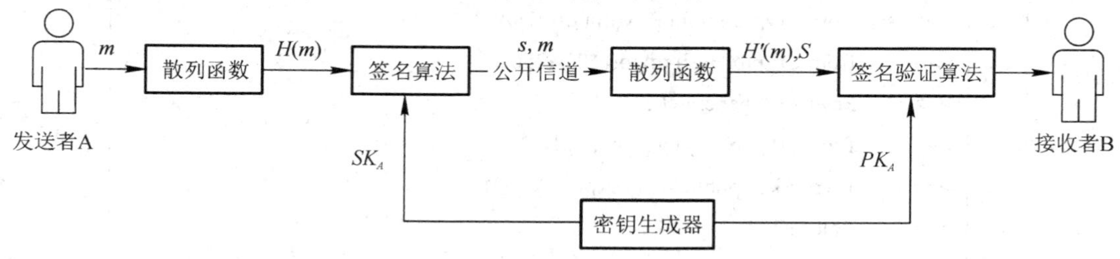

图 1.13 数字签名示意图

(1) 密钥生成器为用户生成公私钥对，如图中接收者 A 的公私钥分别为 PK_A 和 SK_A，其中私钥 SK_A 由接收者 A 私密保存，公钥 PK_A 通过公开渠道发布。这一步骤通过使用 Crypto.PublicKey 内的相关函数来实现。

(2) 发送者 A 将消息 m 输入散列函数，得到散列值 $H(m)$。计算散列值时，首先初始化散列对象，例如使用 Crypto.Hash.SHA384.new( )函数，接着使用 update( )方法对消息 m 进行散列输出。

(3) 发送者 A 将上述步骤得到的散列值 $H(m)$输入至签名算法，使用自己的私钥 SK_A，产生数字签名 s。实现数字签名时，首先初始化签名对象，如 Crypto.Signature.pkcs1_15.new( )，它的参数包含步骤(1)中生成的私钥；接着，将步骤(2)产生的散列值 $H(m)$作为输入，输入至签名函数，例如函数 Crypto.Signature.pkcs1_15.sign (msg_hash)，其中 msg_hash=$H(m)$，从而得到数字签名。

(4) 发送者 A 通过公开渠道将消息 m 和签名 S 发送给 B。

如图 1.13 所示，验证数字签名有如下步骤：

(1) 接收者 B 收到消息 m 和签名 S 后，先初始化散列函数对象，如使用 Crypto.Hash.SHA384.new()函数，接着使用 update()方法对消息 m 进行散列输出，得到散列值 $H'(m)$。

(2) 接收者创建验证签名对象，如 Crypto.Signature.pkcs1_15.new()，它的参数包含步骤(1)中生成的私钥。

(3) 接收者 B 调用数字签名的 verify(new_hash_obj,signature)函数，验证签名是否正确。其中 new_hash_obj 为新计算的散列值 $H'(m)$，signature 为收到的签名 S。如果不正确，则输出 ValueError。

3) PKCS#1 PSS 签名举例

第 1 行表示从 Crypto.Signature 包中导入 PKCS1_PSS 签名算法；第 4 行表示，生成

RSA 的 2048 位密钥对象 key；第 5～7 行表示将密钥 key 的公钥部分导出，保存至文件“public_key.pem”；第 9、10 行表示将消息“Hello”进行 SHA256 散列值计算，生成散列对象 hash_obj；第 12 行表示初始化 PKCS1_PSS 签名算法对象 signer，使用的是 RSA 的密钥；第 13 行表示签名对象 signer 对消息的散列对象 hash_obj 进行签名；第 15～17 行表示从文件“public_key.pem”导入公钥，赋值给 pub_key；第 19 行表示创建新的 SHA256 散列对象 new_hash_obj，它是对消息 message 进行计算得到的散列值；第 20 行表示创建 PKCS1_PSS 验证前对象 veri_signer；第 21 行表示 veri_signer 对消息签名进行验证，其输出结果见 22 行。代码如下：

```
1   >>>  from Crypto.Signature import PKCS1_PSS
2   >>>  from Crypto.PublicKey import RSA
3   >>>  from Crypto.Hash import SHA256
4   >>>  key=RSA.generate(2048)
5   >>>  f=open("public_key.pem",'bw')
6   >>>  f.write(key.publickey().export_key())
7   >>>  f.close()
8   >>>
9   >>>  message=b'Hello'
10  >>>  hash_obj = SHA256.new(message)
11  >>>
12  >>>  signer= PKCS1_PSS.new(key)
13  >>>  signature = signer.sign(hash_obj)
14  >>>
15  >>>  f=open("public_key.pem","rb")
16  >>>  pub_key=RSA.import_key(f.read())
17  >>>  f.close()
18  >>>
19  >>>  new_hash_obj= SHA256.new(message)
20  >>>  veri_signer= PKCS1_PSS.new(pub_key)
21  >>>  veri_signer.verify(new_hash_obj,signature)
22       True
```

1.4.3　数字信封加解密实践

对称密码和公钥密码各有优缺点。对称密码通常加密速度快，但密钥管理复杂；而公钥密码管理相对简单，但加解密速度比较慢。在现实加密场景中，一般将二者结合起来使用，被称为数字信封或混合加密，能够做到综合使用二者的优点。

1. 数字信封一般步骤

发送者 A 和接收者 B 双方进行保密通信，其使用的数字信封技术示意图如图 1.14 所示，一般步骤为：

(1) 密钥生成器分别为发送者 A 和接收者 B 产生公私钥。

(2) 发送者 A 使用接收者 B 的公钥 PK_B 加密会话密钥 k，生成密文 c_2；接着使用对称密码算法加密真正的明文消息 m，生成密文 c_1；并将两者产生的密文(c_1，c_2)通过公开信道一同发送给接收者 B。

(3) 接收者 B 使用自己的私钥 SK_B 解密密文 c_2，得到会话密钥 k；接着使用对称密码算法解密 c_1，从而得到原明文消息 m。

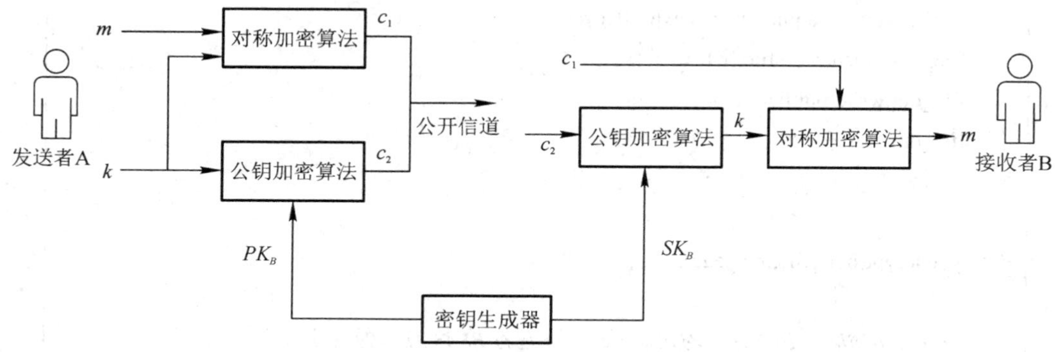

图 1.14　数字信封技术示意图

2. 数字信封实践代码

代码如下：

```
from Crypto.PublicKey import RSA
from Crypto.Cipher import PKCS1_OAEP,AES
from Crypto.Util.Padding import pad,unpad
from Crypto.Random import get_random_bytes



def generate_keys(pri_file,pub_file,pass_phrase):
    '''


    :param pri_file: #私钥保存位置，string 类型
    :param pub_file:  #公钥保存位置，string 类型
    :param pass_phrase:  #私钥保护口令，string 类型
    :return: #无返回值
    '''


    rsa=RSA.generate(2048)

    # 设置私钥保护口令passphrase，设置格式位pkcs 8
    private_key = rsa.exportKey('PEM', passphrase=pass_phrase, pkcs=8)

```

```
    #导出私钥，保存至文件
    file_out=open(pri_file,'wb')
    file_out.write(private_key)
    file_out.close()

    #导出公钥，保存至文件
    public_key = rsa.publickey().exportKey()
    file_out=open(pub_file,'wb')
    file_out.write(public_key)
    file_out.close()


def hy_encrypt(pub_file,message):
    '''
    使用pub_file 公钥文件，对消息 message 进行 RSA+AES 的混合加密
    :param pub_file: 公钥文件位置，string 类型
    :param message: 明文消息，bytes 类型
    :return: 返回混合加密的结果 c=[c1,c2,ivec]，其中 c1 是公钥对会话密钥的加密结果，
             c2 为 AES 分组 CBC 加密的密文，ivec 为 AES 加密使用到的初始向量
    '''


    #从 pub_file 文件中，读取接收方公钥
    file_in=open(pub_file,'rb')
    rece_key=RSA.importKey(file_in.read())
    file_in.close()

    #创建公钥加密对象
    cipher = PKCS1_OAEP.new(rece_key)

    #随机产生会话密钥，该密钥用于 AES 加密
    key=get_random_bytes(16)
    #PKCS1_OAEP 对 key 进行加密
    c1=cipher.encrypt(key)

    #初始化 ivec，用于 AES 的分组 CBC 加密
    ivec = get_random_bytes(AES.block_size)
    #创建 AES 加密对象
    aes = AES.new(key, AES.MODE_CBC, ivec)
```

```
    #AES 加密，pad()是对消息进行填充
    c2 = aes.encrypt(pad(message,AES.block_size))

    return  [c1,c2,ivec]

def hy_decrypt(c,pri_file,pass_phrase):
    '''
    该函数使用私钥文件pri_file，对密文c 进行解密，得到明文消息
    :param c: 混合加密的密文，list 类型
    :param pri_file: 私钥文件位置，string 类型
    :param pass_phrase: 私钥保护口令，如果不正确，则无法解密
    :return:返回解密得到的明文信息
    '''

    #读取私钥内容
    file=open(pri_file,"rb")
    #导入时需输入正确的口令passphrase，否则无法读取私钥
    pri_key= RSA.importKey(file.read(),passphrase=pass_phrase)
    file.close()

    #创建解密对象
    cipher= PKCS1_OAEP.new(pri_key)
    #解密 c1，从而得到会话密钥key
    key=cipher.decrypt(c[0])

    #将 c[2]赋值给 ivec
    ivec=c[2]
    #创建 AES 加密对象
    aes = AES.new(key, AES.MODE_CBC, ivec)
    #对 c1 进行解密后，使用unpad 函数反填充，从而得到明文
    data=unpad(aes.decrypt(c[1]),AES.block_size)

    return data

if __name__ == '__main__':

    #Alice 产生公私钥
    generate_keys("alice_private.pem", "alilce_public,pem", "Alice")
```

```
#Bob 产生公私钥
generate_keys("bob_private.pem", "bob_public,pem", "Bob")

#Alice 使用接收方 Bob 的公钥，对"test.jpg"文件进行加密
file=open("test.jpg",'rb')
message=file.read()
file.close()
c=hy_encrypt("bob_public,pem", message)


#Bob 使用自己的私钥，对密文进行解密
data=hy_decrypt(c,"bob_private.pem", "Bob")

if data==message:
    print("加解密测试成功")
else:
    print("加解密测试失败")
```

1.4.4　签名与验签实现

对于窃听者，有时候也可以伪造 Alice 给 Bob 的发送内容，为了防止这种情况的发生就需要数字签名，也就是 Alice 给 Bob 发送消息的时候，先对消息进行签名，表明自己的身份，并且这个签名无法伪造。具体过程即 Alice 使用自己的私钥对内容签名，然后 Bob 使用 Alice 的公钥进行验签。代码如下：

```
from Crypto.PublicKey import RSA
from Crypto.Signature import PKCS1_PSS
from Crypto.Hash import SHA256

def generate_keys(pri_file,pub_file,pass_phrase):
    '''

    :param pri_file: #私钥保存位置，string 类型
    :param pub_file:  #公钥保存位置，string 类型
    :param pass_phrase:  #私钥保护口令，string 类型
    :return: #无返回值
    '''
```

```
    rsa=RSA.generate(2048)

    # 设置私钥保护口令passphrase，设置格式位pkcs 8
    private_key = rsa.exportKey('PEM', passphrase=pass_phrase, pkcs=8)

    #导出私钥，保存至文件
    file_out=open(pri_file,'wb')
    file_out.write(private_key)
    file_out.close()

    #导出公钥，保存至文件
    public_key = rsa.publickey().exportKey()
    file_out=open(pub_file,'wb')
    file_out.write(public_key)
    file_out.close()


def sign_file(pri_file,message,pass_phrase):
    '''
    使用 pri_file 公钥文件，对消息 message 进行 SHA256 散列计算后，再进行签名
    :param pri_file: 私钥文件位置，string 类型
    :param message: 明文消息，bytes 类型
    :param pass_phrase：私钥的保护口令，如果缺少，则无法使用私钥
    :return: 返回消息的签名
    '''

    #pri_file 文件中，读取发送方 Alice 的私钥
    file_in=open(pri_file,'rb')
    sender_key=RSA.importKey(file_in.read(),passphrase=pass_phrase)
    file_in.close()

    #创建签名对象
    signer = PKCS1_PSS.new(sender_key)

    #创建消息的散列对象，这里我们使用了SHA256，读者可根据需要自行替换散列算法
    hash_obj = SHA256.new(message)
    #签名对象 signer 对 hash_obj 进行签名
    signature = signer.sign(hash_obj)
```

```
        return    signature

def verify_sign(pub_file,message,signature):
        '''
        该函数使用发送方的公钥文件pub_file，对签名进行验证
        :param pub_file: 公钥文件位置，string
        :param message: 消息 message
        :param signature: 消息 message 的签名信息
        :return:验证签名正确，则返回 Ture；否则，返回 False
        '''

        #读取公钥内容
        file=open(pub_file,"rb")
        pub_key= RSA.importKey(file.read())
        file.close()

        #创建验证签名对象
        veri_signer= PKCS1_PSS.new(pub_key)

        # 创建消息的散列对象，这里我们使用了 SHA256，读者可根据需要自行替换散列算
法，但必须与签名选择的散列函数一致
        hash_obj = SHA256.new(message)

        # 验证签名对象 veri_signer 对 hash_obj 进行签名
        if veri_signer.verify(hash_obj,signature):
                print("验证签名成功")
                return True
        else:
                print("验证签名失败")
                return False
if __name__ == '__main__':

        #Alice 产生公私钥
        generate_keys("alice_private.pem", "alilce_public,pem", "Alice")

        #Bob 产生公私钥
        generate_keys("bob_private.pem", "bob_public,pem", "Bob")
```

```
#Alice 使用自己的私钥，对"test.jpg"文件进行签名
file=open("test.jpg",'rb')
message=file.read()
file.close()
signature=sign_file("alice_private.pem",message,"Alice")


#Bob 使用 Alice 的公钥，对消息的签名进行验证

verify_sign("alilce_public,pem", message, signature)
```

1.5 思考题

(1) 网络数据传输面临的威胁有哪些？
(2) 密码学中有哪些密码学原语？各有哪些常见算法？
(3) 设计 DES、3DES、AES、RC5 等算法的加密应用程序。
(4) 设计 SHA256、SM3 等散列算法计算文件和字符串的散列值。
(5) 使用 SHA256、SM3 等算法作为 HMAC 的散列算法，计算文件的消息认证码。
(6) 使用 RSA 算法设计实现文件的加密和签名。
(7) 混合使用 RSA 算法和 AES 算法实现文件的混合加密。

第 2 章 密码学扩展应用实践

密码学库是对常用的密码算法的实现和封装，支持常见的密码学算法，包括对称加密算法、散列函数、随机数生成算法、数字签名算法和公钥加密算法等。常用密码库有OpenSSL、CryptLib、Libgcrypt、LibTomCrypt 等。这些密码库功能的侧重点各有不同，但整体上来说都能满足用户的一般要求。其中，OpenSSL 是非常优秀的 SSL/TLS 开放源码软件包，包含 SSL 库、加密算法库以及应用程序三大部分，实现了 SSL/TLS 协议和其相关的 PKI 标准，更加侧重于实现 SSL/TLS 协议；CryptLib 采用 C++语言实现了各种密码学算法；Libgcrypt 是著名的开源加密软件 GnuPG 的底层库；LibTomCrypt 采用标准 C 语言编写，结构清晰明了。

本章不再局限于第 1 章所介绍的 Pycryptodome 密码学函数库，主要讲解一些常见密码库的安装和调用，并以此来保证信息安全。通过本章的学习，可以使读者掌握实现使用密码库完成对称加密、公钥加密和签名算法的调用；实现待签名的数字信封，完成文件的加解密、签名传输，保证其机密性和不可抵赖性；实现 HTTPS 的交互过程，掌握信息交互过程中使用的加密算法和细节，并使用 Tornado 搭建 HTTPS 网站。

2.1 带数字签名的数字信封实践

第 1 章 1.4.3 节讲解了数字信封(混合加密)技术，它综合运用了对称密码和公钥密码，既具备对称加密算法速度快的优点，也具有公钥加密算法密钥管理方便的优点。但是，数字信封技术在安全性上还是存在缺陷，无法确保信息是来自真正的发送方。因此针对数字信封，一种常见的攻击方式为中间人攻击。

当数据传输发生在一个客户端设备和网络服务器之间时，攻击者使用其技能和工具将自己置于两个真正通信者之间并截获通信数据；尽管通信的两方认为他们是在与对方交谈，但是实际上他们是在与第三者交流，这便是中间人攻击。

如图 2.1 所示，中间人攻击者首先伪装成服务端，和客户端说“我是服务端，我的公钥是 PK”，待客户端需要传输信息时，便向中间人攻击者发送请求报文。由于客户端加密信息所使用的密钥是攻击者的公钥，那么中间人攻击者有对应的私钥，可以正常解密。同时，中间人攻击者伪装成客户端，并和服务端说：“我是客户端，我的公钥是 PK，请把你的响应发送给我”，于是中间人攻击者便得到了来自服务端的响应报文。因为客户端和服务器并没有认证机制，中间人攻击者可以轻松地实现对两者的攻击，而两者始终无法感知中间人的攻击，误以为这份实际是中间人伪造的信息是真实通信方发送的。此时，要解决上述安全弊端，必须要确保接收方收到的信息就是指定的发送方真正发送的，使用数字签名技术可以解决该问题。

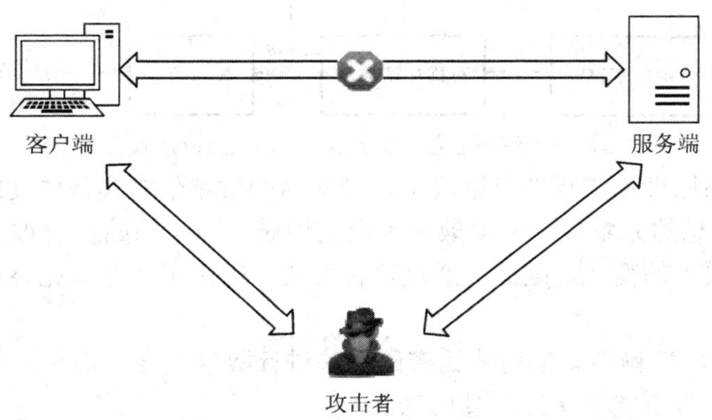

图 2.1　针对数字信封的中间人攻击

2.1.1　带签名数字信封原理

发送者 A 和接收者 B 进行保密通信，那么带签名数字信封加解密的一般步骤为：

(1) 密钥生成器分别为发送者 A 和接收者 B 产生公私钥。

(2) 如图 2.2 所示，发送者 A 生成会话密钥 k，使用 B 的公钥 PK_B 加密会话密钥 k，生成密文 c_2；另外对消息 m 做散列运算，并使用自己的私钥进行签名；接着使用对称密码算法加密真正的明文消息 m 和签名结果，生成密文 c_1；并将两者产生的密文(c_1，c_2)通过公开信道一同发送给接收者 B。

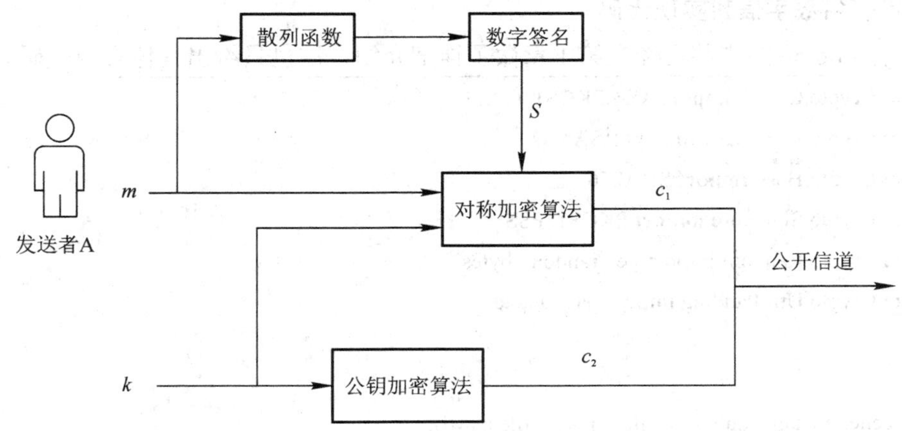

图 2.2　带签名数字信封发送者示意图(发送方)

(3) 如图 2.3 所示，接收者 B 使用自己的私钥 SK_B 解密密文 c_2，得到会话密钥 k；接着使用对称密码算法解密 c_1，从而得到原明文消息 m 和签名结果；接下来，使用发送者 A 的公钥验证该签名结果，以检验发送者 A 是否为消息 m 的签名者。

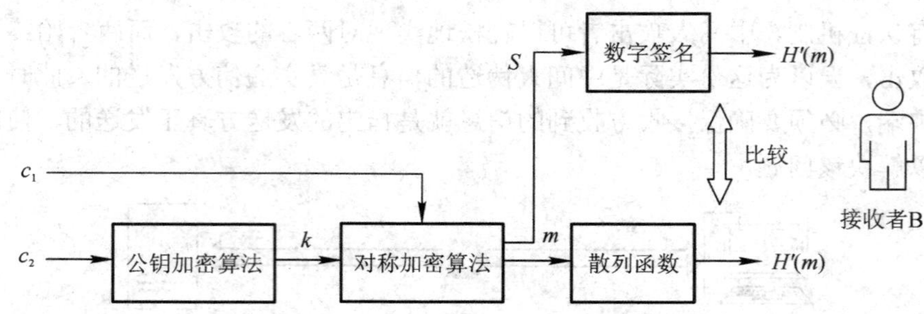

图 2.3　带签名数字信封接收者示意图(接收方)

从数字签名的原理和流程图可以看出，带签名的数字信封实现的功能有：

(1) 保证了信息的完整性。根据散列函数的性质，一旦原始信息被改动，所生成的数字摘要就会发生很大的变化。因此，通过这种方式，确保了消息的完整性，能防止原始信息被篡改。

(2) 提供了不可抵赖性。使用公钥密码算法进行数字签名，由于只有发送方一人拥有私钥，因此，发送方不能否认发送过信息。

(3) 提供了不可伪造性。任何人都无法伪造一份报文，声称来自于发送方，因为除了发送方，任何其他人都无法拥有发送方的私钥；在验证签名的过程中，还需要使用发送方的公钥，这样就防止了中间人攻击。

(4) 提供了机密性。发送方使用接收方的公钥加密算法加密会话密钥 k，接着使用对称密码算法加密真正的密文，这样综合使用了两种加密方案，实现了信息的机密性。

因此，为了保证数据传输的完整性、机密性、不可抵赖性和不可为造性，建议使用带签名的数字信封。

2.1.2　利用 Pycryptodome 实现带签名的数字信封

1. 带签名数字信封实现代码

Pycryptodome 的安装已经在第 1 章做了详细介绍，这里只给出具体实现代码。

```
from Crypto.Cipher import AES,PKCS1_OAEP
from Crypto.PublicKey import RSA
from Crypto.Hash import SHA256
from Crypto.Signature import PKCS1_PSS
from Crypto.Random import get_random_bytes
from Crypto.Util.Padding import pad, unpad



def generate_keys(pub_key_file,pri_key_file,pswd):
    keys=RSA.generate(2048)
    with open(pub_key_file,'wb') as f_pub:
        pub_key=keys.publickey().export_key()
        f_pub.write(pub_key)
```

```
    with open(pri_key_file,'wb') as f_pri:
        pri_key=keys.export_key(passphrase=pswd)
        f_pri.write(pri_key)


def dig_env(file,send_pri_key,rec_pub_key,out_file):
    with open(file,'rb') as f:
        m=f.read()

        #产生签名
        hash_m=SHA256.new(m)
        sig_cipher=PKCS1_PSS.new(send_pri_key)
        signature= sig_cipher.sign(hash_m)
        print('签名长度：',len(signature))


        #混合加密

        key=get_random_bytes(16)#产生随机会话密钥
        print('session key is:',key)
        en_cipher=PKCS1_OAEP.new(rec_pub_key)
        cp_key=en_cipher.encrypt(key)#加密该会话密钥
        print('加密会话密钥后长度：',len(cp_key))

        iv=get_random_bytes(16)#产生随机的初始向量
        print('iv is:', iv)
        en_data_cipher=AES.new(key,AES.MODE_CBC,iv)#选用CBC加密模式
        en_data=en_data_cipher.encrypt(pad(m,16))

        print('加密数据长度：',len(en_data))

    with open(out_file,'wb') as f_out:
        f_out.write(signature)
        f_out.write(cp_key)
        f_out.write(iv)
        f_out.write(en_data)
```

```
def open_env(in_file,rec_pri_key,send_pub_key,out_file):
    with open(in_file,'rb') as f:
        sig_data=f.read(256) #签名的数据，即签名信息
        keys_data=f.read(256)#加密会话密钥后的数据
        iv=f.read(16) #初始向量
        en_data=f.read()


        #解密获得会话密钥
        key_cipher=PKCS1_OAEP.new(rec_pri_key)
        key=key_cipher.decrypt(keys_data)
        print('session key is:', key)


        #解密会话密钥加密的密文
        data_cipher=AES.new(key,AES.MODE_CBC,iv)
        m=data_cipher.decrypt(en_data)
        m=unpad(m,16)

        #验证签名
        if(m):
            hash_m=SHA256.new(m)
            veri_sign=PKCS1_PSS.new(send_pub_key)
            if (veri_sign.verify(hash_m,sig_data)):
                print("验证签名成功")

                with open(out_file,'wb') as f_out:
                    f_out.write(m)
            else:
                print("验证签名失败")


if __name__=="__main__":

    #Alice 产生公私钥
    generate_keys("alice_public_key.pem","alice_private_key.pem","alice")

    #Bob 产生公私钥
    generate_keys("bob_public_key.pem","bob_private_key.pem","bob")
```

```
    #加载 Alice 的公私钥
alice_pri_key=RSA.importKey(open("alice_private_key.pem",'rb').read(),passphrase="alice")
alice_pub_key = RSA.importKey(open("alice_public_key.pem",'rb').read())

    # 加载 Bob 的公私钥
    bob_pri_key = RSA.importKey(open("bob_private_key.pem",'rb').read(), passphrase="bob")
    bob_pub_key = RSA.importKey(open("bob_public_key.pem",'rb').read())

    dig_env("file.jpg",alice_pri_key,bob_pub_key,"en_file.jpg")

    open_env("en_file.jpg", bob_pri_key, alice_pub_key, "de_file.jpg")
```

2. 结果测试

本节使用 AES_CBC 模式，对原始消息进行对称加密；接着对于 AES 加密后的密文，使用 SHA256 对其进行散列计算，再使用发送方的私钥，用 RSA 数字签名算法对散列值进行数字签名；对于 AES 加密中使用的会话密钥，发送方使用接收方的公钥对其进行 RSA 加密，算法运行效果如图 2.4 所示。

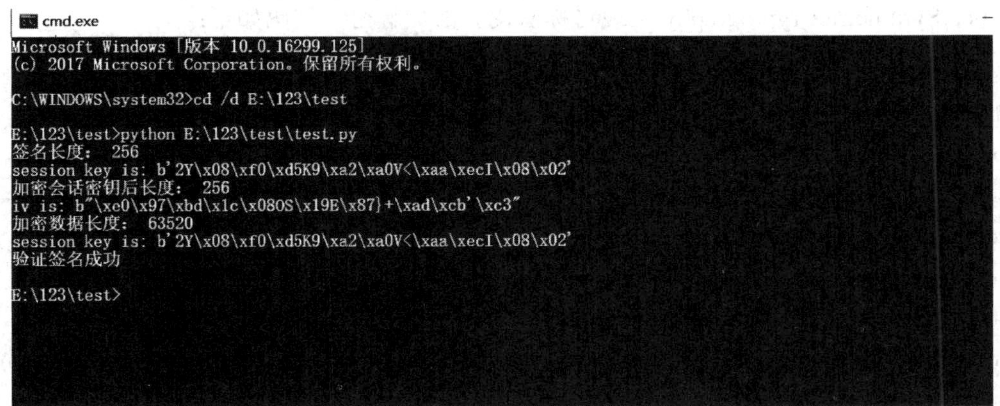

图 2.4　利用 Pycryptodome 实现的带签名数字信封算法运行效果

2.1.3　利用 Bouncy Castle 实现带签名的数字信封

Bouncy Castle 是一种用于 Java 平台的开放源码的轻量级密码术包。它支持大量的密码术算法，并提供 JCE 1.2.1 的实现。Bouncy Castle 是轻量级的，从 J2SE 1.4 到 J2ME(包括 MIDP)平台，它都可以运行。

1. 相关准备

1) 下载

Bouncy Castle 的网址为 http://www.bouncycastle.org/，登录该网站后进行下载。

2) 配置

(1) 用记事本打开%JDK_Home%\ jre\lib\security\java.security 文件，找到如下代码：

```
security.provider.1=sun.security.provider.Sun
…
security.provider.10=sun.security.mscapi.SunMSCAPI
```

在之后添加如下两行代码：

```
#增加 BouncyCastleProvider
security.provider.10=org.bouncycastle.jce.provider.BouncyCastleProvider
```

保存 Java.security 文件。

同样修改%JRE_Home%\lib\security\java.security 文件，加入以上两行，保存文件。

(2) 导入 jar 文件。

分别复制 bcprov-ext-jdk16-146.jar 到"%JDK_Home%\jre\lib\ext"和"%JRE_Home%\lib\ext" 目录下。

2. 主要代码

加密和签名的调用方法：加解密前加入以下两行代码即可。

```
BouncyCastleProvider bouncyCastleProvider = new BouncyCastleProvider();
Security.addProvider(bouncyCastleProvider);
```

具体调用函数介绍如下：

(1) SymmetricCryptography 实现对称密钥算法加解密，代码如下：

```
//默认使用 AES 算法、128 位密钥长度
SymmetricCryptography symmetricCryptography = new SymmetricCryptography();
String key = symmetricCryptography.encodeKey(symmetricCryptography.initKey());
System.out.println("AES 密钥：" + key);
String encryptData = symmetricCryptography.encrypt(data, symmetricCryptography.decodeKey(key));
System.out.println("加密前数据：" + data);
System.out.println("加密后数据：" + encryptData);
String decryptData = symmetricCryptography.decrypt(encryptData, symmetricCryptography.decodeKey(key));
System.out.println("解密后数据：" + decryptData);
//使用 DES 算法、56 位密钥长度
Configuration configuration = new Configuration();
configuration.setKeyAlgorithm(Algorithms.DES).setCipherAlgorithm(Algorithms.DES_ECB_PKCS5PADDING)
.setKeySize(56);
SymmetricCryptography symmetricCryptography = new SymmetricCryptography(configuration);
String key = symmetricCryptography.encodeKey(symmetricCryptography.initKey());
System.out.println("DES 密钥：" + key);
String encryptData = symmetricCryptography.encrypt(data, symmetricCryptography.decodeKey(key));
System.out.println("加密前数据：" + data);
System.out.println("加密后数据：" + encryptData);
```

```
String decryptData = symmetricCryptography.decrypt(encryptData, symmetricCryptography.decodeKey(key));
System.out.println("解密后数据：" + decryptData);
//使用 IDEA 算法、128 位密钥长度
//需要使用 BouncyCastleProvider 扩展支持
BouncyCastleProvider bouncyCastleProvider = new BouncyCastleProvider();
Security.addProvider(bouncyCastleProvider);
Configuration configuration = new Configuration();
configuration.setKeyAlgorithm(Algorithms.IDEA).setCipherAlgorithm(Algorithms.IDEA).setKeySize(128);
SymmetricCryptography symmetricCryptography = new SymmetricCryptography(configuration);
String key = symmetricCryptography.encodeKey(symmetricCryptography.initKey());
System.out.println("IDEA 密钥：" + key);
String encryptData = symmetricCryptography.encrypt(data, symmetricCryptography.decodeKey(key));
System.out.println("加密前数据：" + data);
System.out.println("加密后数据：" + encryptData);
String decryptData = symmetricCryptography.decrypt(encryptData,
symmetricCryptography.decodeKey(key));
System.out.println("解密后数据：" + decryptData);
```

(2) NonSymmetricCryptography 实现非对称密钥算法加解密，代码如下：

```
//默认使用 RSA 算法、1024 位密钥长度
NonSymmetricCryptography nonSymmetricCryptography = new NonSymmetricCryptography();
Map<String，Key> keyMap = nonSymmetricCryptography.initKey();
String privateKey = nonSymmetricCryptography.encodeKey(nonSymmetricCryptography.getPrivateKey(keyMap));
String publicKey = nonSymmetricCryptography.encodeKey(nonSymmetricCryptography.getPublicKey(keyMap));
System.out.println("RSA 私钥：" + privateKey);
System.out.println("RSA 公钥：" + publicKey);
System.out.println("加密前数据：" + data);
// 公钥加密私钥解密
String encryptData = nonSymmetricCryptography.encryptByPublicKey(data, nonSymmetricCryptography.
decodeKey(publicKey));
System.out.println("公钥加密后数据：" + encryptData);
String decryptData = nonSymmetricCryptography.decryptByPrivateKey(encryptData，
nonSymmetricCryptography.decodeKey(privateKey));
System.out.println("私钥解密后数据：" + decryptData);
// 私钥加密公钥解密
String encryptData1 = nonSymmetricCryptography.encryptByPrivateKey(data, nonSymmetricCryptography.
decodeKey(privateKey));
System.out.println("公钥加密后数据：" + encryptData1);
```

```
String decryptData1 = nonSymmetricCryptography.decryptByPublicKey(encryptData1,nonSymmetricCryptography.
decodeKey(publicKey));
System.out.println("私钥解密后数据：" + decryptData1);
// 使用 ELGAMAL 算法、512 位密钥长度
// 需要使用 BouncyCastleProvider 扩展支持
BouncyCastleProvider bouncyCastleProvider = new BouncyCastleProvider();
Security.addProvider(bouncyCastleProvider);
Configuration configuration = new Configuration();
configuration.setKeyAlgorithm(Algorithms.ELGAMAL).setCipherAlgorithm(Algorithms.ELGAMAL_ECB_
PKCS1PADDING).setKeySize(512);
NonSymmetricCryptography nonSymmetricCryptography = new NonSymmetricCryptography(configuration);
Map<String, Key> keyMap = nonSymmetricCryptography.initKey();
String privateKey = nonSymmetricCryptography.encodeKey(nonSymmetricCryptography.getPrivateKey(keyMap));
String publicKey = nonSymmetricCryptography.encodeKey(nonSymmetricCryptography.
getPublicKey(keyMap));
System.out.println("ELGAMAL 私钥：" + privateKey);
System.out.println("ELGAMAL 公钥：" + publicKey);
System.out.println("加密前数据：" + data);
// 公钥加密私钥解密
String encryptData = nonSymmetricCryptography.encryptByPublicKey(data, nonSymmetricCryptography.
decodeKey(publicKey));
System.out.println("公钥加密后数据：" + encryptData);
String decryptData = nonSymmetricCryptography.decryptByPrivateKey(encryptData,
nonSymmetricCryptography.decodeKey(privateKey));
System.out.println("私钥解密后数据：" + decryptData);
```

(3) 使用 MD5，SHA1 进行散列计算后进行 RSA 签名，代码如下：

```
public void testMD5_WIEH_RSA(){
NonSymmetricCryptography nonSymmetricCryptography = new NonSymmetricCryptography();
Map<String, Key> keyMap = nonSymmetricCryptography.initKey();
String privateKey = nonSymmetricCryptography.encodeKey(nonSymmetricCryptography.getPrivateKey(keyMap));
String publicKey = nonSymmetricCryptography.encodeKey(nonSymmetricCryptography.getPublicKey(keyMap));
System.out.println("RSA 私钥：" + privateKey);
System.out.println("RSA 公钥：" + publicKey);
SignatureOperation signatureOperation = new SignatureOperation();
String sign = signatureOperation.sign(data,
nonSymmetricCryptography.toPrivateKey(nonSymmetricCryptography.decodeKey(privateKey)));
System.out.println("签名值：" + sign);
```

```
System.out.println("验证签名：" + signatureOperation.verify(data，
nonSymmetricCryptography.toPublicKey(nonSymmetricCryptography.decodeKey(publicKey))，  sign));
    }

public void testSHA1_WIEH_RSA(){
NonSymmetricCryptography nonSymmetricCryptography = new NonSymmetricCryptography();
Map<String，Key> keyMap = nonSymmetricCryptography.initKey();
String privateKey = nonSymmetricCryptography.encodeKey(nonSymmetricCryptography.getPrivateKey(keyMap));
String publicKey = nonSymmetricCryptography.encodeKey(nonSymmetricCryptography.getPublicKey(keyMap));
 System.out.println("RSA 私钥：" + privateKey);
 System.out.println("RSA 公钥：" + publicKey);
 Configuration configuration = new Configuration();
 configuration.setSignatureAlgorithm(Algorithms.SHA1_WIEH_RSA);
 SignatureOperation signatureOperation = new SignatureOperation(configuration);
 String sign = signatureOperation.sign(data，
nonSymmetricCryptography.toPrivateKey(nonSymmetricCryptography.decodeKey(privateKey)));
  System.out.println("签名值：" + sign);
  System.out.println("验证签名：" + signatureOperation.verify(data，
nonSymmetricCryptography.toPublicKey(nonSymmetricCryptography.decodeKey(publicKey))，  sign));
    }
```

3. 运行结果

基于上述加密算法的介绍，选择 AES 来对原始消息进行加密。之后对于 AES 加密后的密文，使用 MD5 对密文进行散列计算，然后进行 RSA 签名；对于 AES 加密中使用的密钥，使用 RSA 对其进行加密，算法运行结果如图 2.5 所示。

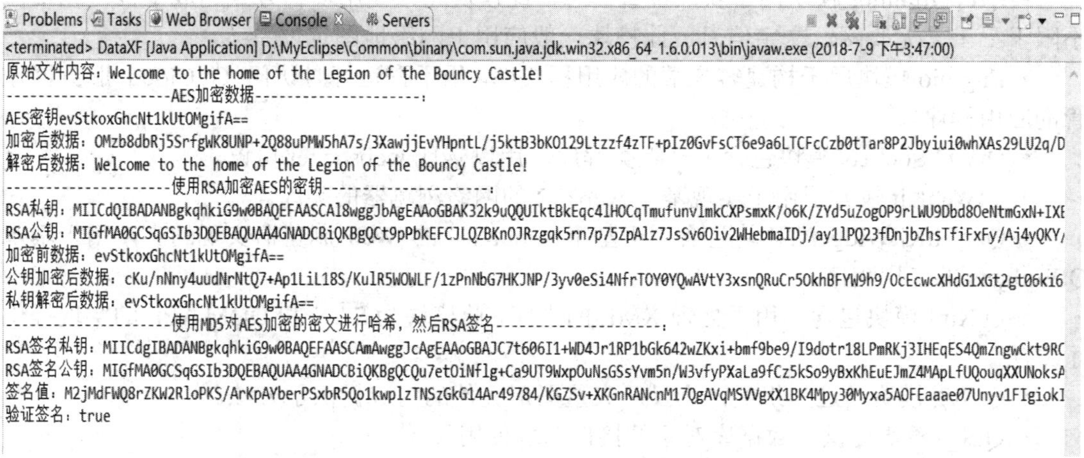

```
Problems  Tasks  Web Browser  Console  Servers
<terminated> DataXF [Java Application] D:\MyEclipse\Common\binary\com.sun.java.jdk.win32.x86_64_1.6.0.013\bin\javaw.exe (2018-7-9 下午3:47:00)
原始文件内容：Welcome to the home of the Legion of the Bouncy Castle!
--------------------AES加密数据--------------------:
AES密钥evStkoxGhcNt1kUtOMgifA==
加密后数据：OMzb8dbRj5SrfgWK8UNP+2Q88uPMW5hA7s/3XawjjEvYHpntL/j5ktB3bKO129Ltzzf4zTF+pIz0GvFsCT6e9a6LTCFcCzb0tTar8P2Jbyiui0whXAs29LU2q/D
解密后数据：Welcome to the home of the Legion of the Bouncy Castle!
--------------------使用RSA加密AES的密钥--------------------:
RSA私钥：MIICdQIBADANBgkqhkiG9w0BAQEFAASCAl8wggJbAgEAAoGBAK32k9uQQUIktBkEqc4lHOCqTmufunvlmkCXPsmxK/o6K/ZYd5uZogOP9rLWU9Dbd8OeNtmGxN+IXE
RSA公钥：MIGfMA0GCSqGSIb3DQEBAQUAA4GNADCBiQKBgQCt9pPbkEFCJLQZBKnOJRzgqk5rn7p75ZpAlz7JsSv6Oiv2WHebmaIDj/ay1lPQ23fDnjbZhsTfiFxFy/Aj4yQKY/
加密前数据：evStkoxGhcNt1kUtOMgifA==
公钥加密后数据：cKu/nNny4uudNrNtQ7+Ap1LiL18S/KulR5WOWLF/1zPnNbG7HKJNP/3yv0eSi4NfrTOY0YQwAVtY3xsnQRuCr5OkhBFYW9h9/OcEcwcXHdG1xGt2gt06ki6
私钥解密后数据：evStkoxGhcNt1kUtOMgifA==
--------------------使用MD5对AES加密的密文进行哈希，然后RSA签名--------------------:
RSA签名私钥：MIICdgIBADANBgkqhkiG9w0BAQEFAASCAmAwggJcAgEAAoGBAJC7t606I1+WD4Jr1RP1bGk642wZKxi+bmf9be9/I9dotr18LPmRKj3IHEqES4QmZngwCkt9RC
RSA签名公钥：MIGfMA0GCSqGSIb3DQEBAQUAA4GNADCBiQKBgQCQu7etOiNflg+Ca9UT9WxpOuNsGSsYvm5n/W3vfyPXaLa9fCz5kSo9yBxKhEuEJmZ4MApLfUQouqXXUNoksA
签名值：M2jMdFWQ8rZKW2RloPKS/ArKpAYberPSxbR5Qo1kwplzTNSzGkG14Ar49784/KGZSv+XKGnRANcnM17QgAVqMSVVgxX1BK4Mpy30Myxa5AOFEaaae07Unyv1FIgiokI
验证签名：true
```

图 2.5　利用 Bouncy Castle 实现带签名的数字信封算法运行结果

2.2 基于 Pycryptodome 的加密工具箱实践

本节设计并实现了一款基于 Pycryptodome 的加密解密工具箱，使用 Pyqt5 制作图形界面，具备对称密码、公钥密码的加解密文件功能。

2.2.1 基础知识

1. PyQt5

PyQt5 是基于 Digia 公司强大的图形程式框架 Qt5 的 Python 接口，拥有超过 620 个类和 6000 个函数及方法。PyQt5 在可以运行于多个平台，包括 Unix、Windows 和 Mac OS。

1) 主要模块

• QtCore 模块涵盖了包的核心的非 GUI 功能，此模块被用于处理程序中涉及的 time、文件、目录、数据类型、文本流、链接、mime、线程或进程等对象。

• QtGui 模块涵盖多种基本图形功能的类，包括窗口集、事件处理、2D 图形、基本的图像界面和字体文本。

• QtWidgets 模块包含了一整套 UI 元素组件，用于建立符合系统风格的 classic 界面，非常方便，可以在安装时选择是否使用此功能。

• QtMultimedia 模块包含了一套类库，该类库被用于处理多媒体事件，通过调用 API 接口访问摄像头、语音设备、收发消息(radio functionality)等。

• QtBluetooth 模块包含了处理蓝牙活动的类库，它的功能包括扫描设备、连接、交互等行为。

• QtNetwork 模块包含用于网络编程的类库，这组类程序通过提供便捷的 TCP/IP 及 UDP 的 C/S 程式码集合，使得基于 Qt 的网络编程更容易。

• QtPositioning 模块用于获取位置信息，此模块允许使用多种方式达成定位，包括但不限于卫星、无线网、文字信息。此模块一般应用于网络地图定位系统。

• Enginio 模块用于构建客户端的应用程式库，用于在运行时访问 Qt Cloud 服务器托管的应用程序。

• QtWebSockets 模块包含了一组类程序，用以实现 websocket 协议。

• QtWebKit 包含了用于实现基于 webkit2 的网络浏览器的类库。

• QtWebKitWidgets 模块包含用于基于 WebKit1 的 Web 浏览器实现的类，用于基于 QtWidgets 的应用程序。

• QtXml 模块包含了用于处理 XML 的类库，此模块为 SAX 和 DOM API 的实现提供了方法。

• QtSvg 模块通过一组类，为显示矢量图形文件的内容提供了方法。

• QtSql 模块提供了数据库对象的接口以供使用。

• QtTest 模块包含了可以通过单元测试，以调试 PyQt5 应用程式的功能。

2) 事件与信号处理机制

GUI 应用程序是事件驱动的。在事件模型中，有三个参与者：事件来源、事件对象和事件目标。事件来源是其状态更改的对象，它会生成事件。事件对象(event)将状态更改封装在事件来源中。事件目标是要通知的对象。事件来源对象将处理事件的任务委托给事件目标。

PyQt5 具有独特的信号和插槽机制来处理事件。信号和槽用于对象之间的通信。发生特定事件时发出信号。槽可以是任何 Python 可调用的函数。当发射连接的信号时会调用一个槽。

2. PyCharm

本项目使用 PyCharm 开发工具进行开发，它是一种 Python IDE，带有一整套可以帮助用户在使用 Python 语言开发时提高其效率的工具，比如调试、语法高亮、Project 管理、代码跳转、智能提示、自动完成、单元测试、版本控制。此外，该 IDE 提供了一些高级功能，以用于支持 Django 框架下的专业 Web 开发。用户可以去 PyCharm 官网自行下载，它有两个版本：Professional 专业版和 Community 社区版。在校大学生可以使用自己的 edu 邮箱，免费使用专业版，也可以直接免费使用社区版。

2.2.2 系统设计与实现

本系统的主要功能如下：

(1) 使用 AES 对称算法加解密文件。

(2) 产生 RSA 算法所需的公私钥对。

(3) 使用数字信封技术对文件加解密。

1. 开发环境配置

(1) 下载安装 PyCharm 后，点击 File→New Project，弹出如图 2.6 所示的界面，在 Location 处设置项目位置，点选“New environment using Virtualenv”；项目计算机安装了 Python3.7，所以 Python 环境设置中默认选择位置位本文件夹下的“evnc”子文件夹，默认选择了 Python3.7 版本。

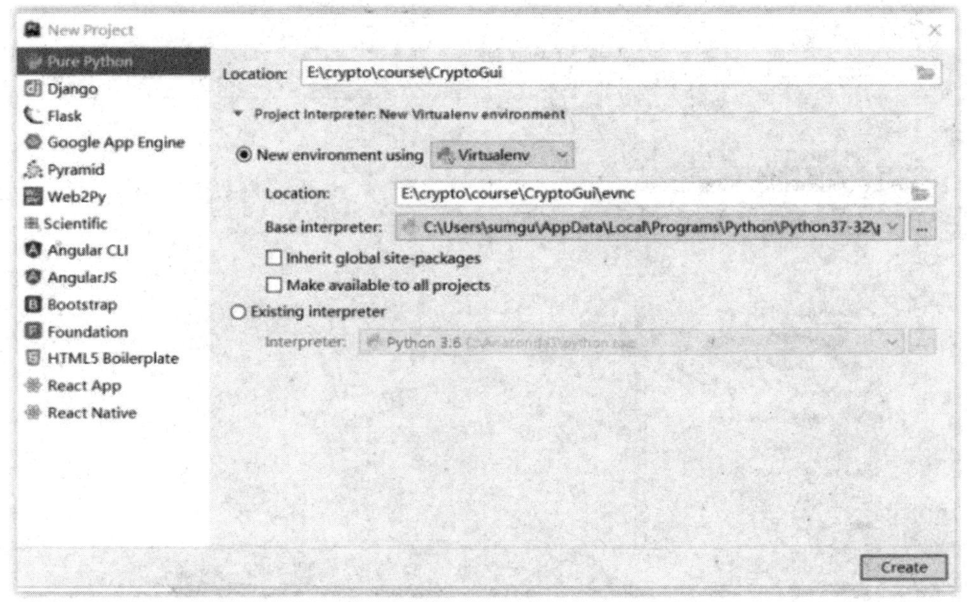

图 2.6　新建项目

(2) 创建项目后，需要安装相关开发包。点击 File→Settings，如图 2.7 所示，选择 Project Interpreter，安装 PyQt5、pycryptodome 等开发包。如安装 PyQt5，可以点击图片右侧的“+”，在弹出界面中，搜索 PyQt5 后，直接安装即可。本项目按照此方法，安装 PyQt5、pycryptodome、pyqt5-tools 即可，其余包由 PyCharm 自行安装。

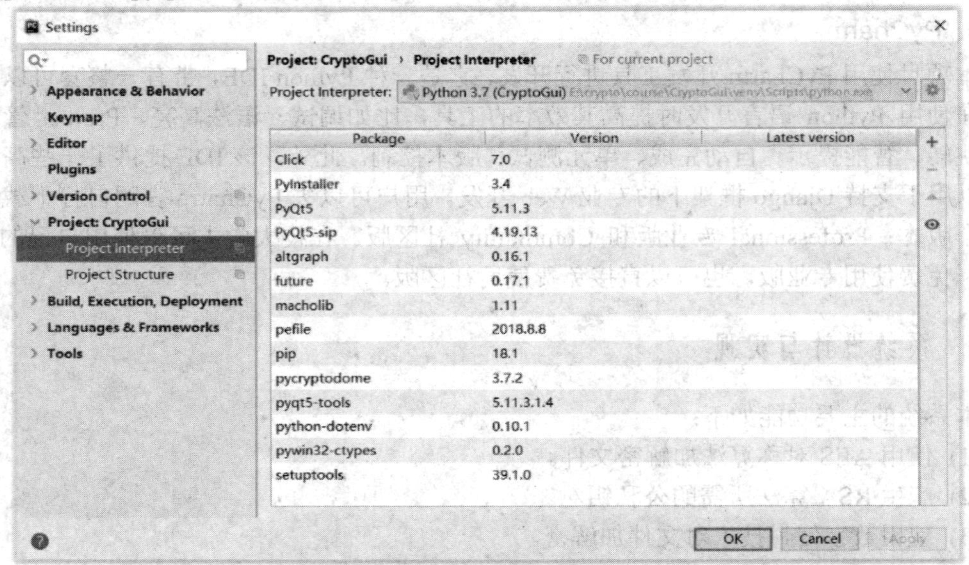

图 2.7　配置项目解释器

(3) 添加 Qt Designer 外部工具。依次点击 File→Settings，在左侧选择 Tools→External Tools，如图 2.8 所示，在图中点击“+”，弹出如图 2.9 所示的界面，在 Name 后填入“Qt Designer”，Program 处填入本项目文件夹下 venv 内，pyqt5_tools 里面的 designer.exe 所在位置，Working directory 后填入变量“$FileDir$”。

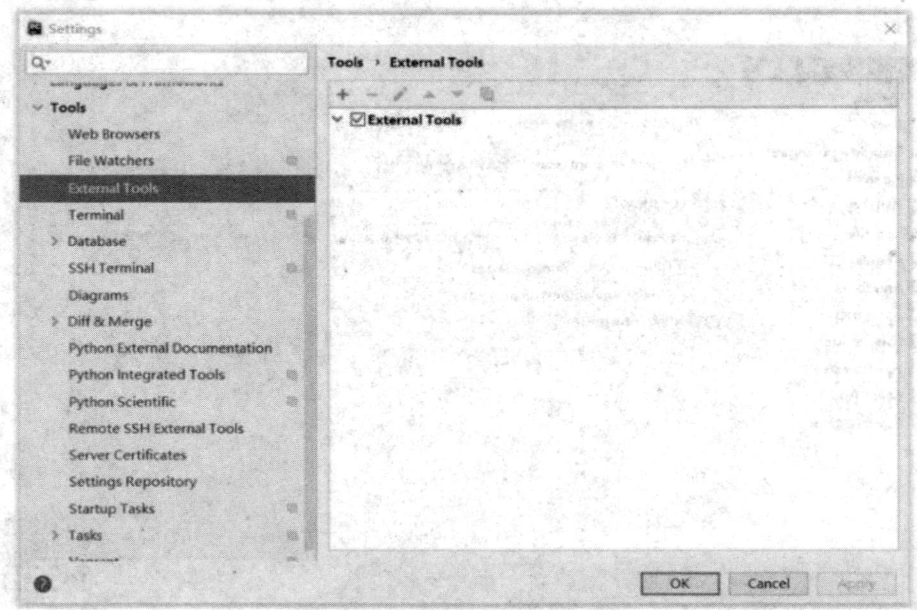

图 2.8　添加外部工具

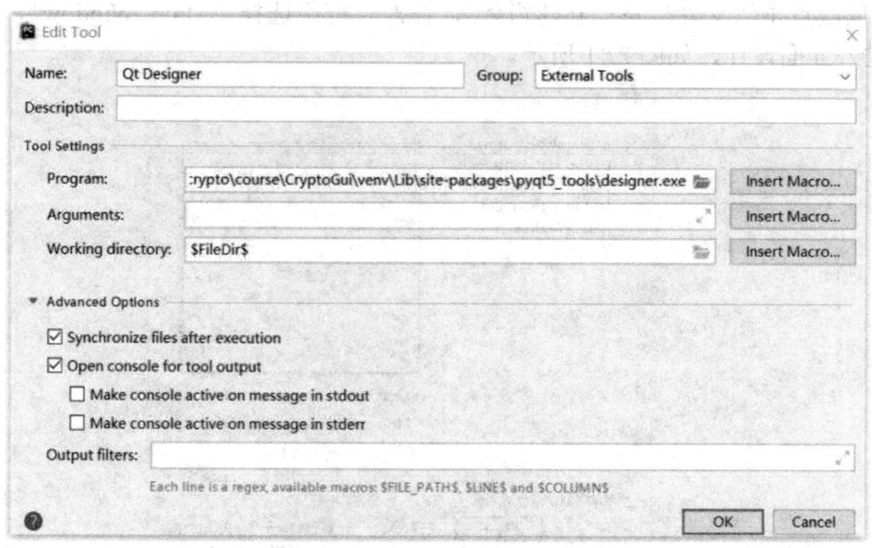

图 2.9　Qt Designer 添加详情

(4) 用同样的方法创建“PyUIC”外部工具，如图 2.10 所示，Name 填入“PyUIC”，“Program”填入计算机内 python 的可执行文件，Arguments 填入变量“-m PyQt5.uic.pyuic $FileName$ -o $FileNameWithoutExtension$.py”。

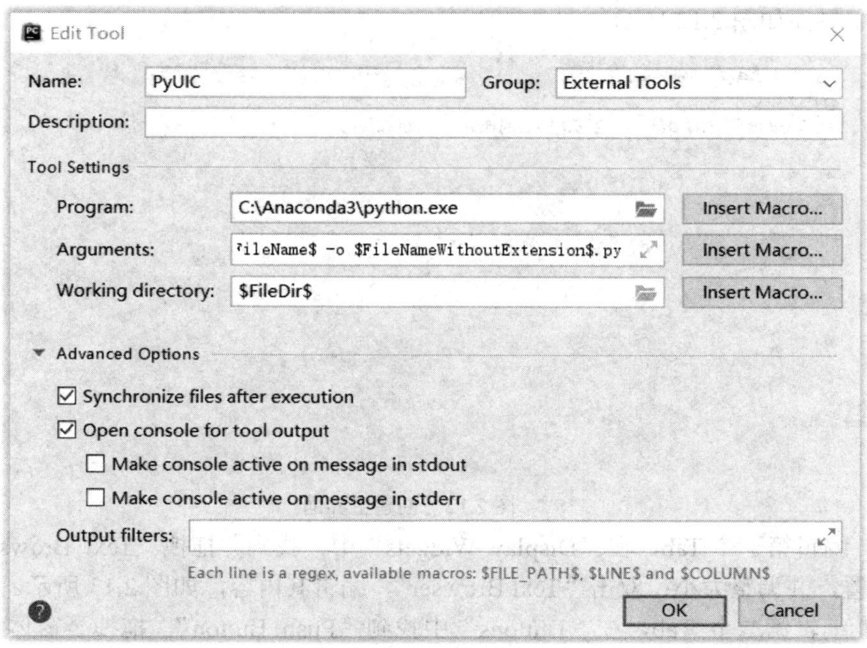

图 2.10　PyUIC 添加详情

2. 开发界面

本项目使用 Qt Designer 设计开发图形界面。使用“Tab Widget”作为底层容器，建立四个 Tab，分别命名为“欢迎使用”“对称加密”“产生密钥”和“数字信封”，形成主界面。

(1) 依次点击“文件”→“新建窗体”，在对话框中选择“Main Window”，点击“创建”后进入界面设计，如图 2.11 所示。

图 2.11　新建窗体

(2) 拖拽“Tab Widget”到窗体中，并调整大小；接着在属性编辑器中，修改 objectName 为“tabWigdet”，将 currentTabText 修改为“欢迎使用”。在“Tab Widget”容器上，点击鼠标右键，选择“插入页”→“在当前页之后”，可新建新的 Tab。同样，修改属性编辑器，形成的主界面如图 2.12 所示。

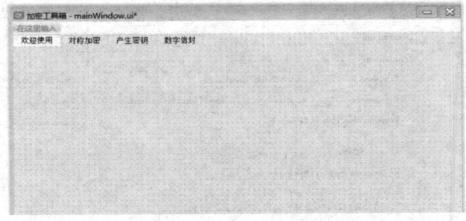

图 2.12　创建主界面

(3) 编辑第一个 Tab，在“Display Widgets”中，找到并拖拽“Text Browser”到窗体中央位置，并调整大小；双击“Text Browser”，编辑其内容，如图 2.13 所示。

(4) 编辑第二个 Tab，在“Buttons”中找到“Push Button”，拖拽至窗体上，修改其 objectName 为“btn_ori”，修改 text 为“源文件”；接着以同样的方式将 Input Widgets 内的“Line Edit”放于窗体之中，修改其 objectName 为“path_ori”。接下来，按照同样的方法将其余部件都放置好。选择“btn_ori”和“path_ori”，点击工具栏上的水平布局“horizontalLayout”，形成如图 2.14 所示的第一个方框。

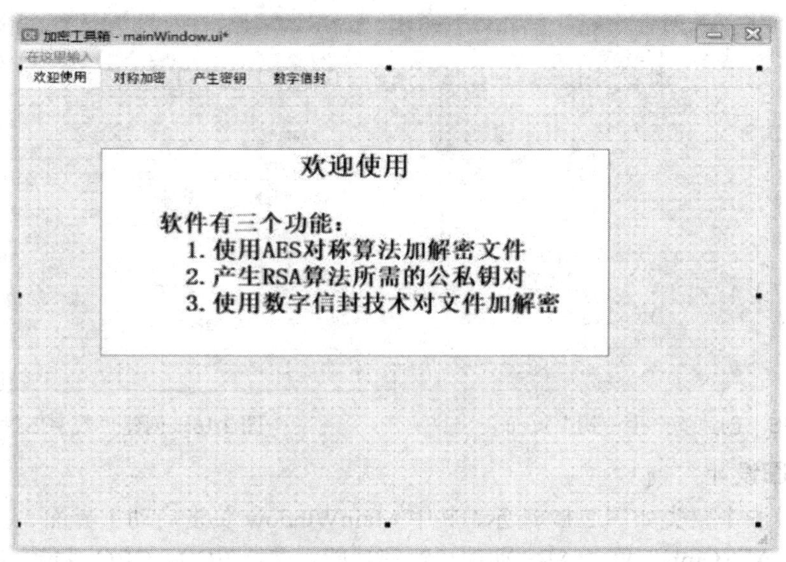

图 2.13　创建“欢迎使用”页面

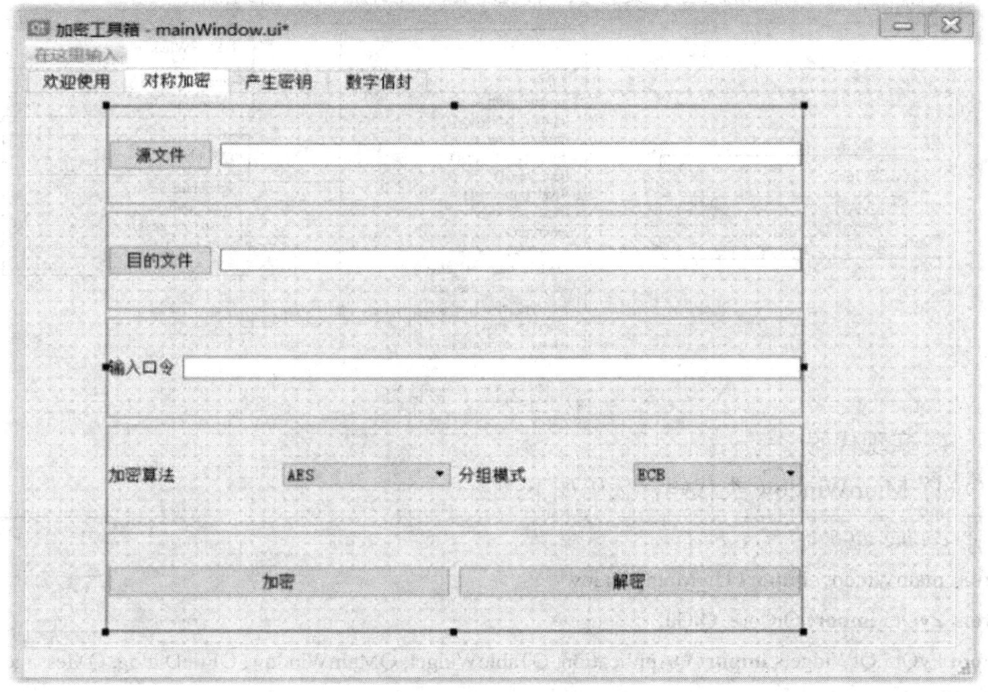

图 2.14　创建“对称加密”页面

(5) 编辑第三、四个 Tab 时，方法与第一、二个 Tab 的方法类似，形成如图 2.15 和图 2.16 的效果图。

(6) 界面设计完毕后，保存该文件到项目文件夹下。本项目将其命名为“mainWindows.ui”。在 PyCharm 中，先在左侧工程视图窗口内选择该 ui 文件，接着选择 Tools→External Tools→PyUIC，运行该命令后，产生“mainWindow.py”。这个 Python 内的类文件就描述了界面的具体内容，我们在其他类中就可以对界面直接进行操作了。

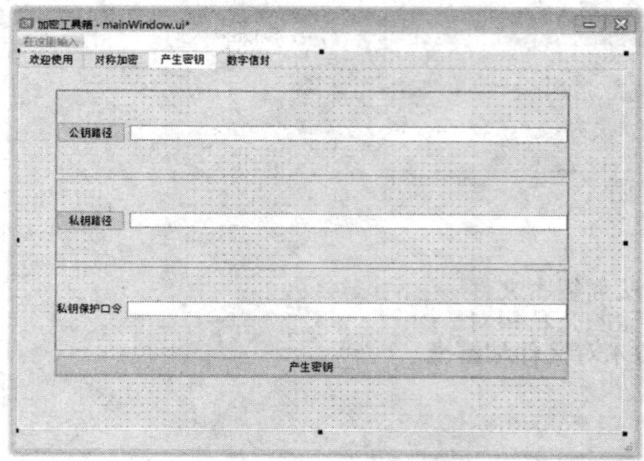

图 2.15　创建“产生密钥”页面

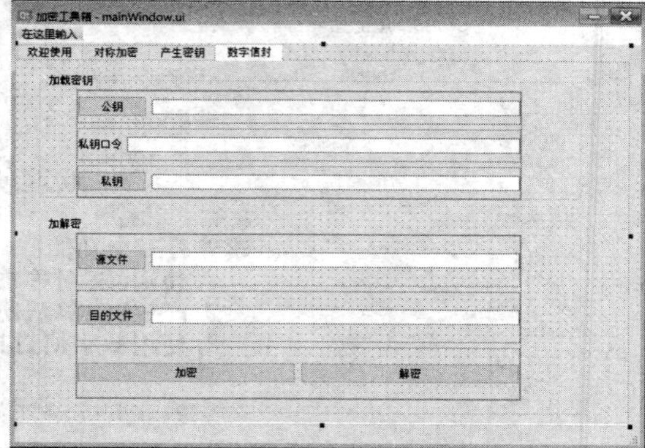

图 2.16　创建“数字信封”页面

3. 类图设计

本项目的主要类如图 2.17 所示，其中 MainWindow 负责启动主界面、连接界面与功能实现函数；AESCipher 负责 AES 加密、解密功能，支持 ECB、CBC 功能；EnvCipher 负责密钥操作和数字信封加解密，支持公私钥生成、信封加密、信封解密功能。

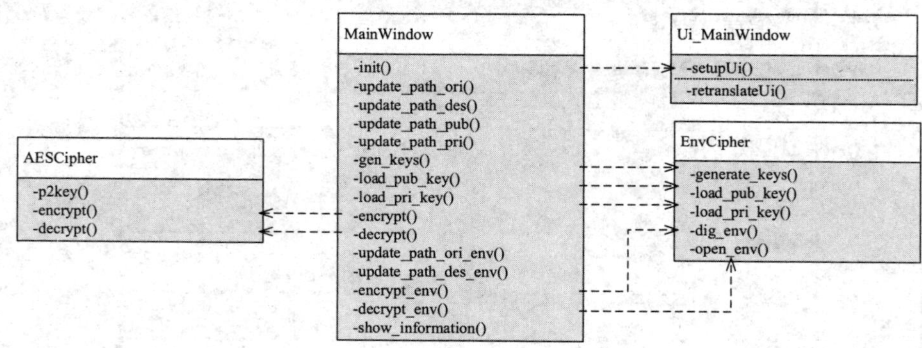

图 2.17　主要类

4. 实现代码

(1) MainWindow 类代码，代码如下：

```
# -*- coding:utf-8 -*-
from mainWindow import Ui_MainWindow
from PyQt5 import QtCore, QtGui
from PyQt5.QtWidgets import QApplication, QTableWidget, QMainWindow, QFileDialog, QMessageBox
import sys,os

from aes import AESCipher
from envelope import EnvCipher
class MainWindow(object):
    def __init__(self):
        app = QApplication(sys.argv)
```

```
        MainWindow = QMainWindow()
        self.ui = Ui_MainWindow()
        self.ui.setupUi(MainWindow)

        #对称加密
        #选择源文件，绑定路径修改函数
        self.ui.btn_ori.clicked.connect(self.update_path_ori)
        self.ui.btn_des.clicked.connect(self.update_path_des)
        self.ui.btn_enc.clicked.connect(self.encrypt)
        self.ui.btn_dec.clicked.connect(self.decrypt)
        self.ui.btn_keys.clicked.connect(self.gen_keys)


        #生成密钥
        #选择公钥存放路径，并绑定修改函数
        self.ui.btn_pub.clicked.connect(self.update_path_pub)
        self.ui.btn_pri.clicked.connect(self.update_path_pri)

        #加载公私钥
        self.ui.btn_pub_env.clicked.connect(self.load_pub_key)
        self.ui.btn_pri_env.clicked.connect(self.load_pri_key)
        MainWindow.show()

        #信封加密
        #选择源文件
        self.ui.btn_ori_env.clicked.connect(self.update_path_ori_env)
        self.ui.btn_des_env.clicked.connect(self.update_path_des_env)

        self.ui.btn_enc_env.clicked.connect(self.encrypt_env)
        self.ui.btn_dec_env.clicked.connect(self.decrypt_env)


        sys.exit(app.exec_())

    #选择源文件，并更改源路径
    def update_path_ori(self):
        open = QFileDialog()
        path = open.getOpenFileName()
        #print(path)
```

```
        if path:
            self.ui.path_ori.setText(path[0])
        #open.exec_()


    # 选择源文件，并更改源路径
    def update_path_des(self):
        open = QFileDialog()
        path = open.getSaveFileName()
        #print(path)
        if path:
            self.ui.path_des.setText(path[0])
        #open.exec_()

    # 选择公钥文件路径，生成密钥时使用该函数
    def update_path_pub(self):
        open = QFileDialog()
        path = open.getExistingDirectory()
        # print(path)
        if path:
            self.ui.path_pub.setText(path)

    # 选择私钥文件路径，生成密钥时使用该函数
    def update_path_pri(self):
        open = QFileDialog()
        path = open.getExistingDirectory()
        # print(path)
        if path:
            self.ui.path_pri.setText(path)

    #产生公私钥
    def gen_keys(self):
        cipher = EnvCipher()
        pub_file = os.path.join(self.ui.path_pub.text(),'public.pem')
        pri_file = os.path.join(self.ui.path_pri.text(),'private.pem')
        pwd = self.ui.pwd_pri.text()
        result = cipher.generate_keys(pub_file,pri_file,pwd)
        if result:
            self.show_information('产生密钥成功')
```

```
#加载公私钥
def load_pub_key(self):

    open = QFileDialog()
    path = open.getOpenFileName()
    infile = path[0]
    if path:
        self.ui.path_pub_env.setText(infile)


    infile = self.ui.path_pub_env.text()
    try:
        cipher = EnvCipher()
        self.pub_key = cipher.load_pub_key(infile)
        self.show_information('加载公钥成功')
    except:
        self.show_information('加载公钥失败')


def load_pri_key(self):

    open = QFileDialog()
    path = open.getOpenFileName()
    #print(path)
    infile = path[0]
    if infile:
        self.ui.path_pri_env.setText(infile)
    pwd = self.ui.pwd_env.text()
    #print(pwd)
    try:
        cipher = EnvCipher()
        self.pri_key = cipher.load_pri_key(infile,pwd)
        self.show_information('加载私钥成功')
    except:
        self.show_information('加载私钥失败')
```

```
#加密
def encrypt(self):
    password = self.ui.pwd.text()
    alo= self.ui.combox_alo.currentText()
    model = self.ui.combox_model.currentText()

    cipher = AESCipher(model,password,self.ui.path_ori.text(),self.ui.path_des.text())
    result=cipher.encrypt()
    #print(result)
    if result:
        self.show_information('加密成功')
    else:
        self.show_information('加密失败')
#解密
def decrypt(self):
    password = self.ui.pwd.text()
    alo = self.ui.combox_alo.currentText()
    model = self.ui.combox_model.currentText()

    #print(password, alo)

    cipher = AESCipher(model, password, self.ui.path_ori.text(), self.ui.path_des.text())
    result=cipher.decrypt()
    if result:
        self.show_information('解密成功')
    else:
        self.show_information('解密失败')


#选择数字信封源文件
def update_path_ori_env(self):
    open = QFileDialog()
    path = open.getOpenFileName()
    if path:
        self.ui.path_ori_env.setText(path[0])

    # 选择数字信封目的文件
```

```
def update_path_des_env(self):
    open = QFileDialog()
    path = open.getSaveFileName()
    if path:
        self.ui.path_des_env.setText(path[0])

#数字信封加密
def encrypt_env(self):
    cipher = EnvCipher()
    infile = self.ui.path_ori_env.text()
    outfile = self.ui.path_des_env.text()
    result = cipher.dig_env(infile,self.pri_key,self.pub_key,outfile)

    if result:
        self.show_information('数字信封加密成功')
    else:
        self.show_information('数字信封加密失败')

# 数字信封解密
def decrypt_env(self):
    cipher = EnvCipher()
    infile = self.ui.path_ori_env.text()
    outfile = self.ui.path_des_env.text()
    result = cipher.open_env(infile,self.pri_key,self.pub_key,outfile)

    if result:
        self.show_information('数字信封解密成功')
    else:
        self.show_information('数字信封解密失败')



def show_information(self,text):
    mb = QMessageBox()
    mb.setIcon(QMessageBox.Information)
    mb.setWindowTitle('提示')
    mb.setText(text)
    mb.setStandardButtons(QMessageBox.Ok)
    mb.show()
```

```
            mb.exec_()


if __name__ == '__main__':
    MainWindow()
```

(2) Ui_MainWindow 类代码。

该类由前面的 PyUIC 自动生成，代码如下：

```
# -*- coding: utf-8 -*-

# Form implementation generated from reading ui file 'mainWindow.ui'
#
# Created by: PyQt5 UI code generator 5.6
#
# WARNING! All changes made in this file will be lost!

from PyQt5 import QtCore, QtGui, QtWidgets

class Ui_MainWindow(object):
    def setupUi(self, MainWindow):
        MainWindow.setObjectName("MainWindow")
        MainWindow.resize(844, 582)
        MainWindow.setMinimumSize(QtCore.QSize(844, 582))
        MainWindow.setMaximumSize(QtCore.QSize(844, 582))
        icon = QtGui.QIcon()
        icon.addPixmap(QtGui.QPixmap("lock.ico"), QtGui.QIcon.Normal, QtGui.QIcon.Off)
        MainWindow.setWindowIcon(icon)
        self.centralwidget = QtWidgets.QWidget(MainWindow)
        self.centralwidget.setObjectName("centralwidget")
        self.tabWidget = QtWidgets.QTabWidget(self.centralwidget)
        self.tabWidget.setGeometry(QtCore.QRect(0, 0, 831, 531))
        self.tabWidget.setObjectName("tabWidget")
        self.tab_3 = QtWidgets.QWidget()
        self.tab_3.setObjectName("tab_3")
        self.textBrowser = QtWidgets.QTextBrowser(self.tab_3)
        self.textBrowser.setGeometry(QtCore.QRect(90, 70, 571, 241))
        font = QtGui.QFont()
        font.setFamily("ADMUI3Lg")
```

```
self.textBrowser.setFont(font)
self.textBrowser.setObjectName("textBrowser")
self.tabWidget.addTab(self.tab_3, "")
self.tab = QtWidgets.QWidget()
self.tab.setObjectName("tab")
self.layoutWidget = QtWidgets.QWidget(self.tab)
self.layoutWidget.setGeometry(QtCore.QRect(70, 10, 621, 481))
self.layoutWidget.setObjectName("layoutWidget")
self.verticalLayout_4 = QtWidgets.QVBoxLayout(self.layoutWidget)
self.verticalLayout_4.setContentsMargins(0, 0, 0, 0)
self.verticalLayout_4.setObjectName("verticalLayout_4")
self.horizontalLayout_2 = QtWidgets.QHBoxLayout()
self.horizontalLayout_2.setObjectName("horizontalLayout_2")
self.btn_ori = QtWidgets.QPushButton(self.layoutWidget)
self.btn_ori.setObjectName("btn_ori")
self.horizontalLayout_2.addWidget(self.btn_ori)
self.path_ori = QtWidgets.QLineEdit(self.layoutWidget)
self.path_ori.setObjectName("path_ori")
self.horizontalLayout_2.addWidget(self.path_ori)
self.verticalLayout_4.addLayout(self.horizontalLayout_2)
self.horizontalLayout_3 = QtWidgets.QHBoxLayout()
self.horizontalLayout_3.setObjectName("horizontalLayout_3")
self.btn_des = QtWidgets.QPushButton(self.layoutWidget)
self.btn_des.setObjectName("btn_des")
self.horizontalLayout_3.addWidget(self.btn_des)
self.path_des = QtWidgets.QLineEdit(self.layoutWidget)
self.path_des.setObjectName("path_des")
self.horizontalLayout_3.addWidget(self.path_des)
self.verticalLayout_4.addLayout(self.horizontalLayout_3)
self.horizontalLayout_6 = QtWidgets.QHBoxLayout()
self.horizontalLayout_6.setObjectName("horizontalLayout_6")
self.label_3 = QtWidgets.QLabel(self.layoutWidget)
self.label_3.setObjectName("label_3")
self.horizontalLayout_6.addWidget(self.label_3)
self.pwd = QtWidgets.QLineEdit(self.layoutWidget)
self.pwd.setEchoMode(QtWidgets.QLineEdit.Password)
self.pwd.setObjectName("pwd")
self.horizontalLayout_6.addWidget(self.pwd)
self.verticalLayout_4.addLayout(self.horizontalLayout_6)
```

```
self.horizontalLayout_4 = QtWidgets.QHBoxLayout()
self.horizontalLayout_4.setObjectName("horizontalLayout_4")
self.label = QtWidgets.QLabel(self.layoutWidget)
self.label.setObjectName("label")
self.horizontalLayout_4.addWidget(self.label)
self.combox_alo = QtWidgets.QComboBox(self.layoutWidget)
self.combox_alo.setObjectName("combox_alo")
self.combox_alo.addItem("")
self.combox_alo.addItem("")
self.horizontalLayout_4.addWidget(self.combox_alo)
self.label_2 = QtWidgets.QLabel(self.layoutWidget)
self.label_2.setObjectName("label_2")
self.horizontalLayout_4.addWidget(self.label_2)
self.combox_model = QtWidgets.QComboBox(self.layoutWidget)
self.combox_model.setObjectName("combox_model")
self.combox_model.addItem("")
self.combox_model.addItem("")
self.horizontalLayout_4.addWidget(self.combox_model)
self.verticalLayout_4.addLayout(self.horizontalLayout_4)
self.horizontalLayout_5 = QtWidgets.QHBoxLayout()
self.horizontalLayout_5.setObjectName("horizontalLayout_5")
self.btn_enc = QtWidgets.QPushButton(self.layoutWidget)
self.btn_enc.setObjectName("btn_enc")
self.horizontalLayout_5.addWidget(self.btn_enc)
self.btn_dec = QtWidgets.QPushButton(self.layoutWidget)
self.btn_dec.setObjectName("btn_dec")
self.horizontalLayout_5.addWidget(self.btn_dec)
self.verticalLayout_4.addLayout(self.horizontalLayout_5)
self.tabWidget.addTab(self.tab, "")
self.tab_2 = QtWidgets.QWidget()
self.tab_2.setObjectName("tab_2")
self.layoutWidget1 = QtWidgets.QWidget(self.tab_2)
self.layoutWidget1.setGeometry(QtCore.QRect(50, 30, 701, 401))
self.layoutWidget1.setObjectName("layoutWidget1")
self.verticalLayout_3 = QtWidgets.QVBoxLayout(self.layoutWidget1)
self.verticalLayout_3.setContentsMargins(0, 0, 0, 0)
self.verticalLayout_3.setObjectName("verticalLayout_3")
self.horizontalLayout = QtWidgets.QHBoxLayout()
self.horizontalLayout.setObjectName("horizontalLayout")
```

```
self.btn_pub = QtWidgets.QPushButton(self.layoutWidget1)
self.btn_pub.setObjectName("btn_pub")
self.horizontalLayout.addWidget(self.btn_pub)
self.path_pub = QtWidgets.QLineEdit(self.layoutWidget1)
self.path_pub.setObjectName("path_pub")
self.horizontalLayout.addWidget(self.path_pub)
self.verticalLayout_3.addLayout(self.horizontalLayout)
self.horizontalLayout_7 = QtWidgets.QHBoxLayout()
self.horizontalLayout_7.setObjectName("horizontalLayout_7")
self.btn_pri = QtWidgets.QPushButton(self.layoutWidget1)
self.btn_pri.setObjectName("btn_pri")
self.horizontalLayout_7.addWidget(self.btn_pri)
self.path_pri = QtWidgets.QLineEdit(self.layoutWidget1)
self.path_pri.setObjectName("path_pri")
self.horizontalLayout_7.addWidget(self.path_pri)
self.verticalLayout_3.addLayout(self.horizontalLayout_7)
self.horizontalLayout_8 = QtWidgets.QHBoxLayout()
self.horizontalLayout_8.setObjectName("horizontalLayout_8")
self.label_4 = QtWidgets.QLabel(self.layoutWidget1)
self.label_4.setObjectName("label_4")
self.horizontalLayout_8.addWidget(self.label_4)
self.pwd_pri = QtWidgets.QLineEdit(self.layoutWidget1)
self.pwd_pri.setEchoMode(QtWidgets.QLineEdit.Password)
self.pwd_pri.setObjectName("pwd_pri")
self.horizontalLayout_8.addWidget(self.pwd_pri)
self.verticalLayout_3.addLayout(self.horizontalLayout_8)
self.btn_keys = QtWidgets.QPushButton(self.layoutWidget1)
self.btn_keys.setObjectName("btn_keys")
self.verticalLayout_3.addWidget(self.btn_keys)
self.tabWidget.addTab(self.tab_2, "")
self.widget = QtWidgets.QWidget()
self.widget.setObjectName("widget")
self.groupBox = QtWidgets.QGroupBox(self.widget)
self.groupBox.setGeometry(QtCore.QRect(30, 20, 731, 171))
self.groupBox.setObjectName("groupBox")
self.layoutWidget2 = QtWidgets.QWidget(self.groupBox)
self.layoutWidget2.setGeometry(QtCore.QRect(50, 20, 601, 151))
self.layoutWidget2.setObjectName("layoutWidget2")
self.verticalLayout = QtWidgets.QVBoxLayout(self.layoutWidget2)
```

```
self.verticalLayout.setContentsMargins(0, 0, 0, 0)
self.verticalLayout.setObjectName("verticalLayout")
self.horizontalLayout_9 = QtWidgets.QHBoxLayout()
self.horizontalLayout_9.setObjectName("horizontalLayout_9")
self.btn_pub_env = QtWidgets.QPushButton(self.layoutWidget2)
self.btn_pub_env.setObjectName("btn_pub_env")
self.horizontalLayout_9.addWidget(self.btn_pub_env)
self.path_pub_env = QtWidgets.QLineEdit(self.layoutWidget2)
self.path_pub_env.setObjectName("path_pub_env")
self.horizontalLayout_9.addWidget(self.path_pub_env)
self.verticalLayout.addLayout(self.horizontalLayout_9)
self.horizontalLayout_10 = QtWidgets.QHBoxLayout()
self.horizontalLayout_10.setObjectName("horizontalLayout_10")
self.label_5 = QtWidgets.QLabel(self.layoutWidget2)
self.label_5.setObjectName("label_5")
self.horizontalLayout_10.addWidget(self.label_5)
self.pwd_env = QtWidgets.QLineEdit(self.layoutWidget2)
self.pwd_env.setEchoMode(QtWidgets.QLineEdit.Password)
self.pwd_env.setObjectName("pwd_env")
self.horizontalLayout_10.addWidget(self.pwd_env)
self.verticalLayout.addLayout(self.horizontalLayout_10)
self.horizontalLayout_11 = QtWidgets.QHBoxLayout()
self.horizontalLayout_11.setObjectName("horizontalLayout_11")
self.btn_pri_env = QtWidgets.QPushButton(self.layoutWidget2)
self.btn_pri_env.setObjectName("btn_pri_env")
self.horizontalLayout_11.addWidget(self.btn_pri_env)
self.path_pri_env = QtWidgets.QLineEdit(self.layoutWidget2)
self.path_pri_env.setObjectName("path_pri_env")
self.horizontalLayout_11.addWidget(self.path_pri_env)
self.verticalLayout.addLayout(self.horizontalLayout_11)
self.groupBox_2 = QtWidgets.QGroupBox(self.widget)
self.groupBox_2.setGeometry(QtCore.QRect(30, 220, 731, 271))
self.groupBox_2.setObjectName("groupBox_2")
self.layoutWidget3 = QtWidgets.QWidget(self.groupBox_2)
self.layoutWidget3.setGeometry(QtCore.QRect(50, 20, 601, 231))
self.layoutWidget3.setObjectName("layoutWidget3")
self.verticalLayout_2 = QtWidgets.QVBoxLayout(self.layoutWidget3)
self.verticalLayout_2.setContentsMargins(0, 0, 0, 0)
self.verticalLayout_2.setObjectName("verticalLayout_2")
```

```
self.horizontalLayout_12 = QtWidgets.QHBoxLayout()
self.horizontalLayout_12.setObjectName("horizontalLayout_12")
self.btn_ori_env = QtWidgets.QPushButton(self.layoutWidget3)
self.btn_ori_env.setObjectName("btn_ori_env")
self.horizontalLayout_12.addWidget(self.btn_ori_env)
self.path_ori_env = QtWidgets.QLineEdit(self.layoutWidget3)
self.path_ori_env.setObjectName("path_ori_env")
self.horizontalLayout_12.addWidget(self.path_ori_env)
self.verticalLayout_2.addLayout(self.horizontalLayout_12)
self.horizontalLayout_13 = QtWidgets.QHBoxLayout()
self.horizontalLayout_13.setObjectName("horizontalLayout_13")
self.btn_des_env = QtWidgets.QPushButton(self.layoutWidget3)
self.btn_des_env.setObjectName("btn_des_env")
self.horizontalLayout_13.addWidget(self.btn_des_env)
self.path_des_env = QtWidgets.QLineEdit(self.layoutWidget3)
self.path_des_env.setObjectName("path_des_env")
self.horizontalLayout_13.addWidget(self.path_des_env)
self.verticalLayout_2.addLayout(self.horizontalLayout_13)
self.horizontalLayout_14 = QtWidgets.QHBoxLayout()
self.horizontalLayout_14.setObjectName("horizontalLayout_14")
self.btn_enc_env = QtWidgets.QPushButton(self.layoutWidget3)
self.btn_enc_env.setObjectName("btn_enc_env")
self.horizontalLayout_14.addWidget(self.btn_enc_env)
self.btn_dec_env = QtWidgets.QPushButton(self.layoutWidget3)
self.btn_dec_env.setObjectName("btn_dec_env")
self.horizontalLayout_14.addWidget(self.btn_dec_env)
self.verticalLayout_2.addLayout(self.horizontalLayout_14)
self.tabWidget.addTab(self.widget, "")
MainWindow.setCentralWidget(self.centralwidget)
self.menubar = QtWidgets.QMenuBar(MainWindow)
self.menubar.setGeometry(QtCore.QRect(0, 0, 844, 26))
self.menubar.setObjectName("menubar")
MainWindow.setMenuBar(self.menubar)
self.statusbar = QtWidgets.QStatusBar(MainWindow)
self.statusbar.setObjectName("statusbar")
MainWindow.setStatusBar(self.statusbar)

self.retranslateUi(MainWindow)
self.tabWidget.setCurrentIndex(3)
```

```
        QtCore.QMetaObject.connectSlotsByName(MainWindow)

    def retranslateUi(self, MainWindow):
        _translate = QtCore.QCoreApplication.translate
        MainWindow.setWindowTitle(_translate("MainWindow", "加密工具箱"))
        self.textBrowser.setHtml(_translate("MainWindow", "<!DOCTYPE HTML PUBLIC
\"-//W3C//DTD HTML 4.0//EN\" \"http://www.w3.org/TR/REC-html40/strict.dtd\">\n"
"<html><head><meta name=\"qrichtext\" content=\"1\" /><style type=\"text/css\">\n"
"p, li { white-space: pre-wrap; }\n"
"</style></head><body style=\" font-family:\'ADMUI3Lg\'; font-size:9pt; font-weight:400;
font-style:normal;\">\n"
"<p align=\"center\" style=\" margin-top:0px; margin-bottom:0px; margin-left:0px; margin-right:0px;
-qt-block-indent:0; text-indent:0px;\"><span style=\" font-family:\'SimSun\'; font-size:18pt;
font-weight:600;\">欢迎使用</span></p>\n"
"<p align=\"center\" style=\"-qt-paragraph-type:empty; margin-top:0px; margin-bottom:0px;
margin-left:0px; margin-right:0px; -qt-block-indent:0; text-indent:0px; font-family:\'SimSun\';
font-size:18pt; font-weight:600;\"><br /></p>\n"
"<p align=\"justify\" style=\" margin-top:0px; margin-bottom:0px; margin-left:0px; margin-right:0px;
-qt-block-indent:0; text-indent:0px;\"><span style=\" font-family:\'SimSun\'; font-size:16pt;
font-weight:600;\">      软件有三个功能：</span></p>\n"
"<p align=\"justify\" style=\" margin-top:0px; margin-bottom:0px; margin-left:0px; margin-right:0px;
-qt-block-indent:0; text-indent:0px;\"><span style=\" font-family:\'SimSun\'; font-size:16pt;
font-weight:600;\">          1.使用 AES 对称算法加解密文件</span></p>\n"
"<p align=\"justify\" style=\" margin-top:0px; margin-bottom:0px; margin-left:0px; margin-right:0px;
-qt-block-indent:0; text-indent:0px;\"><span style=\" font-family:\'SimSun\'; font-size:16pt;
font-weight:600;\">          2.产生 RSA 算法所需的公私钥对</span></p>\n"
"<p align=\"justify\" style=\" margin-top:0px; margin-bottom:0px; margin-left:0px; margin-right:0px;
-qt-block-indent:0; text-indent:0px;\"><span style=\" font-family:\'SimSun\'; font-size:16pt;
font-weight:600;\">          3.使用数字信封技术对文件加解密</span></p></body></html>"))
        self.tabWidget.setTabText(self.tabWidget.indexOf(self.tab_3), _translate("MainWindow", "欢迎使
用"))
        self.btn_ori.setText(_translate("MainWindow", "源文件"))
        self.btn_des.setText(_translate("MainWindow", "目的文件"))
        self.label_3.setText(_translate("MainWindow", "输入口令"))
        self.label.setText(_translate("MainWindow", "加密算法"))
        self.combox_alo.setItemText(0, _translate("MainWindow", "AES"))
        self.combox_alo.setItemText(1, _translate("MainWindow", "SM4"))
        self.label_2.setText(_translate("MainWindow", "分组模式"))
        self.combox_model.setItemText(0, _translate("MainWindow", "ECB"))
```

```
        self.combox_model.setItemText(1, _translate("MainWindow", "CBC"))
        self.btn_enc.setText(_translate("MainWindow", "加密"))
        self.btn_dec.setText(_translate("MainWindow", "解密"))
        self.tabWidget.setTabText(self.tabWidget.indexOf(self.tab), _translate("MainWindow", "对称加密"))
        self.btn_pub.setText(_translate("MainWindow", "公钥路径"))
        self.btn_pri.setText(_translate("MainWindow", "私钥路径"))
        self.label_4.setText(_translate("MainWindow", "私钥保护口令"))
        self.btn_keys.setText(_translate("MainWindow", "产生密钥"))
        self.tabWidget.setTabText(self.tabWidget.indexOf(self.tab_2), _translate("MainWindow", "产生密钥"))
        self.groupBox.setTitle(_translate("MainWindow", "加载密钥"))
        self.btn_pub_env.setText(_translate("MainWindow", "公钥"))
        self.label_5.setText(_translate("MainWindow", "私钥口令"))
        self.btn_pri_env.setText(_translate("MainWindow", "私钥"))
        self.groupBox_2.setTitle(_translate("MainWindow", "加解密"))
        self.btn_ori_env.setText(_translate("MainWindow", "源文件"))
        self.btn_des_env.setText(_translate("MainWindow", "目的文件"))
        self.btn_enc_env.setText(_translate("MainWindow", "加密"))
        self.btn_dec_env.setText(_translate("MainWindow", "解密"))
        self.tabWidget.setTabText(self.tabWidget.indexOf(self.widget), _translate("MainWindow", "数字信封"))
```

(3) AESCipher 类代码，代码如下：

```
# -*- coding:utf-8 -*-
from Crypto.Random import get_random_bytes
from Crypto.Cipher import AES
from Crypto.Util.Padding import pad,unpad
from Crypto.Protocol.KDF import PBKDF2
from Crypto.Hash import HMAC,SHA512

class AESCipher:

    def __init__(self,model,pwd,infile,outfile):
        self.model=model
        self.key= self.p2key(pwd)
        self.infile = infile
        self.outfile = outfile

    def p2key(self,pwd):
        slat=b'salt'
        key=PBKDF2(pwd.encode(), slat)
```

```
        #print(key)
        return key

    def encrypt(self):
        """
        使用AES 的CBC 分组模式加密数据。该函数为加密函数，初始向量IV 直接先写入密文中
        """

        if self.model == 'ECB':
            try:
                model= AES.MODE_ECB
                aes = AES.new(self.key, AES.MODE_ECB)
                with open(self.infile, 'rb') as f:
                    with open(self.outfile, 'wb') as c:
                        content = f.read()
                        # AES 加密
                        c_seg = aes.encrypt(pad(content, AES.block_size))
                        c.write(c_seg)
                return True
            except:
                return False

        elif self.model == 'CBC':
            try:
                ivec = get_random_bytes(AES.block_size)
                aes = AES.new(self.key, AES.MODE_CBC, ivec)

                with open(self.infile, 'rb') as f:
                    with open(self.outfile, 'wb') as c:
                        c.write(ivec)
                        content = f.read()
                        # AES 加密
                        c_seg = aes.encrypt(pad(content, AES.block_size))

                        c.write(c_seg)
                return True
            except:
                return False
```

```
    def decrypt(self):
        """
        使用AES 的CBC 分组模式解密数据。该函数为解密函数，先从密文中读取初始向量IV，再解
密真正的密文数据
        """


        if self.model == 'ECB':
            model = AES.MODE_ECB
            aes = AES.new(self.key, AES.MODE_ECB)
            try:
                with open(self.infile, 'rb') as f:
                    with open(self.outfile, 'wb') as c:
                        content = f.read()
                        # AES 解密
                        c_seg = aes.decrypt(content)

                        f_seg=unpad(c_seg, AES.block_size)
                        c.write(f_seg)
                return True
            except:
                return False



        elif self.model == 'CBC':

            try:

                with open(self.infile, 'rb') as f_in:
                    ivec = f_in.read(AES.block_size)
                    aes = AES.new(self.key, AES.MODE_CBC, ivec)
                    with open(self.outfile, 'wb') as f_out:
                        content = f_in.read()
                        seg = aes.decrypt(content)
                        # print("The message was: ", seg)
                        f_seg = unpad(seg, AES.block_size)
                        f_out.write(f_seg)
                        # print(f_seg)
                return   True
```

```
            except:
                return False
```

(4) EnvCipher 类代码，代码如下：

```
# -*- coding: utf-8 -*-
from Crypto.Cipher import AES,PKCS1_OAEP
from Crypto.PublicKey import RSA
from Crypto.Hash import SHA256
from Crypto.Signature import PKCS1_PSS
from Crypto.Random import get_random_bytes
from Crypto.Util.Padding import pad, unpad

class EnvCipher():

    def generate_keys(self,pub_key_file,pri_key_file,pswd):
        try:
            keys=RSA.generate(2048)
            with open(pub_key_file,'wb') as f_pub:
                pub_key=keys.publickey().export_key()
                f_pub.write(pub_key)

            with open(pri_key_file,'wb') as f_pri:
                pri_key=keys.export_key(passphrase=pswd)
                f_pri.write(pri_key)
            return True
        except:
            return False


    def load_pub_key(self,infile):

        alice_pub_key = RSA.importKey(open(infile, 'rb').read())

        return alice_pub_key



    def load_pri_key(self,infile,pwd):
```

```
        alice_pri_key = RSA.importKey(open(infile,'rb').read(),passphrase=pwd)

        #print(alice_pri_key)

        if alice_pri_key.has_private():
            return alice_pri_key
        else:
            return 0

    def dig_env(self,file,send_pri_key,rec_pub_key,out_file):

        try:
            with open(file,'rb') as f:
                m=f.read()

                #产生签名
                hash_m=SHA256.new(m)
                sig_cipher=PKCS1_PSS.new(send_pri_key)
                signature= sig_cipher.sign(hash_m)
                #print(len(signature))



                #混合加密
                key=get_random_bytes(16)#产生随机会话密钥
                #print('session key is:',key)
                en_cipher=PKCS1_OAEP.new(rec_pub_key)
                cp_key=en_cipher.encrypt(key)#加密该会话密钥
                #print(len(cp_key))

                iv=get_random_bytes(16)#产生随机的初始向量
                #print('iv is:', iv)
                en_data_cipher=AES.new(key,AES.MODE_CBC,iv)#选用CBC加密模式
                en_data=en_data_cipher.encrypt(pad(m,16))

                #print(len(en_data))

            with open(out_file,'wb') as f_out:
                f_out.write(signature)
                f_out.write(cp_key)
```

```
                f_out.write(iv)
                f_out.write(en_data)
            return True
        except:
            return False


    def open_env(self,in_file,rec_pri_key,send_pub_key,out_file):
        try:
            with open(in_file,'rb') as f:
                sig_data=f.read(256) #签名的数据，即签名信息
                keys_data=f.read(256)#加密会话密钥后的数据
                iv=f.read(16) #初始向量
                en_data=f.read()


                #解密获得会话密钥
                key_cipher=PKCS1_OAEP.new(rec_pri_key)
                key=key_cipher.decrypt(keys_data)
                #print('session key is:', key)

                data_cipher=AES.new(key,AES.MODE_CBC,iv)
                m=data_cipher.decrypt(en_data)
                m=unpad(m,16)

                if(m):
                    hash_m=SHA256.new(m)
                    veri_sign=PKCS1_PSS.new(send_pub_key)
                    if (veri_sign.verify(hash_m,sig_data)):
                        #print("验证签名成功")

                        with open(out_file,'wb') as f_out:
                            f_out.write(m)
                    else:
                        #print("验证签名失败")
                        pass
            return True
        except:
            return False
```

2.2.3　系统打包与运行

由于 Python 是一个脚本语言，它被解释器解释执行。但是对于普通用户而言，他们可能没有 Python 执行环境和相关依赖库，这时，就需要提供一个可执行文件。

1. pyInstaller 打包

pyInstaller 是一款用于将 Pyhon 程序打包成 exe 文件的工具，官网为 http://www.pyinstaller.org/。

(1) 安装。

安装 pyInstaller 时，使用 PyCharm 直接安装 pywin32 和 pyInstaller，也可以使用 pip 的方式。

(2) 打包。

如图 2.18 所示，点击 PyCharm 左下角的“Terminal”按钮，进入当前目录的 cmd 窗口，输入“pyinstaller -F main.py”即可完成程序的打包。

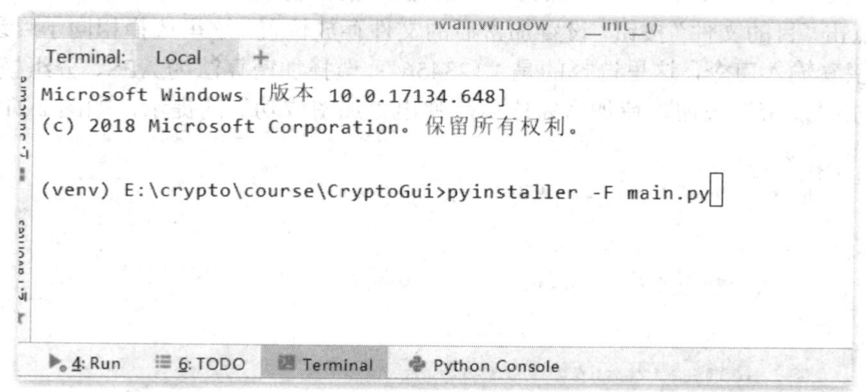

图 2.18　打包命令

pyinstaller 输入参数的含义如下：

- -F 表示生成单个可执行文件。
- -w 表示去掉控制台窗口，这在使用 GUI 界面时非常有用；如果编译的是命令行程序，则该命令不可使用。
- -p 表示自定义需要加载的类路径，一般情况下用不到。
- -i 表示可执行文件的图标。

如果打包命令运行没有错误，则会产生 dist 文件夹。在该文件夹下，我们找到“main.exe”可执行文件，如图 2.19 所示。如果对这个执行文件的图标不满意，可以自行下载图标，重新打包。如果不想 exe 文件执行时出现 cmd 窗口，那么打包命令则应改为“pyinstaller -F main.py -w”。

图 2.19　打包结果

2. 运行结果

打包完成后，运行该可执行文件，如图 2.20 所示。

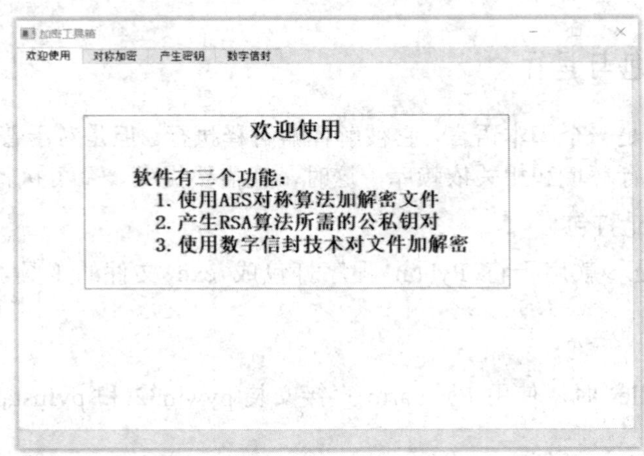

图 2.20　运行结果

1) 对称加密测试

(1) 文件加密测试：点击“源文件”按钮，选择源文件 dist 子目录下的“441409.jpg”文件；点击“目的文件”按钮，设置加密后的文件存放位置，这里选择相同子目录下的“en”文件；接着输入口令，这里选择的是“123456”；选择加密算法为 AES、分组模式为 ECB；最后点击“加密”按钮，待加密完成后，弹出“加密成功”的提示，如图 2.21 所示。

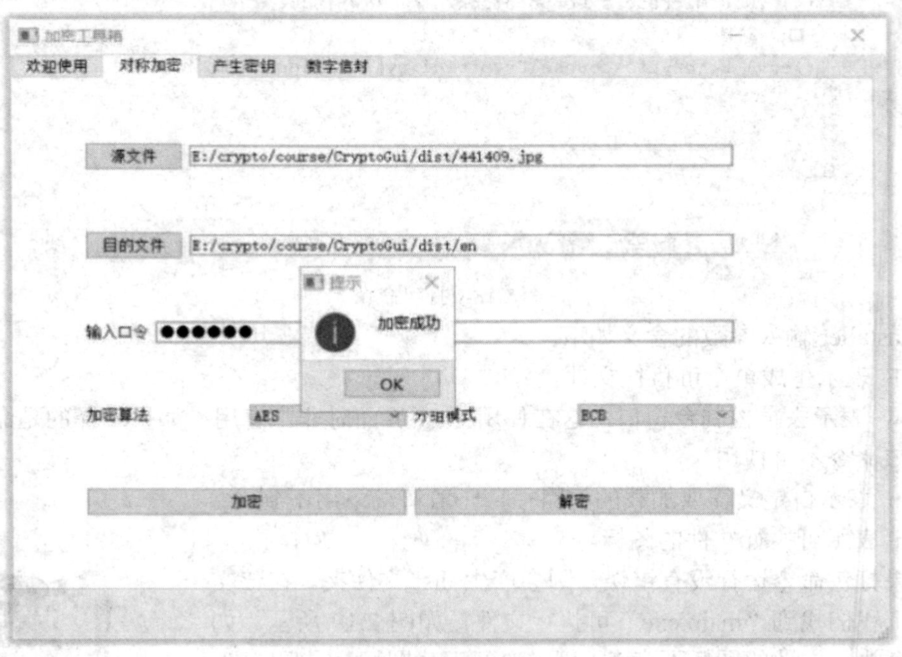

图 2.21　文件加密测试

(2) 文件解密测试：点击“源文件”按钮，选择源文件 dist 子目录下的“en”文件；点击“目的文件”按钮，设置解密后文件存放位置，这里选择相同子目录下的“de.jpg”；接着输入口令，选择加密算法为 AES，选择分组模式为 ECB；最后点击“解密”按钮，待解密完成后，弹出“解密成功”的提示，如图 2.22 所示。

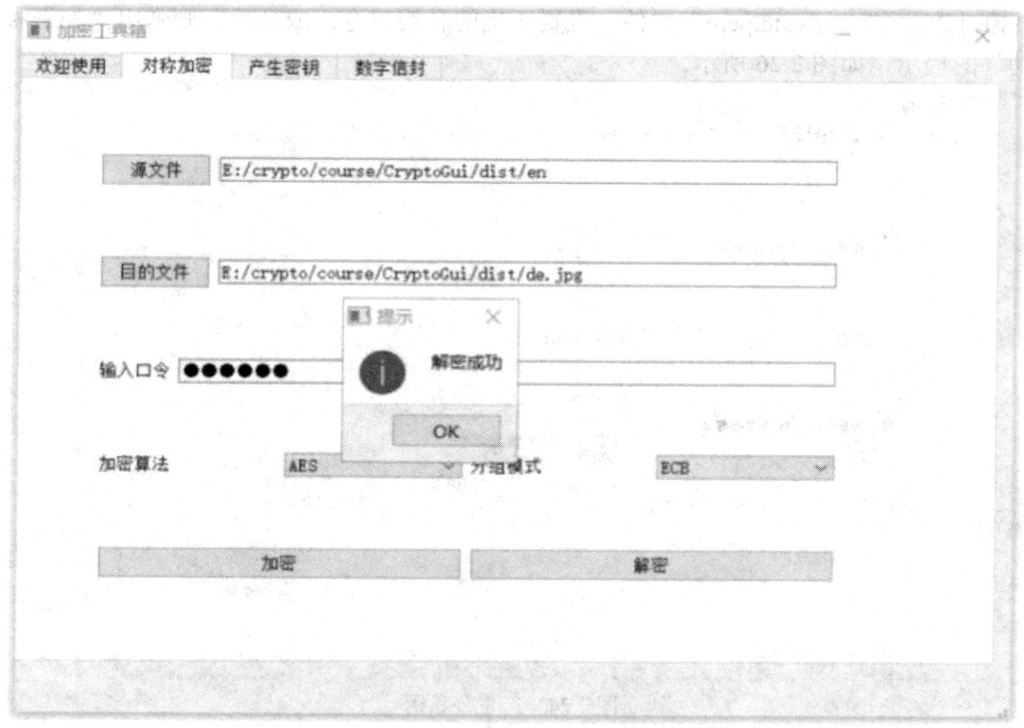

图 2.22　文件解密测试

(3) 加解密测试后，打开“dist”子目录，能看到如图 2.23 所示的文件夹内部文件。

图 2.23　查看加解密文件

2) 公私钥生成测试

(1) 生成密钥：点击“公钥路径”，设置公钥文件的存放位置，这里设置为项目目录下的“dist”子目录；点击“私钥路径”，设置私钥文件的存放位置，这里与公钥文件路径相同；接着设置私钥保护口令，建议设置安全度较高的口令，以确保私钥文件的安全；最后点击“产生密钥”按钮，会看到图 2.24 中“产生密钥成功”的提示。

(2) 打开“dist”子目录，能看到如图 2.25 所示的文件夹内部文件，其中“public.pem”为用户公钥文件，“private.pem”为用户的私钥文件。

3) 数字信封测试

(1) 加载公私钥：选择公钥文件，点击“公钥”按钮，这里选择刚才产生的“public.pem”文件；成功后，会弹出“加载公钥成功”的提示；接着选择私钥文件，点击“私钥”按钮，选择刚才产生的“private.pem”文件，设置正确的私钥口令；成功后，则弹出“加密私钥成功”的提示，如图 2.26 所示。

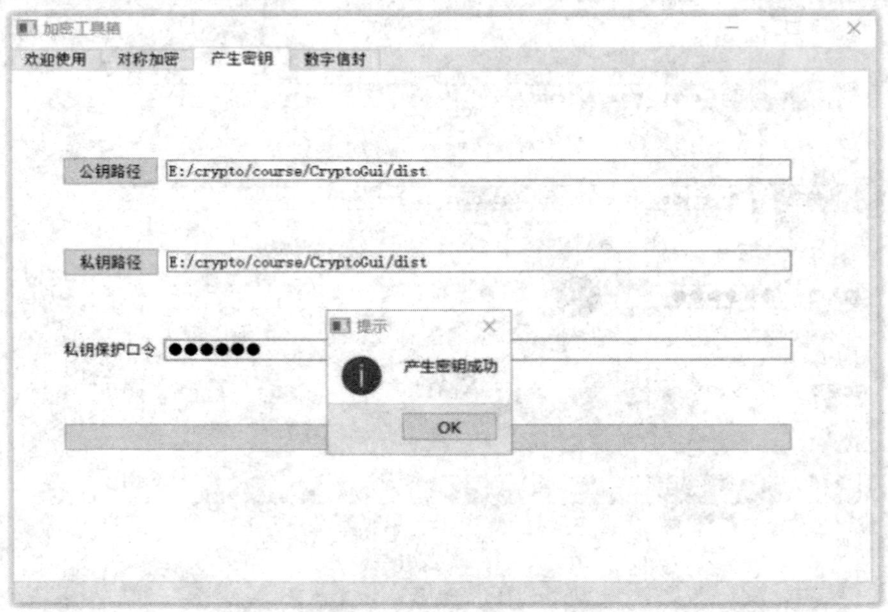

图 2.24　产生公私钥

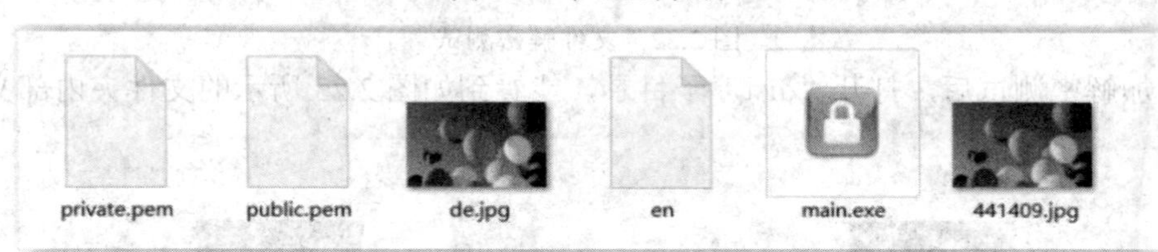

图 2.25　查看公私钥文件

图 2.26　加载公私钥

(2) 数字信封加密测试：选择源文件，点击“源文件”按钮，选择“dist”子目录下的图片“441409.jpg”；接着，点击“目的文件”按钮，设置目的文件存放位置，这里设置为相同目录下的“new_en”；最后点击“加密”按钮，待数字信封加密和签名完成后，弹出“数字信封加密成功”的提示，如图 2.27 所示。

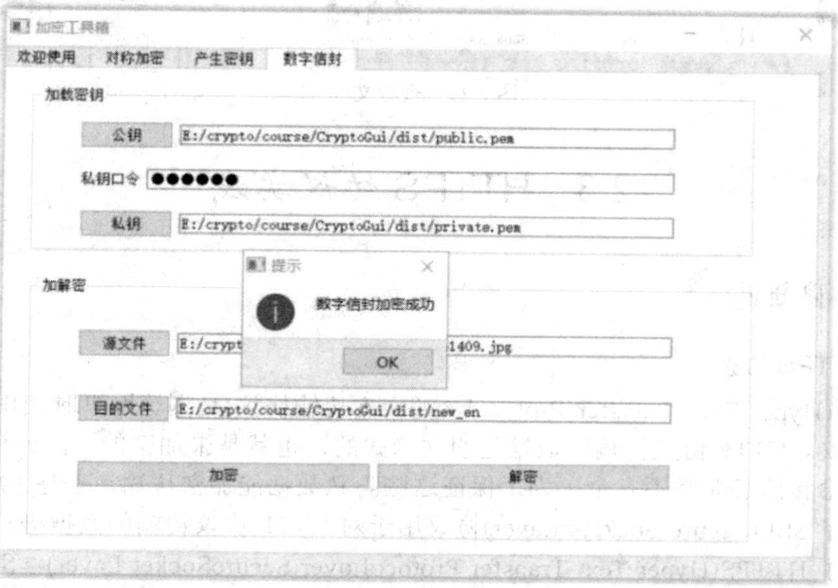

图 2.27　数字信封加密测试

(3) 数字信封解密测试：选择要解密的源文件，点击“源文件”按钮，选择“dist”子目录下的“new_en”文件；接着，点击“目的文件”按钮，设置目的文件存放位置，这里设置为相同目录下的“new_de.jpg”；最后点击“解密”按钮，待数字信封解密和验证签名完成后，弹出“数字信封解密成功”的提示，如图 2.28 所示。

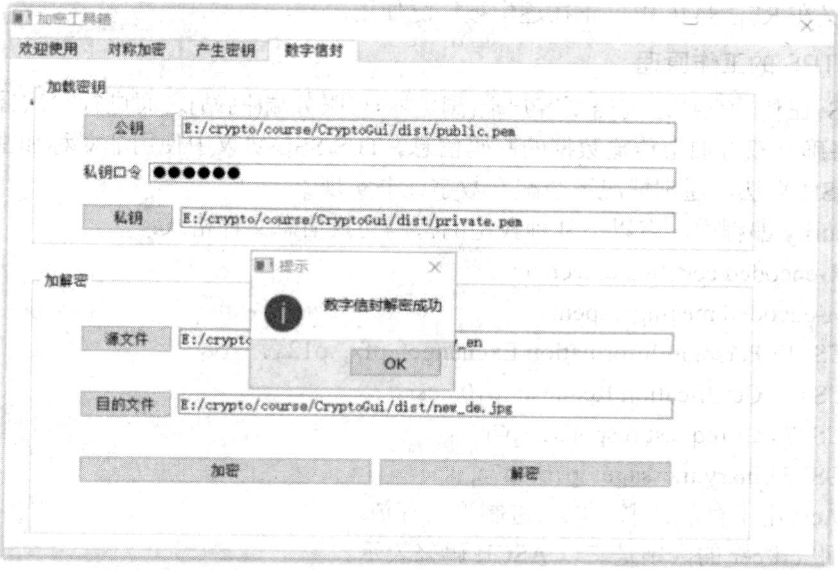

图 2.28　数字信封解密测试

(4) 打开“dist”子目录，能看到如图 2.29 所示的文件夹内部文件，其中“new_en”为数字信封加密文件，“new_de.jpg”为数字信封解密后的文件。

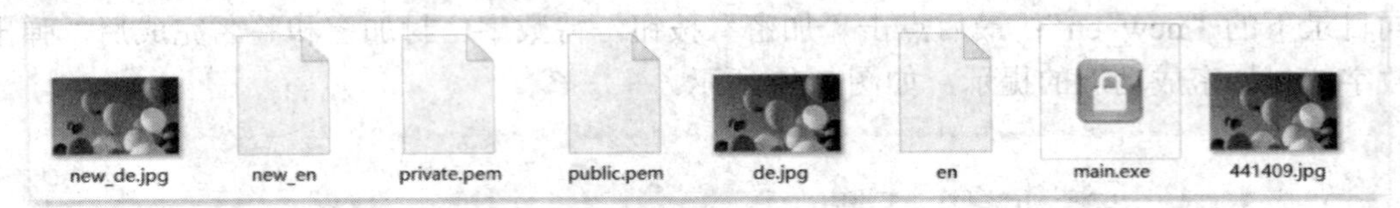

图 2.29　查看文件

2.3　HTTPS 协议实践

2.3.1　基础知识

1. HTTPS 协议

HTTP(Hyper Text Transfer Protocol，超文本传输协议)是浏览网页时使用的一种信息传输协议。HTTP 协议传输的数据是明文形式的，也就是未加密的，因此使用 HTTP 协议传输隐私信息非常不安全。为了保证这些隐私数据能加密传输，于是 1994 年网景公司设计了 SSL(Secure Sockets Layer)协议用于对 HTTP 协议传输的数据进行加密，从而就诞生了 HTTPS(Hyper Text Transfer Protocol over SecureSocket Layer)。SSL 最新的版本是 3.0，1996 年被 IETF(Internet Engineering Task Force)定义在 RFC 6101 中，之后 IETF 对 SSL 3.0 进行了升级，于是出现了 TLS(Transport Layer Security)1.0，定义在 RFC 2246 中。

实际上现在的 HTTPS 用的都是 TLS 协议，但是由于 SSL 出现的时间比较早，并且依旧被现在的浏览器所支持，因此 SSL 依然是 HTTPS 的代名词。目前 2018 年 TLS 的版本是 1.3，定义在 RFC 8446 中，正在逐步被广泛使用。

2. HTTPS 的工作原理

HTTPS 在传输数据之前需要客户端(浏览器)与服务端(网站)之间进行一次握手，在握手过程中将确立双方加密传输数据的密码信息。TLS/SSL 协议中使用非对称加密、对称加密以及 HASH 算法，通常情况下会配合数字证书实现。

在 Security 编程中，有以下几种典型的密码交换信息文件格式：

- DER-encoded certificate: .cer, .crt。
- PEM-encoded message: .pem。
- PKCS#12 Personal Information Exchange: .pfx, .p12。
- PKCS#10 Certification Request: .p10, .csr。
- PKCS#7 cert request response: .p7r。
- PKCS#7 binary message: .p7b, .p7c, .spc。

其中：.cer/.crt 用于存放证书，以二进制形式存放。

.pem 跟 crt/cer 的区别是它以 ASCII 码来表示。

.pfx, p12 用于存放个人证书/私钥，通常包含保护密码，从二进制方式存放。

.p10, .csr 是证书请求。

.p7r 是 CA 对证书请求的回复，只用于导入。

.p7b、.p7c、.spc 以树状展示证书链(certificate chain)，同时也支持单个证书，不含私钥。

3. HTTPS 握手过程

(1) 浏览器将自己支持的一套加密规则发送给服务器，如 RSA 加密算法、DES 对称加密算法、SHA1 散列算法。

(2) 网站服务器从中选出一组加密算法与散列算法，并将自己的身份信息以证书的形式发回给浏览器。证书里面包含了网站地址、加密公钥和证书的颁发机构等信息。

(3) 获得网站证书之后浏览器要做以下工作：

① 验证证书的合法性，主要涉及颁发证书的机构是否合法、证书中包含的网站地址是否与正在访问的地址一致等。如果证书合法，则浏览器栏里面会显示一个小锁头，否则会给出证书不受信任的提示。

② 如果证书受信任，或者是用户接受了不应受信任的证书，浏览器会生成一串随机数的密码，并用证书中提供的公钥加密。

③ 使用约定好的散列算法计算握手消息(如 SHA1)，并使用生成的随机数对消息进行加密，最后将之前生成的被公钥加密的随机数密码、散列函数摘要值一起发送给服务器。

(4) 网站接收浏览器发来的数据之后要做以下的操作：

① 使用自己的私钥将信息解密并取出浏览器发送给服务器的随机密码，使用密码解密浏览器发来的握手消息，并验证散列值是否与浏览器发来的一致。

② 使用随机密码加密一段握手消息，发送给浏览器。

(5) 浏览器解密并计算握手消息的散列值，如果与服务端发来的散列值一致，此时握手过程结束，之后所有的通信数据将由之前浏览器生成的随机密码并利用对称加密算法进行加密。

从上面的步骤可以看到，握手的整个过程使用到了数字证书、对称加密、散列函数等。

2.3.2 使用 Java 代码模拟整个握手过程

1. 准备工作

证书是客户端与服务端之间安全交互的重要保障。下面介绍利用 Java JDK 中自带的 Keytool 证书生成工具来生成并导出证书。Keytool 是一个 Java 环境下的安全密钥与证书的管理工具。Keytool 将密钥(Key)和证书(Certificates)存在一个称为 keystore 的文件中。在 keystore 里包含两种数据：密钥实体(Key Entity)和可信任的证书实体(Trusted Certificate Entries)。

Keytool 使用到的参数含义如下：

-genkey：在用户主目录中创建一个默认文件“.keystore”。

-alias：产生别名。

-keypass：指定别名条目的密码(私钥的密码)。

-keyalg：指定密钥的算法，如 RSA 或 DSA(如果不指定则默认采用 DSA)。

-keystore：指定密钥库的名称(产生的各类信息将不在.keystore 文件中)。

-storepass：指定密钥库的密码(获取 keystore 信息所需的密码)。

-keypass：指定别名条目的密码(私钥的密码)。

(1) 创建 java 证书。

打开命令提示符窗口，输入命令“keytool -genkey -alias wuxuguang -keypasswuxuguang -keyalg RSA -keysize 1024 -keystorehttps.keystore -storepasswuxuguang”，如图 2.30 所示。

```
cmd.exe
Microsoft Windows [版本 10.0.16299.125]
(c) 2017 Microsoft Corporation。保留所有权利。

C:\WINDOWS\system32>cd /d D:\MyEclipse\Common\binary\com.sun.java.jdk.win32.x86_64_1.6.0.013\jre\bin

D:\MyEclipse\Common\binary\com.sun.java.jdk.win32.x86_64_1.6.0.013\jre\bin> keytool -genkey -alias wuxuguang -keypass wu
xuguang -keyalg RSA -keysize 1024 -keystore https.keystore -storepass wuxuguang
您的名字与姓氏是什么?
  [Unknown]:   wuxuguang
您的组织单位名称是什么?
  [Unknown]:   wj
您的组织名称是什么?
  [Unknown]:   wjcapf
您所在的城市或区域名称是什么?
  [Unknown]:   xian
您所在的州或省份名称是什么?
  [Unknown]:   shanxi
该单位的两字母国家代码是什么
  [Unknown]:   cn
CN=wuxuguang, OU=wj, O=wjcapf, L=xian, ST=shanxi, C=cn 正确吗?
  [否]:  y


D:\MyEclipse\Common\binary\com.sun.java.jdk.win32.x86_64_1.6.0.013\jre\bin>_
```

图 2.30　生成证书

(2) 将创建的证书保存到 C 盘，如图 2.31 所示。

```
D:\MyEclipse\Common\binary\com.sun.java.jdk.win32.x86_64_1.6.0.013\jre\bin>keytool -export -keystore https.keystore -ali
as wuxuguang -file https.crt -storepass wuxuguang
保存在文件中的认证 <https.crt>

D:\MyEclipse\Common\binary\com.sun.java.jdk.win32.x86_64_1.6.0.013\jre\bin>
```

图 2.31　证书导出

与导出相关的 Keytool 参数包括：

-export：将别名指定的证书导出到文件。

-alias：需要导出的别名。

-keystore：指定 keystore。

-file：指定导出的证书位置及证书名称。

-storepass：密码。

这里使用的命令是：C:\>keytool -export -keystorehttps.keystore -alias wuxuguang -file https.crt -storepasswuxuguang。

2. 代码实现

代码包含 6 个类，分别为 CertificateUtils(证书操作类)、DesCoder(Des 对称加密和解密工具类)、HttpsMockBase(https 父类)、HttpsMockClient(client 类)、HttpsMockServer(服务器类)和 SocketUtils(socket 工具类)。

(1) CertificateUtils 类代码，代码如下：

```
package httpsmock;

import java.io.ByteArrayInputStream;
import java.io.FileInputStream;
import java.io.InputStream;
import java.security.KeyStore;
import java.security.PrivateKey;
import java.security.PublicKey;
import java.security.cert.CertificateFactory;

public class CertifcateUtils {
    public static byte[] readCertifacates() throws Exception{
        //读取并返回数字证书
        CertificateFactory factory=CertificateFactory.getInstance("X.509");
        //X.509 格式
        InputStream in=new FileInputStream("c:/https.crt");
        java.security.cert.Certificate cate=factory.generateCertificate(in);
        return cate.getEncoded();
    }

    public static byte[] readPrivateKey() throws  Exception{
        //读取私钥，返回字节类型
        KeyStore store=KeyStore.getInstance("JKS");
        InputStream in=new FileInputStream("c:/https.keystore");
        store.load(in,"wangyi".toCharArray());
        PrivateKey pk=(PrivateKey)store.getKey("wangyi","wangyi".toCharArray());
        return pk.getEncoded();
    }

    public static PrivateKeyreadPrivateKeys() throws  Exception{
        //读取私钥，返回 PrivateKey 类型
        KeyStore store=KeyStore.getInstance("JKS");
        InputStream in=new FileInputStream("c:/https.keystore");
        store.load(in,"wangyi".toCharArray());
        PrivateKey pk=(PrivateKey)store.getKey("wangyi","wangyi".toCharArray());
        return pk;
    }

    public static PublicKeyreadPublicKeys() throws  Exception{
```

```
        //读取公钥，返回 PublicKey 类型
        CertificateFactory factory=CertificateFactory.getInstance("X.509");
        InputStream in=new FileInputStream("c:/https.crt");
        java.security.cert.Certificate cate=factory.generateCertificate(in);
        return cate.getPublicKey();
    }

    public static    java.security.cert.CertificatecreateCertiface(byte b[]) throws Exception{
         //输入字节数据，根据该数据产生数字证书
        CertificateFactory factory=CertificateFactory.getInstance("X.509");
        InputStream in=new ByteArrayInputStream(b);
        java.security.cert.Certificate cate=factory.generateCertificate(in);
        return cate;
    }

    public static String byte2hex(byte[] b) {
        //字节转化为十六进制
        String hs = "";
        String stmp = "";
        for (int n = 0; n <b.length; n++) {
            stmp = (java.lang.Integer.toHexString(b[n] & 0XFF));
            if (stmp.length() == 1) {
                    hs = hs + "0" + stmp;
            } else {
                hs = hs + stmp;
            }
        }
        return hs.toUpperCase();
    }
}
```

(2) DesCoder 类代码，代码如下：

```
package httpsmock;


import org.apache.commons.codec.binary.Hex;


import java.security.Key;
import java.security.SecureRandom;
```

```
import javax.crypto.Cipher;
import javax.crypto.KeyGenerator;
import javax.crypto.SecretKey;
import javax.crypto.SecretKeyFactory;
import javax.crypto.spec.DESKeySpec;


public class DesCoder {


   private static final String KEY_ALGORITHM = "DES";

   private static final String DEFAULT_CIPHER_ALGORITHM = "DES/ECB/PKCS5Padding";
//private static final String DEFAULT_CIPHER_ALGORITHM = "DES/ECB/ISO10126Padding";



   public static byte[] initSecretKey(SecureRandom random) throws Exception{
         //返回生成指定算法的秘密密钥的 KeyGenerator 对象
         KeyGenerator kg = KeyGenerator.getInstance(KEY_ALGORITHM);
         //初始化此密钥生成器，使其具有确定的密钥大小
         kg.init(random);
         //生成一个密钥
         SecretKeysecretKey = kg.generateKey();
         return secretKey.getEncoded();
   }


   public static Key toKey(byte[] key) throws Exception{
         //实例化 DES 密钥规则
         DESKeySpecdks = new DESKeySpec(key);
         //实例化密钥工厂
         SecretKeyFactoryskf = SecretKeyFactory.getInstance(KEY_ALGORITHM);
         //生成密钥
         SecretKeysecretKey = skf.generateSecret(dks);
         return secretKey;
   }
```

```
public static byte[] encrypt(byte[] data,Key key) throws Exception{
    //输入密钥为 Key 类型，使用默认加密算法加密数据
    return encrypt(data, key,DEFAULT_CIPHER_ALGORITHM);
}


public static byte[] encrypt(byte[] data,byte[] key) throws Exception{
    //输入密钥为字节类型，使用默认加密算法加密数据
    return encrypt(data, key,DEFAULT_CIPHER_ALGORITHM);
}


public static byte[] encrypt(byte[] data,byte[] key,StringcipherAlgorithm) throws Exception{
    //还原密钥
    Key k = toKey(key);
    return encrypt(data, k, cipherAlgorithm);
}


public static byte[] encrypt(byte[] data,Keykey,StringcipherAlgorithm) throws Exception{
    //实例化
    Cipher cipher = Cipher.getInstance(cipherAlgorithm);
    //使用密钥初始化，设置为加密模式
    cipher.init(Cipher.ENCRYPT_MODE, key);
    //执行操作
    return cipher.doFinal(data);
}


public static byte[] decrypt(byte[] data,byte[] key) throws Exception{
    //输入密钥为字节类型，使用默认加密算法解密数据
    return decrypt(data, key,DEFAULT_CIPHER_ALGORITHM);
}
```

```
    public static byte[] decrypt(byte[] data,Key key) throws Exception{
      //输入密钥为 Key 类型，使用默认加密算法解密数据
        return decrypt(data, key,DEFAULT_CIPHER_ALGORITHM);
    }


    public static byte[] decrypt(byte[] data,byte[] key,StringcipherAlgorithm) throws Exception{
        //还原密钥
        Key k = toKey(key);
        return decrypt(data, k, cipherAlgorithm);
    }


    public static byte[] decrypt(byte[] data,Keykey,StringcipherAlgorithm) throws Exception{
        //实例化
        Cipher cipher = Cipher.getInstance(cipherAlgorithm);
        //使用密钥初始化，设置为解密模式
        cipher.init(Cipher.DECRYPT_MODE, key);
        //执行操作
        return cipher.doFinal(data);
    }

    private static String   showByteArray(byte[] data){
         //将数组转化为序列
         if(null == data){
             return null;
        }
        StringBuilder sb = new StringBuilder("{");
        byte b;
        for(int k=0;k<data.length;k++){
            b=data[k];
            sb.append(b).append(",");
        }
      sb.deleteCharAt(sb.length()-1);
      sb.append("}");
       return sb.toString();
    }

}
```

(3) HttpsMockBase 类代码，代码如下：

```
package httpsmock;

import com.sun.org.apache.bcel.internal.generic.NEW;

import javax.crypto.*;
import javax.crypto.spec.DESKeySpec;
import java.security.*;
import java.security.spec.InvalidKeySpecException;
import java.util.Random;


public class HttpsMockBase {
    static PrivateKeyprivateKey;
    static PublicKeypublicKey;


    public static booleanbyteEquals(byte a[],byte[] b){
        // 判断两个数组是否相等
        boolean equals=true;
        if(a==null || b==null){
            equals=false;
        }

        if(a!=null && b!=null){
            if(a.length!=b.length){
                equals=false;
            }else{
            for(int i=0;i<a.length;i++){
                    if(a[i]!=b[i]){
                        equals=false;
                            break;
                    }
                }
            }

        }
        return equals;
```

```
}

public static byte[] decrypt(byte data[]) throws Exception{
    // 对数据解密
    Cipher cipher = Cipher.getInstance(privateKey.getAlgorithm());
    cipher.init(Cipher.DECRYPT_MODE, privateKey);
    return cipher.doFinal(data);
}

public static byte[] decrypt(byte data[],SecureRandom seed) throws Exception{
    // 对数据解密
    Cipher cipher = Cipher.getInstance(privateKey.getAlgorithm());
    cipher.init(Cipher.DECRYPT_MODE, privateKey,seed);
    return cipher.doFinal(data);
}

public static byte[] decryptByPublicKey(byte data[],SecureRandom seed) throws Exception{
    if(publicKey==null){
        publicKey=CertifcateUtils.readPublicKeys();
    }
    // 对数据解密
    Cipher cipher = Cipher.getInstance(publicKey.getAlgorithm());
    if(seed==null){
        cipher.init(Cipher.DECRYPT_MODE, publicKey);
    }else{
        cipher.init(Cipher.DECRYPT_MODE, publicKey,seed);
    }

    return cipher.doFinal(data);
}

public static byte[] decryptByDes(byte data[],SecureRandom seed) throws Exception{
    if(publicKey==null){
        publicKey=CertifcateUtils.readPublicKeys();
    }
    // 对数据解密
    Cipher cipher = Cipher.getInstance("DES");
    if(seed==null){
        cipher.init(Cipher.DECRYPT_MODE, publicKey);
```

```
}else{
cipher.init(Cipher.DECRYPT_MODE, publicKey,seed);
        }

        return cipher.doFinal(data);
    }



    public static byte[] encryptByPublicKey(byte[] data, SecureRandom seed)
            throws Exception {
        if(publicKey==null){
            publicKey=CertifcateUtils.readPublicKeys();
        }
        // 对数据加密
        Cipher cipher = Cipher.getInstance(publicKey.getAlgorithm());
        if(seed==null){
            cipher.init(Cipher.ENCRYPT_MODE, publicKey);
        }else{
            cipher.init(Cipher.ENCRYPT_MODE, publicKey,seed);
        }

        return cipher.doFinal(data);
    }

    public static String byte2hex(byte[] b) {
        //byte 数组转化为十六进制数据
        String hs = "";
        String stmp = "";
        for (int n = 0; n <b.length; n++) {
            stmp = (Integer.toHexString(b[n] & 0XFF));
            if (stmp.length() == 1) {
                hs = hs + "0" + stmp;
            } else {
                hs = hs +"    " + stmp;
            }
        }
        return hs.toUpperCase();
```

```
    }

    public static byte[] cactHash(byte[] bytes) {
        //计算 SHA1 值
        byte[] _bytes = null;
        try {
            MessageDigest md = MessageDigest.getInstance("SHA1");
            md.update(bytes);
            _bytes = md.digest();
        } catch (NoSuchAlgorithmException ex) {
            ex.printStackTrace();
        }
        return _bytes;
    }



    static String random(){
        //产生随机字符串
        StringBuilder builder=new StringBuilder();
        Random random=new Random();
        int seedLength=10;
        for(int i=0;i<seedLength;i++){
            builder.append(digits[random.nextInt(seedLength)]);
        }

        return builder.toString();
    }

    static char[] digits={
            '0','1','2','3','4',
            '5','6','7','8','9',
            'a','b','c','d','e',
            'f','g','h','i','j'
    };

}
```

(4) HttpsMockClient 类代码，代码如下：

```
package httpsmock;

import java.io.DataInputStream;
import java.io.DataOutputStream;
import java.net.Socket;
import java.security.Key;
import java.security.SecureRandom;

public class HttpsMockClientextends    HttpsMockBase {
    static DataInputStreamin;
    static DataOutputStreamout;
    static Key key;
    public static void main(String args[]) throws    Exception{
        int port=80;
        Socket s=new Socket("localhost",port);
        s.setReceiveBufferSize(102400);
        s.setKeepAlive(true);
        in=new DataInputStream(s.getInputStream());
        out=new DataOutputStream(s.getOutputStream());
        shakeHands();

        System.out.println("------------------------------------------------------------------");
        String name="duck";
        writeBytes(name.getBytes());

        int len=in.readInt();
        byte[] msg=readBytes(len);
        System.out.println("服务器反馈消息:"+byte2hex(msg));
        Thread.sleep(1000*100);


    }

    private static void shakeHands() throws Exception {
        //第一步：客户端发送自己支持的 hash 算法
        String supportHash="SHA1";
        int length=supportHash.getBytes().length;
```

```
out.writeInt(length);
SocketUtils.writeBytes(out, supportHash.getBytes(), length);

        //第二步：客户端验证服务器端证书是否合法
        int skip=in.readInt();
        byte[] certificate=SocketUtils.readBytes(in,skip);
        java.security.cert.Certificate cc= CertifcateUtils.createCertiface(certificate);

        publicKey=cc.getPublicKey();
        cc.verify(publicKey);
        System.out.println("客户端校验服务器端证书是否合法：" +true);

        //第三步：客户端校验服务器端发送过来的证书成功，生成随机数并用公钥加密
        System.out.println("客户端校验服务器端发送过来的证书成功，生成随机数并用公钥加密");
        SecureRandom seed=new SecureRandom();
        int seedLength=2;
        byte seedBytes[]=seed.generateSeed(seedLength);
        System.out.println("生成的随机数为 ：" + byte2hex(seedBytes));
        System.out.println("将随机数用公钥加密后发送到服务器");
        byte[] encrptedSeed=encryptByPublicKey(seedBytes, null);
        SocketUtils.writeBytes(out,encrptedSeed,encrptedSeed.length);

        System.out.println("加密后的 seed 值为 :" + byte2hex(encrptedSeed));

        String message=random();
        System.out.println("客户端生成消息为:"+message);

        System.out.println("使用随机数并用公钥对消息加密");
        byte[] encrpt=encryptByPublicKey(message.getBytes(),seed);
        System.out.println("加密后消息位数为 ：" +encrpt.length);
        SocketUtils.writeBytes(out,encrpt,encrpt.length);

        System.out.println("客户端使用 SHA1 计算消息摘要");
        byte hash[]=cactHash(message.getBytes());
        System.out.println("摘要信息为:"+byte2hex(hash));

        System.out.println("消息加密完成，摘要计算完成，发送服务器");
        SocketUtils.writeBytes(out,hash,hash.length);
```

```
        System.out.println("客户端向服务器发送消息完成，开始接收服务器端发送回来的消息和摘要");
        System.out.println("接收服务器端发送的消息");
        int serverMessageLength=in.readInt();
        byte[] serverMessage=SocketUtils.readBytes(in,serverMessageLength);
        System.out.println("服务器端的消息内容为：" + byte2hex(serverMessage));

        System.out.println("开始用之前生成的随机密码和DES算法解密消息，密码为:"+byte2hex (seedBytes));
        byte[] desKey= DesCoder.initSecretKey(new SecureRandom(seedBytes));
        key=DesCoder.toKey(desKey);

        byte[] decrpytedServerMsg=DesCoder.decrypt(serverMessage, key);
        System.out.println("解密后的消息为:"+byte2hex(decrpytedServerMsg));

        int serverHashLength=in.readInt();
        byte[] serverHash=SocketUtils.readBytes(in,serverHashLength);
        System.out.println("开始接受服务器端的摘要消息:"+byte2hex(serverHash));

        byte[] serverHashValues=cactHash(decrpytedServerMsg);
        System.out.println("计算服务器端发送过来的消息的摘要 : " +byte2hex(serverHashValues));

        System.out.println("判断服务器端发送过来的hash摘要是否和计算出的摘要一致");
        booleanisHashEquals=byteEquals(serverHashValues,serverHash);

        if(isHashEquals){
            System.out.println("验证完成，握手成功");
        }else{
            System.out.println("验证失败，握手失败");
        }
    }


    public static byte[] readBytes(int length) throws   Exception{
        byte[] undecrpty=SocketUtils.readBytes(in,length);
        System.out.println("读取未解密消息:"+byte2hex(undecrpty));
        return DesCoder.decrypt(undecrpty,key);
    }

    public static void writeBytes(byte[] data) throws   Exception{
```

```
            byte[] encrpted=DesCoder.encrypt(data,key);
            System.out.println("写入加密后消息:"+byte2hex(encrpted));
            SocketUtils.writeBytes(out,encrpted,encrpted.length);
        }
}
```

(5) HttpsMockServer 类代码，代码如下：

```
package httpsmock;

import javax.net.ServerSocketFactory;
import java.io.DataInputStream;
import java.io.DataOutputStream;
import java.net.ServerSocket;
import java.net.Socket;
import java.security.Key;
import java.security.SecureRandom;
import java.util.concurrent.ExecutorService;
import java.util.concurrent.Executors;

public class HttpsMockServer extends HttpsMockBase {
    static DataInputStreamin;
    static DataOutputStreamout;
    static String hash;
    static Key key;
    static ExecutorServiceexecutorService= Executors.newFixedThreadPool(20);
    public static void main(String args[]) throws Exception{
        int port=80;
        ServerSocket ss= ServerSocketFactory.getDefault().createServerSocket(port);
        ss.setReceiveBufferSize(102400);
        ss.setReuseAddress(false);
        while(true){
            try {
                final Socket s = ss.accept();
                doHttpsShakeHands(s);
                executorService.execute(new Runnable() {
                    //@Override
                    public void run() {
                        doSocketTransport(s);
                    }
```

```
            });

        }catch (Exception e){
            e.printStackTrace();
        }
    }
}

private static void doSocketTransport(Socket s){
    // 读取客户端指令内容
    try{
        System.out.println("------------------------------------------------------");
        int length=in.readInt();
        byte[] clientMsg=readBytes(length);
        System.out.println("客户端指令内容为:" + byte2hex(clientMsg));

        writeBytes("服务器已经接受请求".getBytes());
    }catch (Exception ex){
        ex.printStackTrace();
    }
}

public static byte[] readBytes(int length) throws   Exception{
    //读取未解密消息并解密
    byte[] undecrpty=SocketUtils.readBytes(in,length);
    System.out.println("读取未解密消息:"+byte2hex(undecrpty));
    return DesCoder.decrypt(undecrpty,key);
}

public static void writeBytes(byte[] data) throws   Exception{
    //加密并写入加密消息
    byte[] encrpted=DesCoder.encrypt(data,key);
    System.out.println("写入加密后消息:"+byte2hex(encrpted));
    SocketUtils.writeBytes(out,encrpted,encrpted.length);
}

private static void doHttpsShakeHands(Socket s) throws Exception {
    in=new DataInputStream(s.getInputStream());
    out=new DataOutputStream(s.getOutputStream());
```

```
//第一步：获取客户端发送的支持的验证规则，包括 hash 算法，这里选用 SHA1 作为 hash
int length=in.readInt();
in.skipBytes(4);
byte[] clientSupportHash=SocketUtils.readBytes(in,length);
String clientHash=new String(clientSupportHash);
hash=clientHash;
System.out.println("客户端发送了 hash 算法为:"+clientHash);

//第二步：发送服务器证书到客户端
byte[] certificateBytes=CertifcateUtils.readCertifacates();
privateKey=CertifcateUtils.readPrivateKeys();
System.out.println("发送证书给客户端，字节长度为:"+certificateBytes.length);
System.out.println("证书内容为:" + byte2hex(certificateBytes));
SocketUtils.writeBytes(out, certificateBytes, certificateBytes.length);

System.out.println("获取客户端通过公钥加密后的随机数");
int secureByteLength=in.readInt();
byte[] secureBytes=SocketUtils.readBytes(in, secureByteLength);

System.out.println("读取到的客户端的随机数为:"+byte2hex(secureBytes));
byte secureSeed[]=decrypt(secureBytes);
System.out.println("解密后的随机数密码为:" +byte2hex(secureSeed));

//第三步：获取客户端加密字符串
int skip=in.readInt();
System.out.println("第三步获取客户端加密消息，消息长度为：" +skip);
byte[] data=SocketUtils.readBytes(in,skip);

System.out.println("客户端发送的加密消息为 ：" +byte2hex(data));
System.out.println("用私钥对消息解密，并计算 SHA1 的 hash 值");
byte message[] =decrypt(data,newSecureRandom(secureBytes));
byte serverHash[]=cactHash(message);


System.out.println("获取客户端计算的 SHA1 摘要");
int hashSkip=in.readInt();
byte[] clientHashBytes=SocketUtils.readBytes(in,hashSkip);
System.out.println("客户端 SHA1 摘要为 ：" + byte2hex(clientHashBytes));
```

```
        System.out.println("开始比较客户端 hash 和服务器端从消息中计算的 hash 值是否一致");
        booleanisHashEquals=byteEquals(serverHash,clientHashBytes);
        System.out.println("是否一致结果为：  " + isHashEquals);



        System.out.println("第一次校验客户端发送过来的消息和摘译一致，服务器开始向客户端发送
                        消息和摘要");
        System.out.println("生成密码用于加密服务器端消息,secureRandom : "+byte2hex(secureSeed));
        SecureRandomsecureRandom=new SecureRandom(secureSeed);

        String randomMessage=random();
        System.out.println("服务器端生成的随机消息为 ："+randomMessage);

        System.out.println("用 DES 算法并使用客户端生成的随机密码对消息加密");
        byte[] desKey=DesCoder.initSecretKey(secureRandom);
        key=DesCoder.toKey(desKey);

        byte serverMessage[]=DesCoder.encrypt(randomMessage.getBytes(), key);
        SocketUtils.writeBytes(out,serverMessage,serverMessage.length);
        System.out.println("服务器端发送的机密后的消息为:"+byte2hex(serverMessage)+",加密密码
                        为:"+byte2hex(secureSeed));

        System.out.println("服务器端开始计算 hash 摘要值");
        byte serverMessageHash[]=cactHash(randomMessage.getBytes());
        System.out.println("服务器端计算的 hash 摘要值为 :" +byte2hex(serverMessageHash));
        SocketUtils.writeBytes(out,serverMessageHash,serverMessageHash.length);

        System.out.println("握手成功，之后所有通信都将使用 DES 加密算法进行加密");
    }

}
```

(6) SocketUtils 类代码，代码如下：

```
package httpsmock;


import java.io.ByteArrayInputStream;
import java.io.DataInputStream;
```

```
import java.io.DataOutputStream;
import java.io.IOException;
import java.net.Socket;
import java.util.*;

/**
 * Created by kingj on 2014/8/13.
 */
public class SocketUtils {
    // 关闭 Socket
    public static void close(Socket s){
        try {
            s.shutdownInput();
            s.shutdownOutput();
        } catch (IOException e) {
            e.printStackTrace();
        }
    }



    public static byte[] readBytes(DataInputStreamin,int length) throws IOException {
        // 将数据输入流转化为数组
        int r=0;
        byte[] data=new byte[length];
        while(r<length){
            r+=in.read(data,r,length-r);
        }

        return data;
    }

    public static void writeBytes(DataOutputStreamout,byte[] bytes,int length) throws IOException{
        //将数据数组写入到输出流
        out.writeInt(length);
        out.write(bytes,0,length);
        out.flush();
    }
}
```

3. 过程实现

通过运行上述代码，可以查看服务器端和客户端控制台打印的消息记录，如图 2.32 所示。https 握手完成后，整个过程数据传输都需要客户端和服务端使用约定的 DES 算法对数据进行加密和解密。

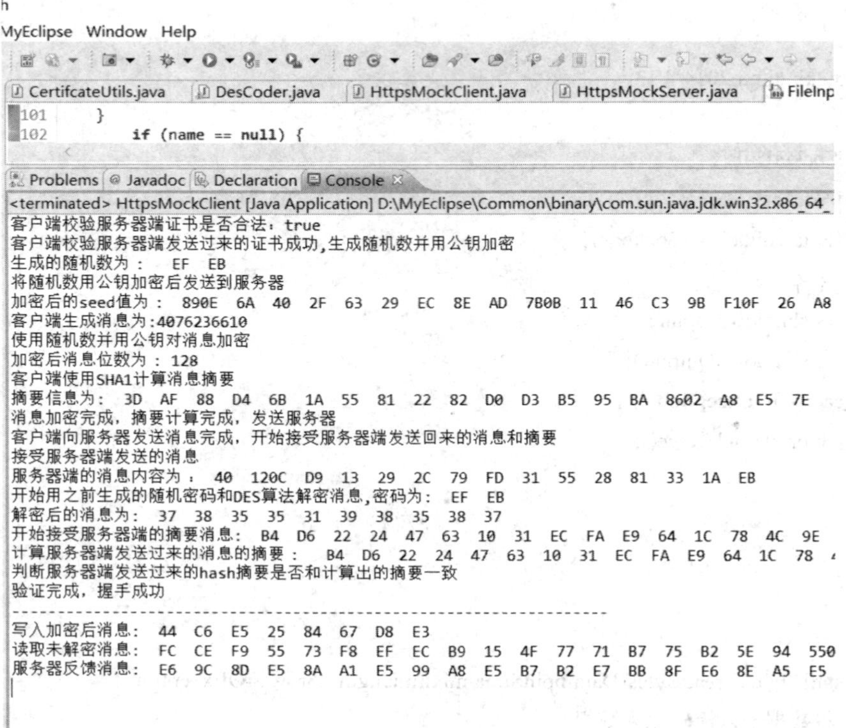

图 2.32　模拟的 Https 交互过程

2.3.3　使用 Tornado 搭建 HTTPS 网站

1. Tornado

1) Tornado 介绍

Tornado 全称 Tornado Web Server，是一个用 Python 语言写成的 Web 服务器兼 Web 应用框架，由 FriendFeed 公司在自己的网站 FriendFeed 中使用，被 Facebook 收购以后该框架在 2009 年 9 月以开源软件形式开放给大众。

特点：作为 Web 框架，Tornado 是一个轻量级的 Web 框架，类似于另一个 Python web 框架 Web.py，其拥有异步非阻塞 IO 的处理方式。

作为 Web 服务器，Tornado 有较为出色的抗负载能力，官方用 nginx 反向代理的方式部署 Tornado 和其他 Python web 应用框架进行对比，结果最大浏览量超过第二名近 40%。

性能：Tornado 有着优异的性能，可高效地处理大于或等于一万的并发，Tornado 和一些其他 Web 框架与服务器的对比如图 2.33 所示。

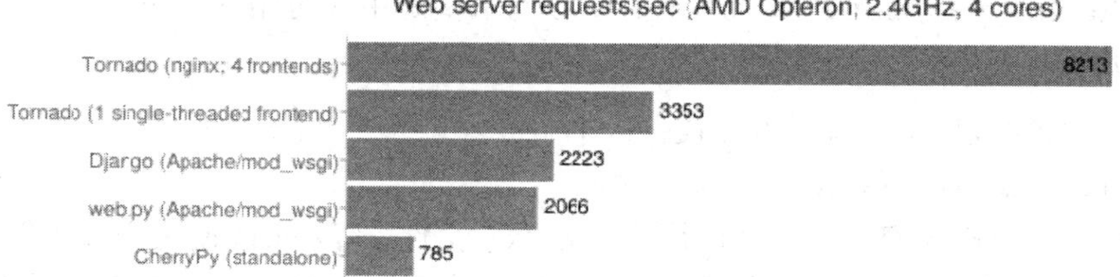

图 2.33　框架对比图

Tornado 框架和服务器一起组成一个 WSGI 的全栈替代品。单独在 WSGI 容器中使用 Tornado 网络框架或者 Tornado HTTP 服务器，有一定的局限性，为了最大化地利用 Tornado 的性能，推荐同时使用 Tornado 的网络框架和 HTTP 服务器。

2) 下载与安装 Tornado

可以在 Tornado 的官网上下载 Tornado 的压缩包(大约 400k 左右)，然后进行离线安装，如图 2.34 所示。下载地址为 http://www.tornadoweb.org/en/stable/。

Quick links

- Download version 4.3: tornado-4.3.tar.gz (*release notes*)
- Source (github)
- Mailing lists: discussion and announcements
- Stack Overflow
- Wiki

图 2.34　下载链接

在 Linux 和 Windows 上安装 Tornado 的步骤区别不大。Linux 下的安装步骤如下：

(1) 对压缩包进行解压。

```
tar xvzf tornado-3.1.tar.gz
```

(2) 进入到解压缩的 Tornado 文件夹。

```
cd tornado-3.1
```

(3) 进行 Python 扩展构建。

```
python setup.py build
```

(4) Tornado 安装(需要用超级用户安装，不然会报权限不够)。

```
sudo python setup.py install
```

Windows 下的安装和 linux 下类似，步骤如下：

(1) 对压缩包进行解压。

(2) 在“命令提示符”下找到解压的文件夹。

(3) 进行 Python 扩展构建。

```
python setup.py build
```

(4) Tornado 安装。

```
python setup.py install
```

当然也可以使用 pip 进行安装(当然前提是已经安装了 pip)：

```
pip install tornado
```

Tornado 本身支持 SSL，所以这里需要做的主要是生成可用的证书。

2. 生成 SSL 证书

(1) 首先要生成服务器端的私钥(key 文件)：

$ openssl genrsa -des3 -out server.key 1024

运行时会提示输入密码，此密码用于加密 key 文件(参数 des3 便是指加密算法)，以后每当读取此文件(通过 openssl 提供的命令或 API)时都需输入口令。如果觉得不方便，也可以去除这个口令，但一定要采取其他的保护措施。

去除 key 文件口令的命令：

$ openssl rsa -in server.key -out server.key

(2) 生成 CSR 文件：

$ openssl req -new -key server.key -out server.csr -config openssl.cnf

(3) 生成 Certificate Signing Request(CSR)，生成的 csr 文件交给 CA 签名后形成服务端自己的证书，屏幕上将有提示，依照其指示一步一步输入要求的个人信息即可。

(4) 对客户端也作同样的命令生成 key 及 csr 文件：

$ openssl genrsa -des3 -out client.key 1024

$ openssl req -new -key client.key -out client.csr -config openssl.cnf

(5) csr 文件必须有 CA 的签名才可形成证书，可将此文件发送到 verisign 等地方由它验证。

在 bin 目录下新建目录 demoCA、demoCA/certs、demoCA/certs、demoCA/newcerts，在 demoCA 建立一个空文件 index.txt，在 demoCA 建立一个文本文件 serial，没有扩展名，内容是一个合法的十六进制数字，例如 0000。

openssl req -new -x509 -keyout ca.key -out ca.crt -config openssl.cnf

(6) 用生成的 CA 的证书为刚才生成的 server.csr、client.csr 文件签名：

$ openssl ca -in server.csr -out server.crt -cert ca.crt -keyfile ca.key -config openssl.cnf

$ openssl ca -in client.csr -out client.crt -cert ca.crt -keyfile ca.key -config openssl.cnf

到了这里应该已经创建了可以使用的证书了，如果在为文件签名的时候有错误，那多半是信息不正确，这时可以去清空一下 index.txt 里的信息，然后重新执行步骤(5)里失败的操作。

3. 在 Tornado 网站中开启 HTTPS

本节将测试一下 Tornado 使用生成的 SSL 证书。该测试项目的内容见如下的 py 文件。

```
import os.path
from tornado import httpserver
from tornado import ioloop
from tornado import web
class TestHandler(web.RequestHandler):
    def get(self):
        self.write("Hello， World!")
def main():
```

```
    settings = {
        "static_path": os.path.join(os.path.dirname(__file__), "static"),
    }
    application = web.Application([
        (r"/", TestHandler),
    ], **settings)
    server = httpserver.HTTPServer(application, ssl_options={
            "certfile": os.path.join(os.path.abspath("."), "server.crt"),
            "keyfile": os.path.join(os.path.abspath("."), "server.key"),
    })
    server.listen(8000)
    ioloop.IOLoop.instance().start()
if __name__ == "__main__":
    main()
```

4. 实验结果

把相关的证书放置在 py 文件的目录下，改成相应的名字，然后开启网站服务。

接着在浏览器中输入：https://127.0.0.1:8000，或者使用 Python 中的 curl 命令访问:curl https://127.0.0.1:8000，如图 2.35 所示，HTTPS 开启成功。这里出现的“证书风险”是因为使用了自签名 HTTPS 证书，自签名 HTTPS 证书不是由受信任的 CA 机构颁发的，因此是不受各大浏览器信任的。

图 2.35　HTTPS 网站测试

2.4　思　考　题

(1) 利用 Python 或 Java 语言，实现对文件的带签名的数字信封。

(2) 使用国密 SM4 和 SM2 算法，制作能够实现密钥生成、对称加密、公钥加密、公钥签名、散列计算的加密工具箱。

(3) 搭建 HTTPS 安全保护网站，并简要说明实践过程。

第 3 章　PKI 应用与实践

PKI(Public Key Infrastructure)即“公钥基础设施”，是一种遵循一定标准的密钥管理平台，能够为所有网络应用提供加密和数字签名等密码服务，以及所需的密钥和证书管理体系。简单来说，PKI 就是利用公钥理论和技术建立的提供安全服务的基础设施。PKI 技术是信息安全技术的核心，也是电子军务、电子政务、电子商务的关键和基础技术。

通过本章的学习，可以使读者掌握搭建 PKI 的虚拟实验环境的方法，掌握 Windows Server 2012 系统环境下的 PKI 证书服务器的安装，掌握 PKI 中客户端使用 WEB 方式申请和安装证书，掌握 PKI 中用户证书的查看、吊销和解除吊销，能够使用 PKI 保护网站、FTP 和电子邮件。

3.1　实验环境搭建

本节需要准备 Virtual Box 安装软件、Windows Server 2012 操作系统和 Windows 7 操作系统，并且需要了解 DNS 的概念。通过本节的学习，读者应掌握 Virtual Box 的操作使用方法，了解 DNS 的概念，会熟练使用 Virtual Box 安装操作系统，能够配置局域网网络地址，并在 Windows Server 2012 操作系统中添加 DNS 服务。

3.1.1　基础知识

1. Virtual Box

Virtual Box 是一款用于 x86 虚拟化的开源软件，由德国 Innotek 公司开发，使用 Qt 编写。该公司 2008 年被 Sun Microsystems 公司收购，2010 年又被 Oracle 甲骨文公司收购，软件正式更名为 Oracle VM Virtual Box。

Virtual Box 可以安装在 Windows、macOS、Linux、Solaris 和 OpenSolaris 等操作系统上。它支持创建和管理运行 Windows、Linux、BSD、OS/2、Solaris、Haiku 和 OSx86 等虚拟机，以及在苹果硬件上对 macOS 客户进行有限的虚拟化。对于某些操作系统，可以使用设备驱动程序提高性能，尤其是图形的性能。

2. 域名系统 DNS

DNS(Domain Name System)是互联网的一项核心服务，它可以被认为是域名和 IP 地址相互映射的分布式数据库，使人们不需要记忆复杂多变的 IP 地址，而直接使用域名即可访问相关互联网服务。

任何一个使用IP的计算机网络系统，都可以使用DNS来实现自己的私有名称系统。全球公共的互联网系统上，有统一的 DNS 域名系统。该系统由一系列 DNS 服务器组成，其中最为重要的是根服务器。所有 IPv4 根服务器均由美国政府授权的互联网域名与号码分配机构 ICANN 统一管理，ICANN 负责全球互联网域名 IPv4 根服务器、域名体系和 IP 地址等的管理。全世界只有 13 台 IPv4 根域名服务器，其中 1 个为主根服务器在美国，其余 12 个均为辅根服务器，其中美国有 9 台，欧洲 2 台，日本 1 台。IPv6 根服务器架设方面，基于全新技术架构的全球下一代互联网(IPv6)根服务器测试和运营实验项目——“雪人计划”，于 2015 年 6 月 23 日正式发布，在全球 16 个国家完成 25 台 IPv6 根服务器架设，事实上形成了 13 台原有根加 25 台 IPv6 根的新格局。中国部署了其中的 4 台 IPv6 根服务器，由 1 台主根服务器和 3 台辅根服务器组成，摆脱了中国过去没有根服务器的困境。

举例说明，zh.wikipedia.org 作为一个域名就和 IP 地址 208.80.154.225 相对应。DNS 就像是一个自动的电话号码簿，我们可以直接拨打 wikipedia 的名字来代替电话号码(IP 地址)。DNS 在我们直接调用网站的名字以后就会将像 zh.wikipedia.org 一样便于人类使用的名字转化成像 208.80.154.225 一样便于机器识别的 IP 地址。

DNS 查询有两种方式：递归和迭代。DNS 客户端设置使用的 DNS 服务器一般都是递归服务器，它负责全权处理客户端的 DNS 查询请求，直到返回最终结果。而 DNS 服务器之间一般采用迭代查询方式。

以查询 zh.wikipedia.org 为例：

(1) 客户端发送查询报文"query zh.wikipedia.org"至 DNS 服务器，DNS 服务器首先检查自身缓存，如果存在记录则直接返回结果。

(2) 如果记录老化或不存在，则：

① DNS 服务器向根域名服务器发送查询报文"query zh.wikipedia.org"，根域名服务器返回.org 域的权威域名服务器地址，这一级首先会返回的是顶级域名的权威域名服务器。

② DNS 服务器向.org 域的权威域名服务器发送查询报文"query zh.wikipedia.org"，得到.wikipedia.org 域的权威域名服务器地址。

③ DNS 服务器向.wikipedia.org 域的权威域名服务器发送查询报文"query zh.wikipedia.org"，得到主机 zh 的记录，存入自身缓存并返回给客户端。

3.1.2 实验拓扑

实验拓扑图如图 3.1 所示，使用 Virtual Box 虚拟机来安装 Windows Server 2012 和 Windows 7 操作系统，模拟应用服务器、PKI 服务器和客户端，相互之间采用内部网络的网络连接方式，从而形成一个小型局域网。其中应用服务器(Windows Server 2012r2 系统)担任 DNS 服务器、Web 服务器和邮件服务器，PKI 服务器(Windows Server 2012r2 系统)是独立根 CA，客户端(Windows 7 系统)模拟用户。

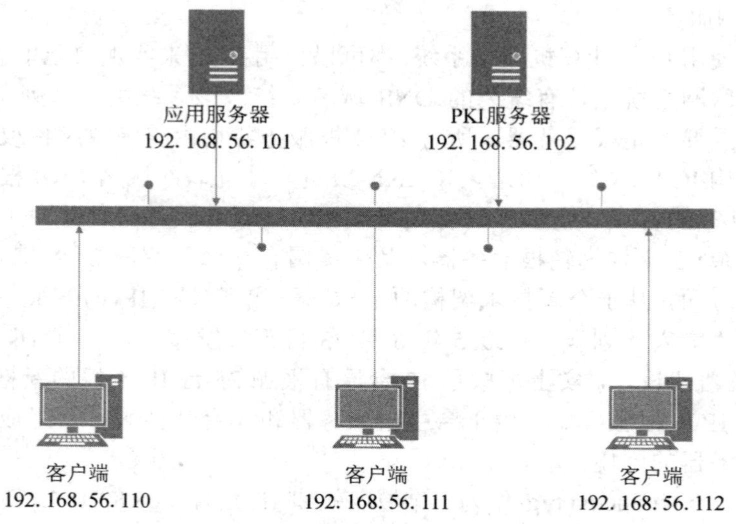

图 3.1　实验环境网络拓扑图

3.1.3　配置网络连接方式

为应用服务器、PKI 服务器安装 Server 2012 操作系统，为客户端安装 Windows 7 操作系统。安装过程不再赘述。

待系统安装完成后，配置网络连接方式。如图 3.2 所示，打开 VirtualBox 软件，点击“设置”→“网络”；在网络对话框中，将“连接方式”设置为“仅主机(Host-Only)网络”。

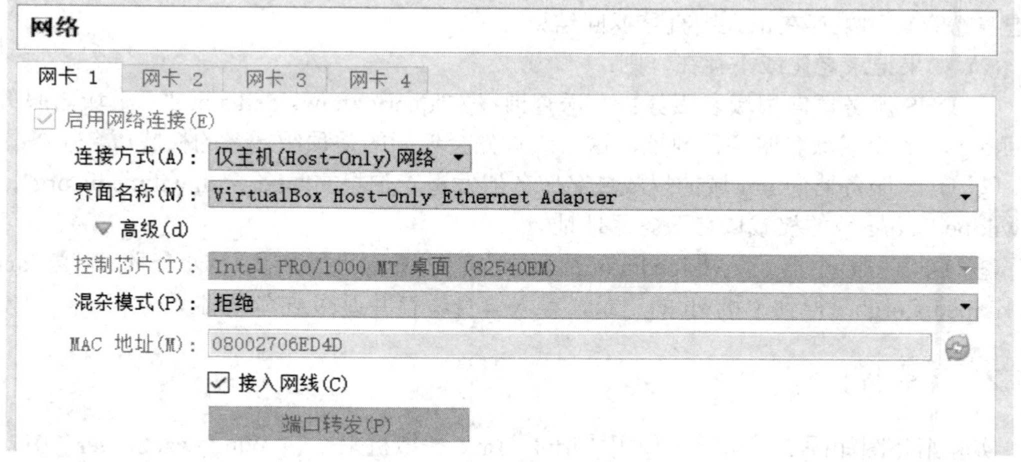

图 3.2　网络连接方式图

3.1.4　配置网络地址

为主机、应用服务器、PKI 服务器和三个客户端配置 IP 地址，各节点的网络信息如表 3.1 所示。

表 3.1　各节点网络信息

	IP 地址	子网掩码	默认网关	首选 DNS 服务器
主机	192.168.56.1	255.255.255.0	192.168.56.1	192.168.56.101
应用服务器	192.168.56.101	255.255.255.0	192.168.56.1	192.168.56.101
PKI 服务器	192.168.56.102	255.255.255.0	192.168.56.1	192.168.56.101
客户端 A	192.168.56.110	255.255.255.0	192.168.56.1	192.168.56.101
客户端 B	192.168.56.111	255.255.255.0	192.168.56.1	192.168.56.101
客户端 C	192.168.56.112	255.255.255.0	192.168.56.1	192.168.56.101

以应用服务器为例，来说明网络信息设置方式。依次点击“控制面板”→“网络”和“Internet”→“网络共享中心”，找到网络连接，点击鼠标右键选择“属性”，双击“Internet 协议版本 4(TCP/IPv4)”。如图 3.3 所示，设置 IP 地址为“192.168.56.101”，子网掩码为“255.255.255.0”，默认网关为“192.168.56.1”，首选 DNS 服务器为“192.168.56.101”。

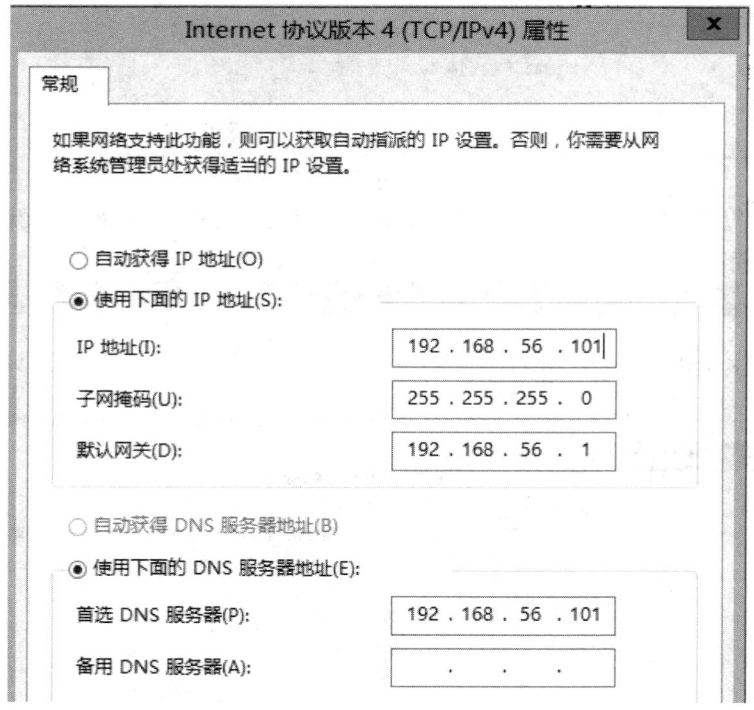

图 3.3　网络地址配置图

3.1.5　应用服务器添加 DNS 服务器

1. 安装 DNS 服务器

在应用服务器中，点击屏幕左下角的“服务管理器”，在“仪表板”中选择“添加角色和功能”，进入“添加角色和功能向导”对话框，如图 3.4 所示。

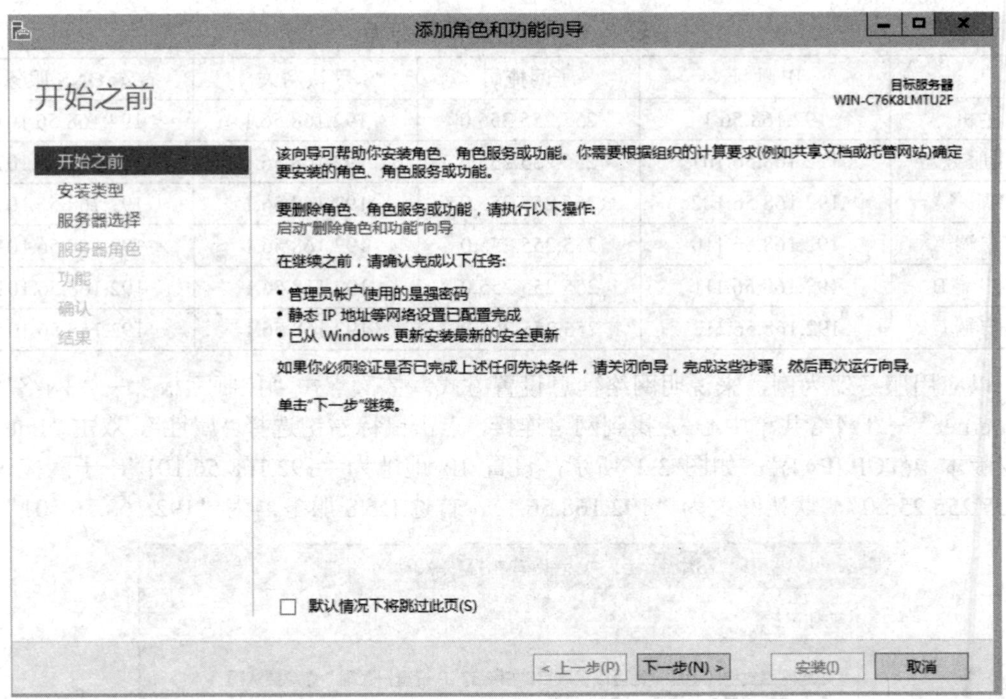

图 3.4　添加角色和功能向导

接着点击“下一步”按钮，如图 3.5 所示，在“安装类型”界面中，默认选择“基于角色或基于功能的安装”。

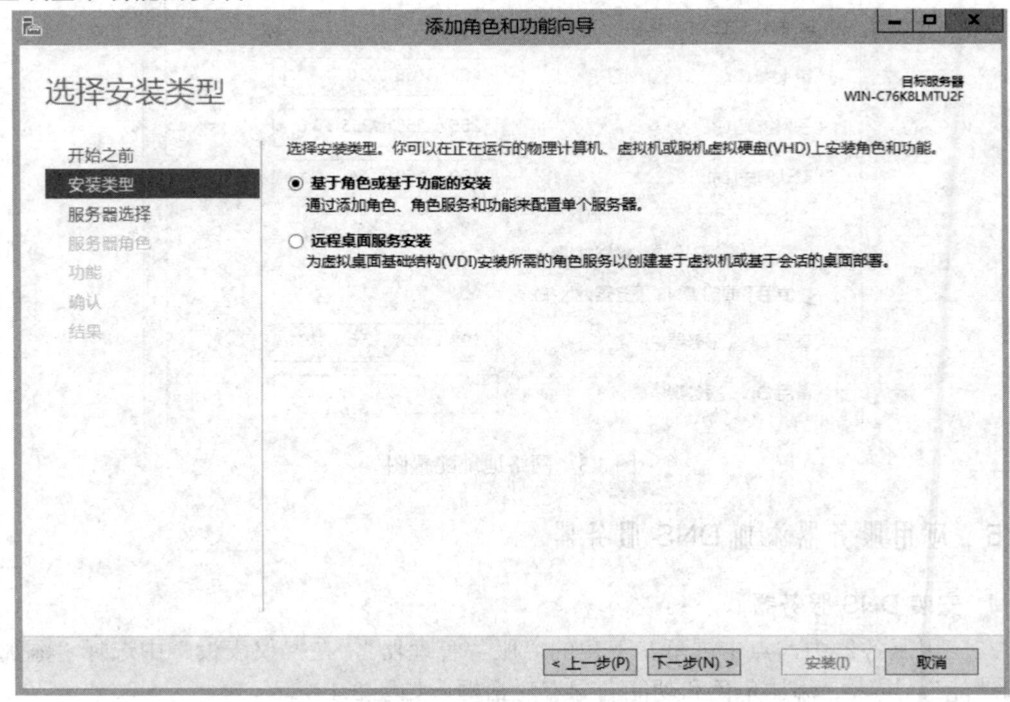

图 3.5　安装类型

点击“下一步”按钮，如图 3.6 所示，在“服务器选择”中，保持默认选择。

添加角色和功能向导

选择目标服务器

目标服务器
WIN-C76K8LMTU2F

开始之前
安装类型
服务器选择
服务器角色
功能
确认
结果

选择要安装角色和功能的服务器或虚拟硬盘。

从服务器池中选择服务器
选择虚拟硬盘

服务器池

筛选器:

名称	IP 地址	操作系统
WIN-C76K8LMTU2F	192.168.56.101	Microsoft Windows Server 2012 R2 Standard

找到 1 个计算机

此页显示了正在运行 Windows Server 2012 的服务器以及那些已经在服务器管理器中使用"添加服务器"命令所添加的服务器。脱机服务器和尚未完成数据收集的新添加的服务器将不会在此页中显示。

< 上一步(P)　下一步(N) >　安装(I)　取消

图 3.6　服务器选择

在图 3.7 中，选择“DNS 服务器”作为服务器角色。

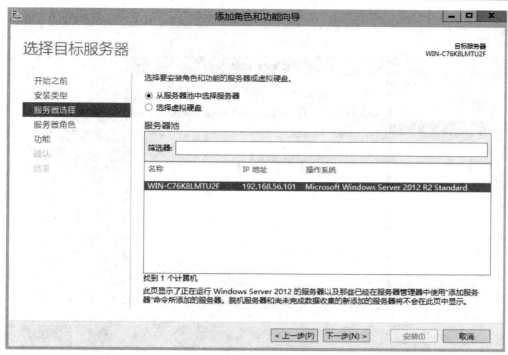

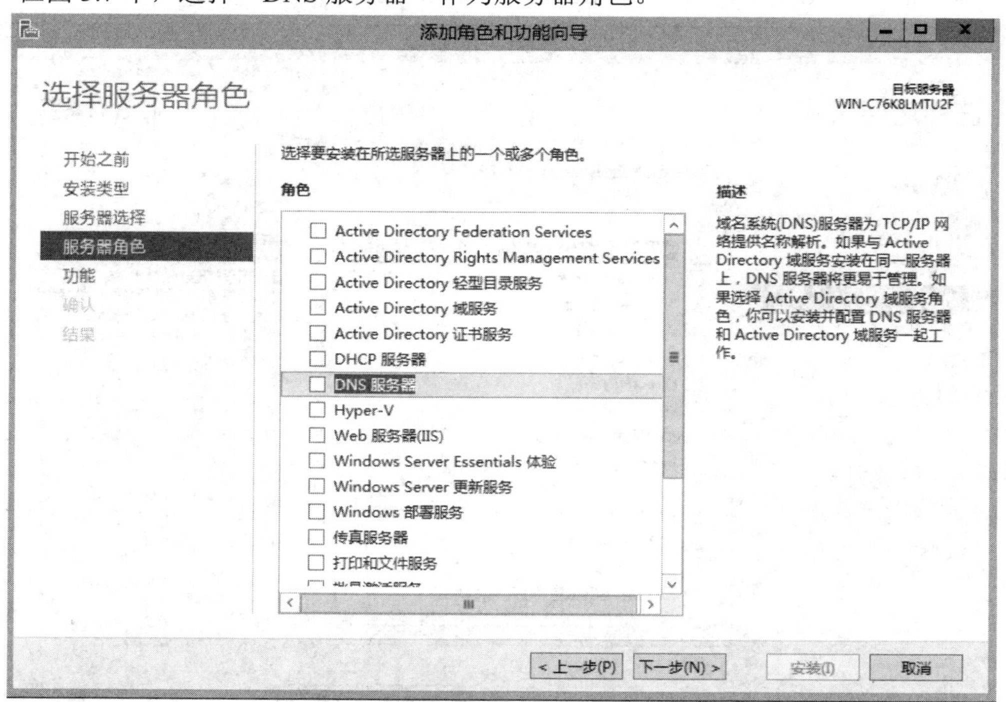

图 3.7　服务器角色

接着在图 3.8 中，确认添加“DNS 服务器工具”。

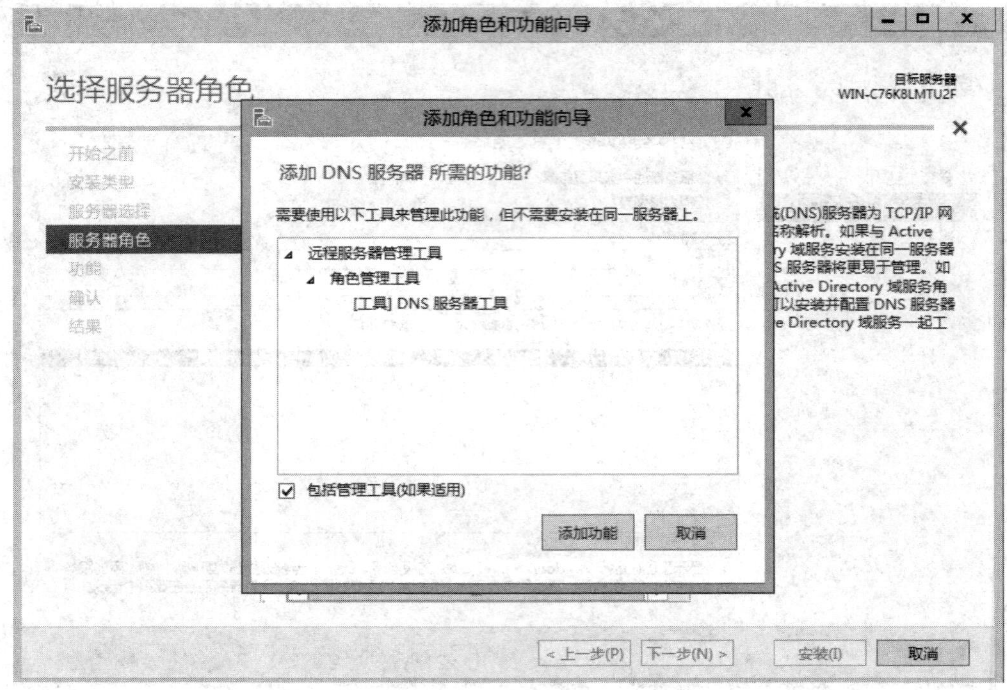

图 3.8　确认添加功能

在图 3.9 中默认选择即可，接下来点击“下一步”按钮。

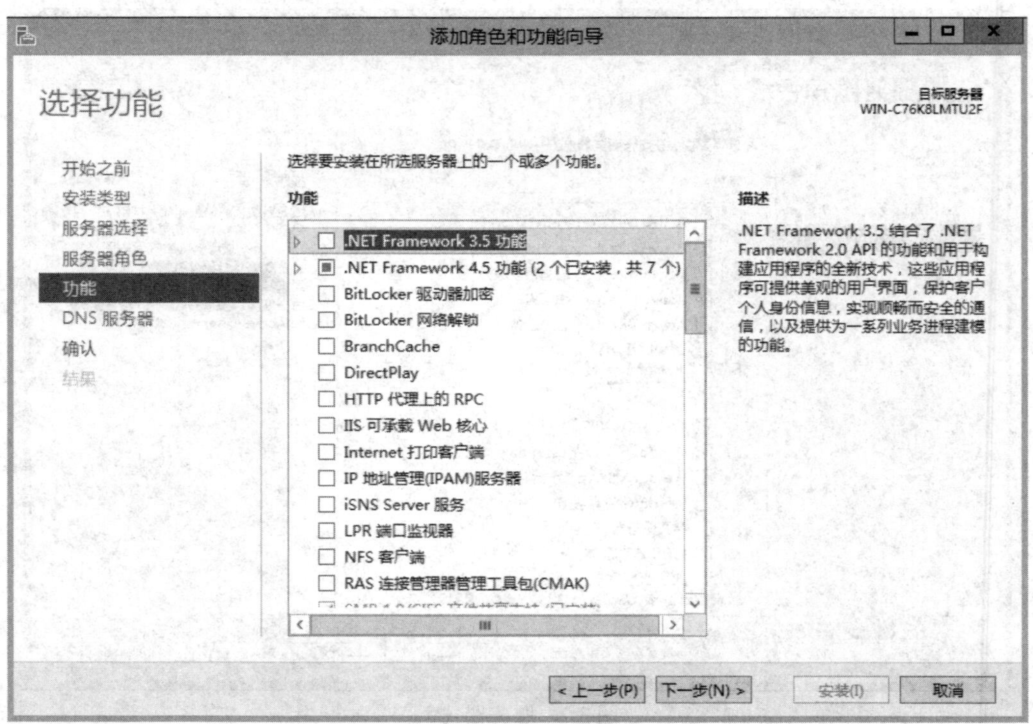

图 3.9　选择功能

如图 3.10 所示，确认安装 DNS 服务器，正式安装界面如图 3.11 所示。

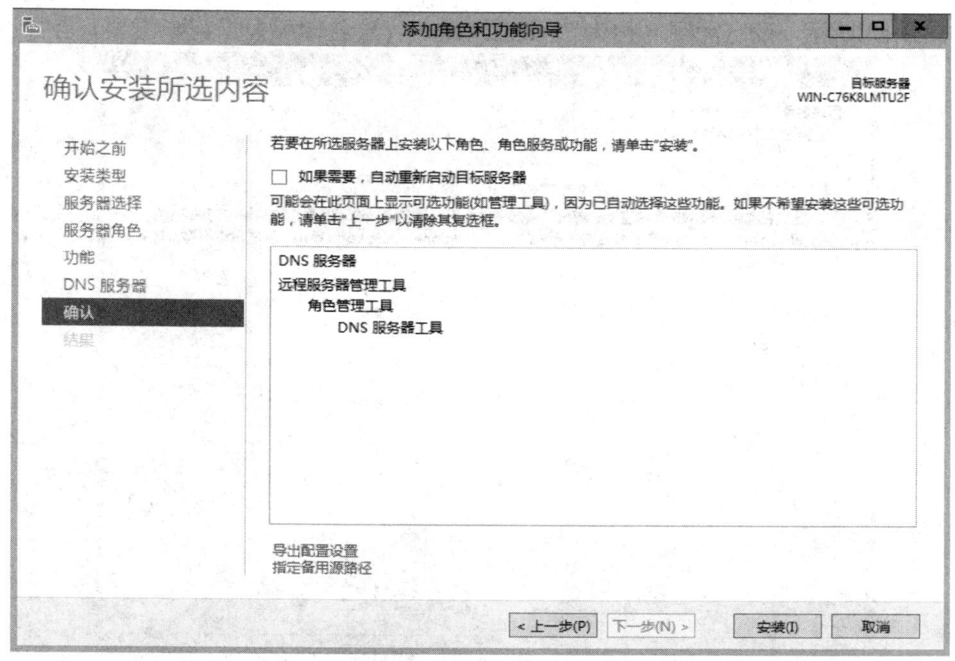

图 3.10　DNS 服务器安装确认

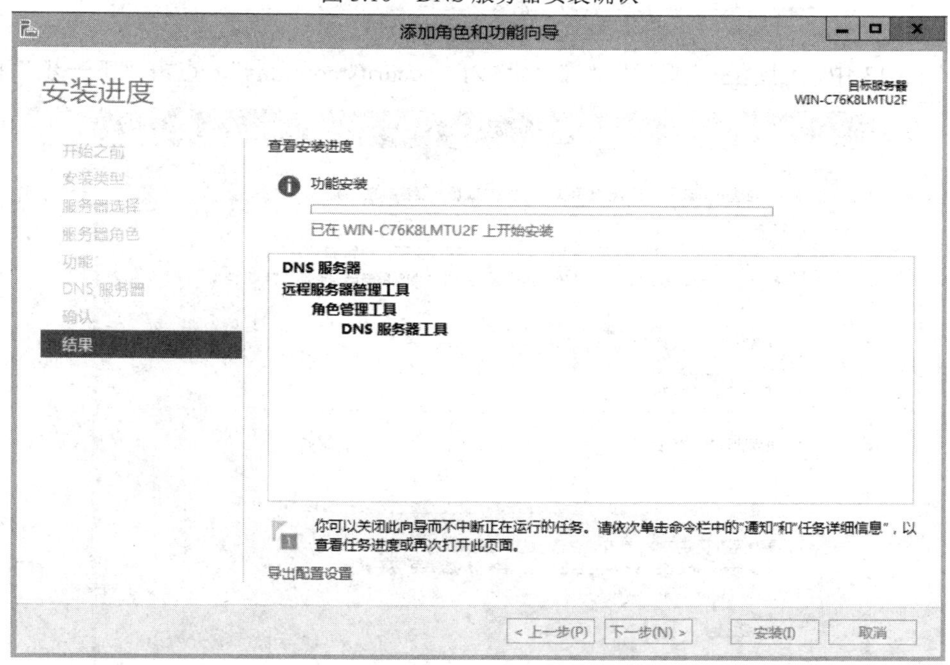

图 3.11　安装界面

2. 添加域名

在应用服务器中，点击屏幕左下角的“服务管理器”，在“菜单栏”中依次选择“工具”“DNS”。在该 DNS 管理器中，点击选择左侧栏中的“正向查找区域”，用鼠标右键点击“新建区域”，开始“新建区域向导”。

如图 3.12 所示，设定区域名称为“security.com”(该名称可根据用户需要，自行设置)。

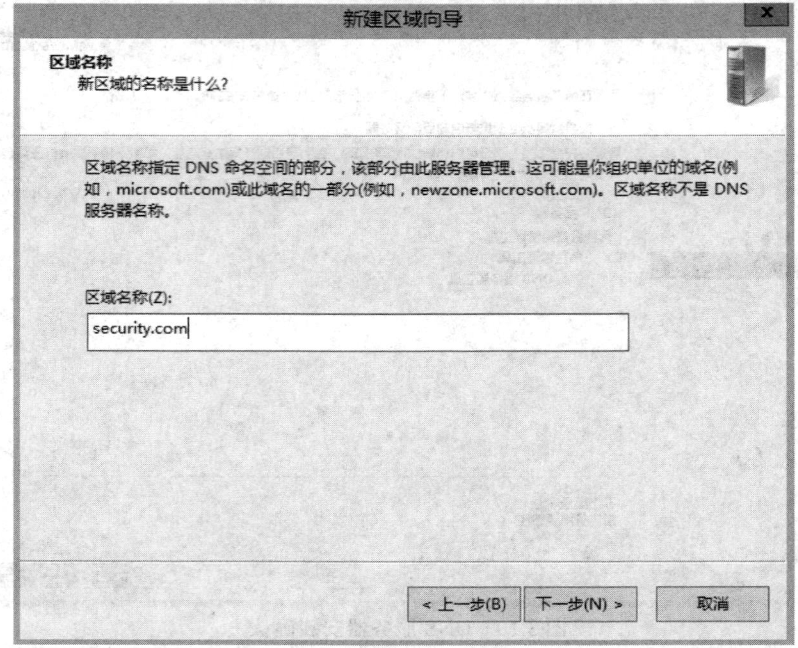

图 3.12　新建区域向导

在图 3.13 中，创建区域文件，默认名称为“security.com.dns”，点击“下一步”按钮。

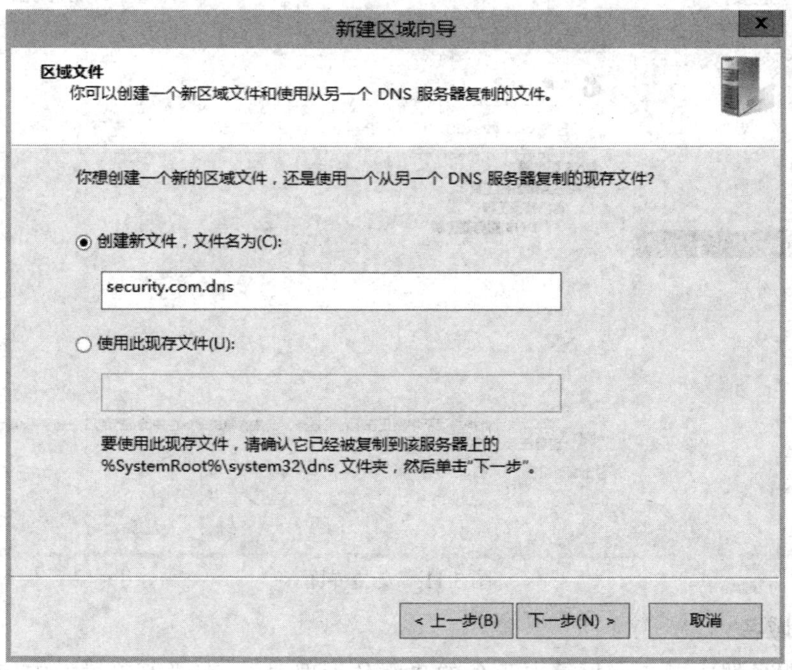

图 3.13　创建区域文件

如图 3.14 所示，在“动态更新”对话框中，选择“不允许动态更新(D)”，选择后点击“下一步”按钮，完成安装后的界面如图 3.15 所示。

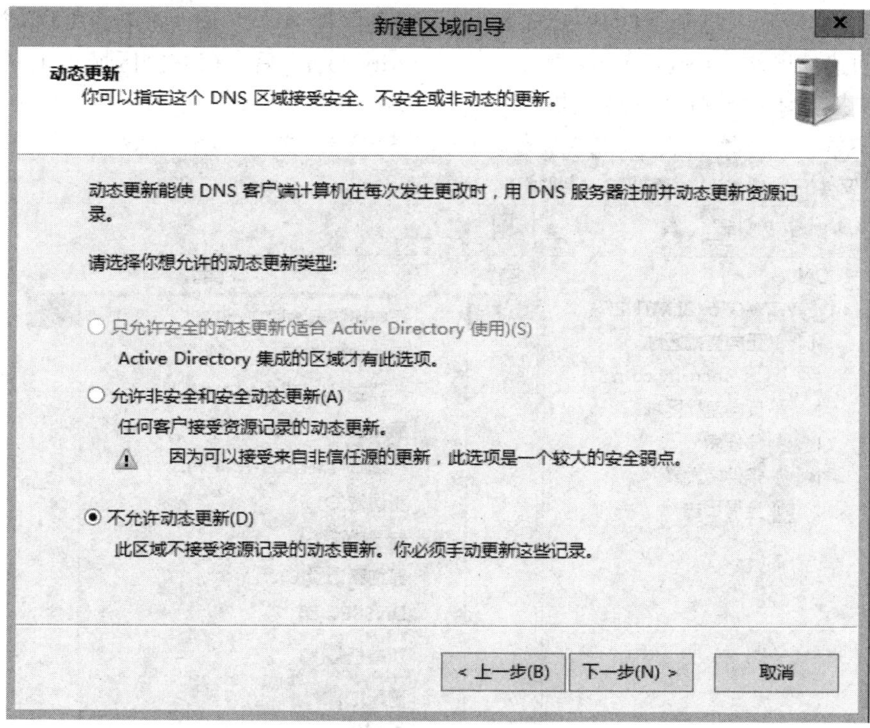

图 3.14　选择动态更新类型

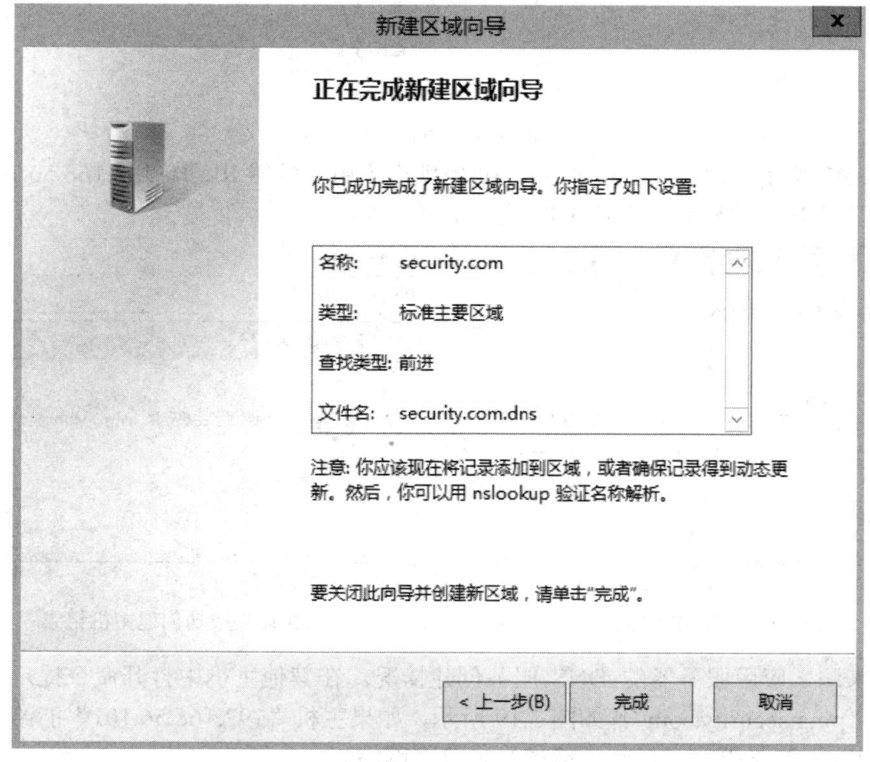

图 3.15　安装完成

如图 3.16 所示，打开“DNS 管理器”，在左侧面板内，点开“正向查找区域”，就能看到刚才创建的区域“security.com”。点击“security.com”后，在右侧区域点击鼠标右键，在弹出的快捷菜单中选择“新建主机”。

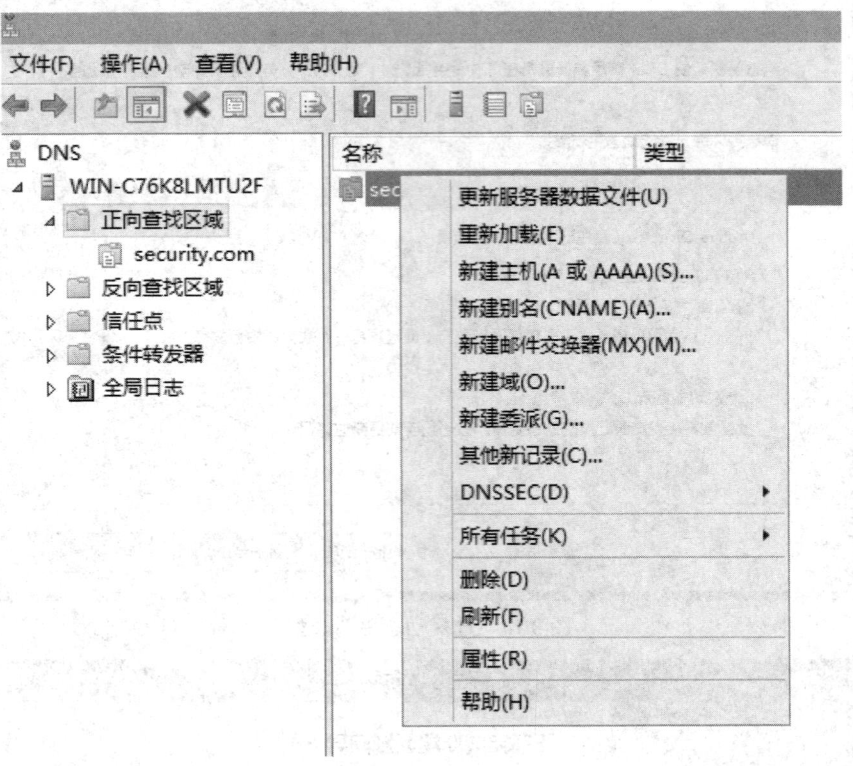

图 3.16　新建主机

如图 3.17 所示，设定该主机节点的 IP 地址为应用服务器 IP，即 192.168.56.101。设置完成后出现图 3.18 的界面，表示主机添加成功。

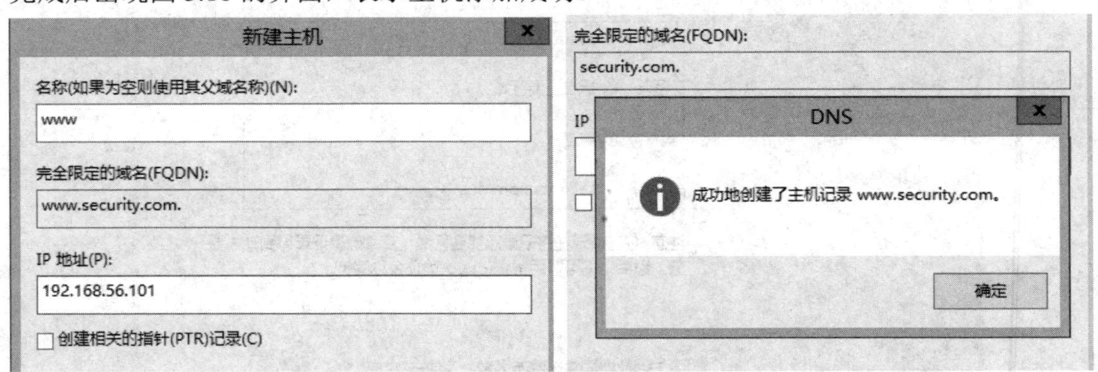

图 3.17　设定 IP 地址　　　　图 3.18　成功创建主机记录

接下来测试应用服务器的 DNS 服务创建情况。在其他主机中打开命令提示符窗口，输入命令“ping security.com”。如图 3.19 所示，如果主机“192.168.56.101”能给予正确回复，表示 DNS 创建成功；否则，请进一步检查网络。

```
管理员: C:\Windows\System32\cmd.exe
Microsoft Windows [版本 6.3.9600]
(c) 2013 Microsoft Corporation。保留所有权利。

C:\Windows\system32>ping security.com

正在 Ping security.com [192.168.56.101] 具有 32 字节的数据:
来自 192.168.56.101 的回复: 字节=32 时间<1ms TTL=128
来自 192.168.56.101 的回复: 字节=32 时间<1ms TTL=128
来自 192.168.56.101 的回复: 字节=32 时间<1ms TTL=128
来自 192.168.56.101 的回复: 字节=32 时间<1ms TTL=128

192.168.56.101 的 Ping 统计信息:
    数据包: 已发送 = 4, 已接收 = 4, 丢失 = 0 (0% 丢失),
往返行程的估计时间(以毫秒为单位):
    最短 = 0ms, 最长 = 0ms, 平均 = 0ms
```

图 3.19　测试主机域名信息

3.2　PKI 搭建与配置

通过本节的学习，可以使读者理解 CA 的概念，了解微软 Windows Server 中的 CA 知识，会熟练使用 Windows Server 安装配置根 CA。

3.2.1　基础知识

1. CA

CA 是证书的签发机构，它是 PKI 的核心。CA 是负责签发证书、认证证书、管理已颁发证书、签发证书撤销列表(Certificate Revocation List，CRL)的机构，以管理和维护证书持有者的身份和公钥的正确绑定。

CA 中心为每个使用公钥的用户发放一个数字证书，数字证书的作用是证明证书中列出的用户合法地拥有证书中列出的公钥。CA 拥有一个证书，被称之为根证书，是它自己颁发给自己的证书。所有用户必须安装该证书，并完全信任 CA。也就是说，所有用户全部指定 CA 的公钥和身份信息。CA 可以通过数字签名，为用户签发证书，使得攻击者不能伪造和篡改证书。任何人都可以得到 CA 的证书，以验证它所签发证书的真伪。

用户若欲获取证书，应先向 CA 提出申请，CA 判明申请者的身份后，为之分配一个公钥，并将该公钥与其身份信息绑定，为这两者整体进行数字签名；签名后的整体即为证书，由 CA 发还给申请者。

如果一个用户想鉴别另一个证书的真伪，就可以用 CA 的公钥对那个证书上的签字进行验证，一旦验证通过，该证书就被认为是有效的。

2. 微软 PKI 与 CA

微软的 PKI 支持的 CA 分为根 CA 和从属 CA。其中，根 CA 位于最上层，可发放用来保护电子邮件安全的证书、提供网站 SSL 安全传输的证书，也可发放证书给从属 CA；从属 CA 作为子 CA，必须先从父 CA 获得证书后，才可以发放证书。

通过在 Windows Server 中安装“证书服务”，可以使得 Windows Server 扮演根 CA 的角色，根 CA 有两种类型，分别为企业根 CA(Enterprise Root CA)和独立根 CA(Standard-alone Root CA)。企业根 CA 和独立根 CA 都是证书颁发体系中最受信任的证书颁发机构，可以独立地颁发证书。二者的不同之处在于，企业根 CA 需要 Active Directory(活动目录)的支持，而独立根 CA 则不需要。

3.2.2 安装独立根 CA

安装独立根 CA 的过程与安装 DNS 服务器的过程类似，先在证书服务器中，点击屏幕左下角的“服务管理器”，接着在“仪表板”中点击“添加角色和功能”。在向导页面中，依次默认点击“开始之前”“安装类型”“服务器选择”三个页面中的“下一步”按钮。接着执行以下步骤：

(1) 在“服务器角色”界面内选择“Active Directory 证书服务”，如图 3.20 所示。

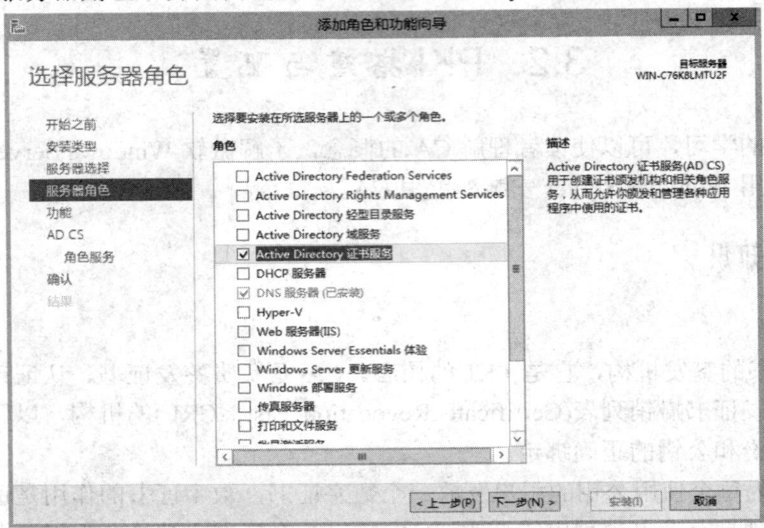

图 3.20 选择服务器服务角色

(2) 在“功能”界面内默认选择，出现“AD CS”界面，如图 3.21 所示。

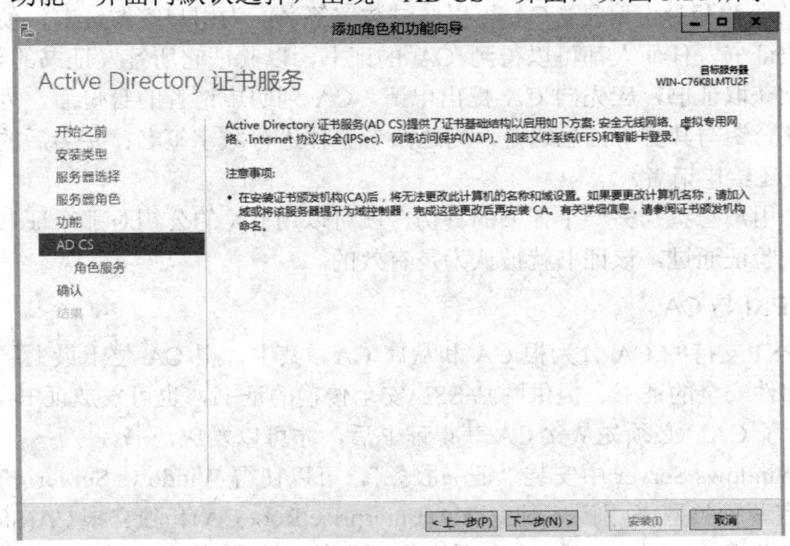

图 3.21　AD CS

(3) 在“AD CS”界面的“角色服务”界面内，勾选“证书颁发机构”和“证书注册 Web 服务”，如图 3.22 所示。

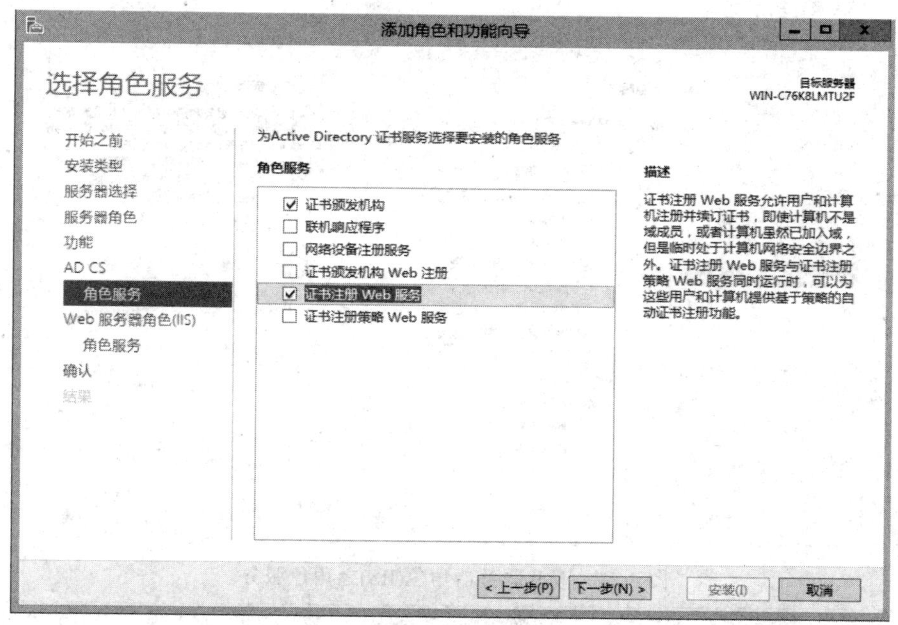

图 3.22　选择服务器服务角色

(4) 如图 3.23 所示，在“Web 服务器角色(IIS)”界面中默认选择并点击“下一步”按钮。

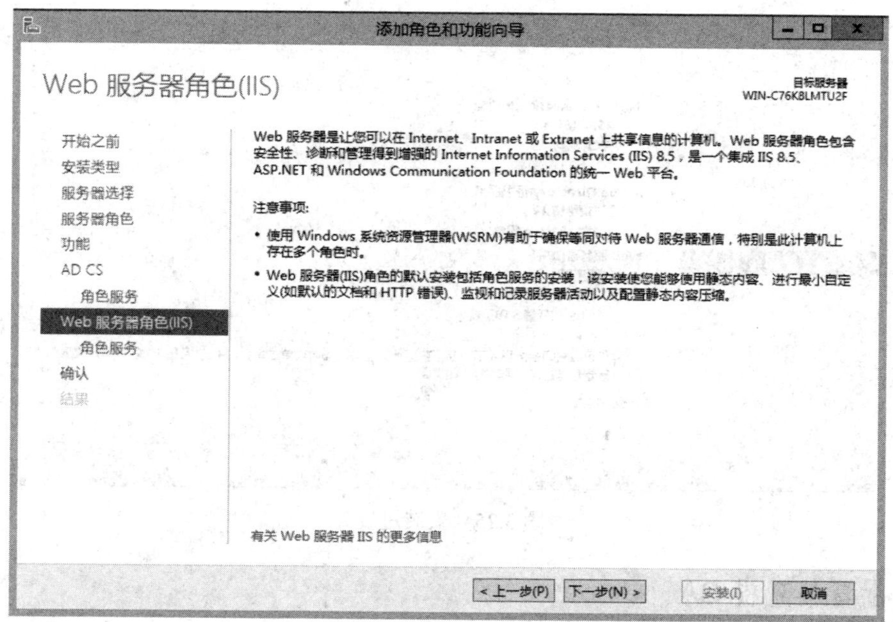

图 3.23　Web 服务器角色(IIS)

(5) 在图 3.24 中的“角色服务”界面内勾选“Web 服务器”，并进行安装，安装进度如图 3.25 所示。

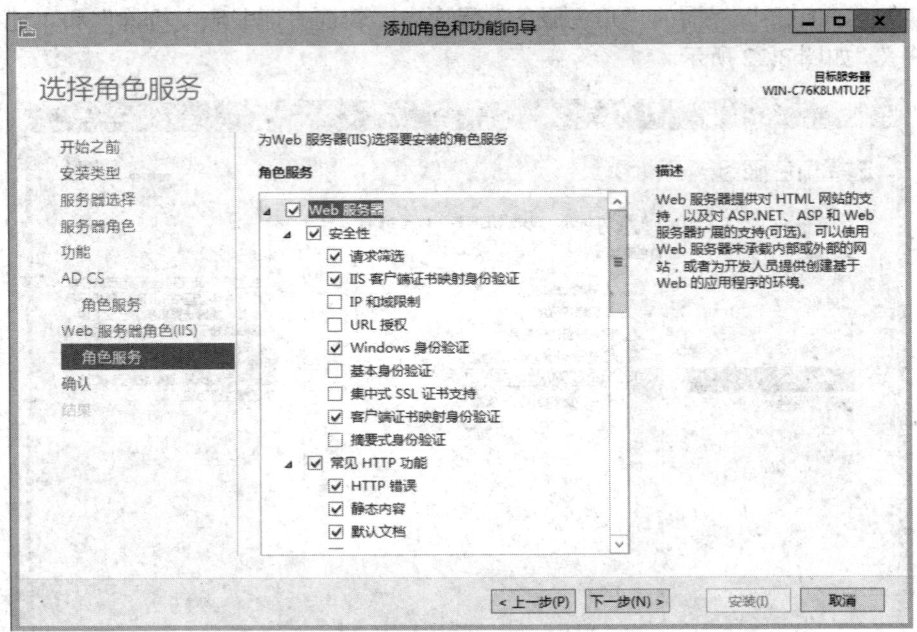

图 3.24　Web 服务器角色(IIS)之角色服务

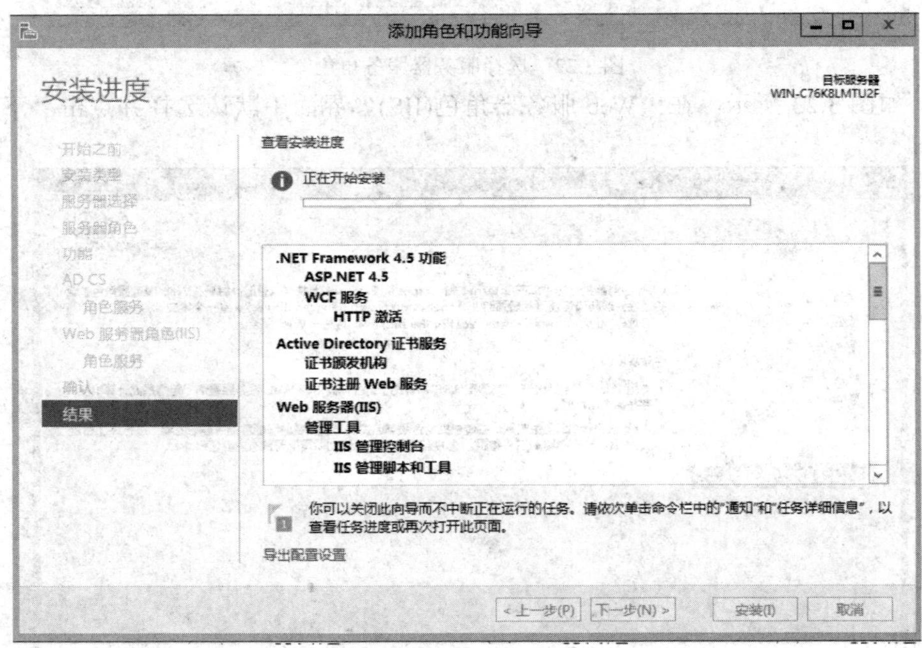

图 3.25　安装进度

3.2.3　配置独立根 CA

安装 CA 服务后，“服务管理器”界面的右上方会出现一个小旗子的图标，如图 3.26 所示。点击该“小旗子”，即可对刚才安装的“Active Directory 证书服务”进行配置。

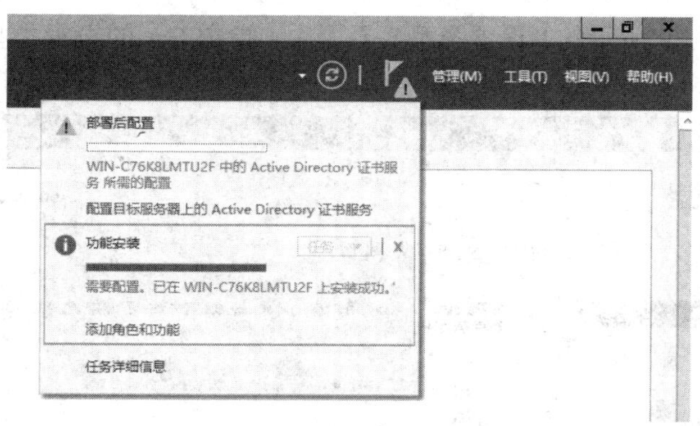

图 3.26　配置证书服务

(1) 在图 3.27 所示的“凭据”界面中，选择凭据的安装位置，默认位置在“Administrator”中，点击“更改”可重新设置。

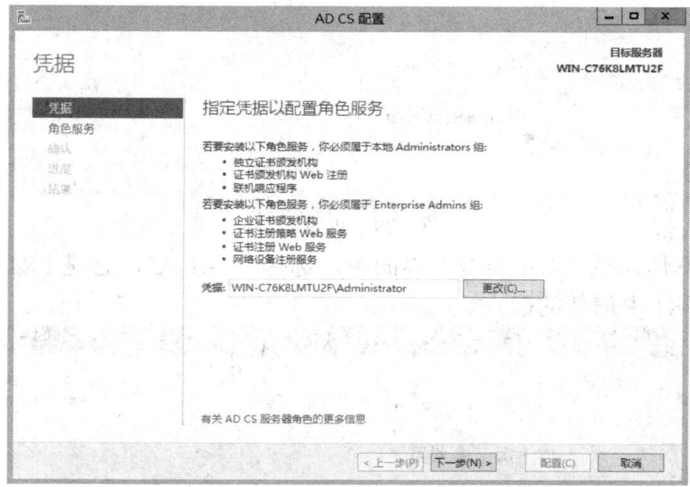

图 3.27　凭据

(2) 在图 3.28 所示的“角色服务”界面中，勾选“证书颁发机构”。

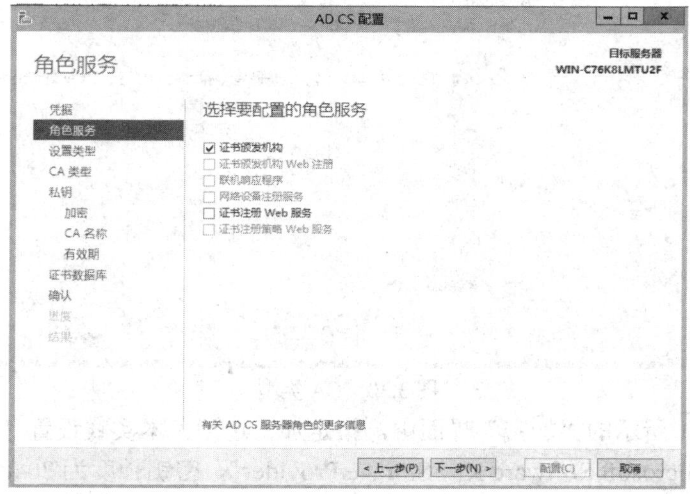

图 3.28　角色服务

(3) 接着在图 3.29 所示的“设置类型”界面中，指定 CA 的设置类型，本实践选择“独立 CA”。

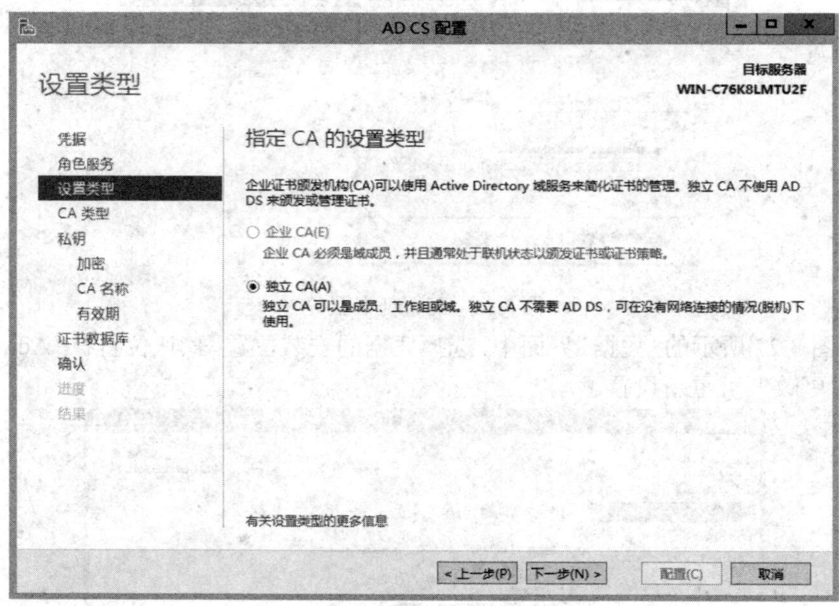

图 3.29　设置类型

(4) 在图 3.30 所示的“CA 类型”界面中，选择“根 CA”，它是 PKI 层次结构中首先配置的 CA，是 PKI 中信任的起点。

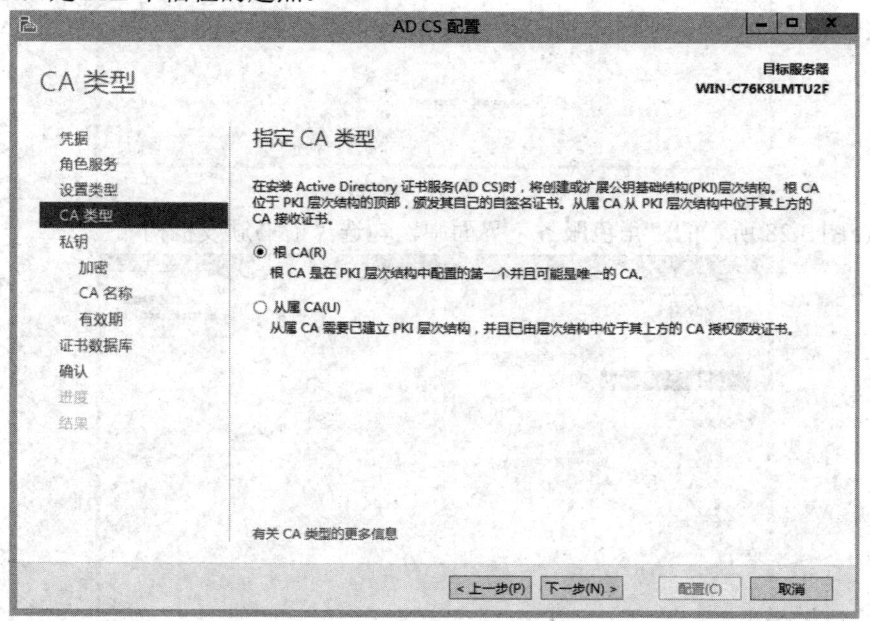

图 3.30　CA 类型

(5) 在图 3.31 所示的“加密”界面中，指定加密选项，本实践设置“选择加密提供程序”为“RSA#Microsoft Software Key Storage Provider”，密钥长度为 2048，将数字证书签名的散列算法设置为 SHA512。

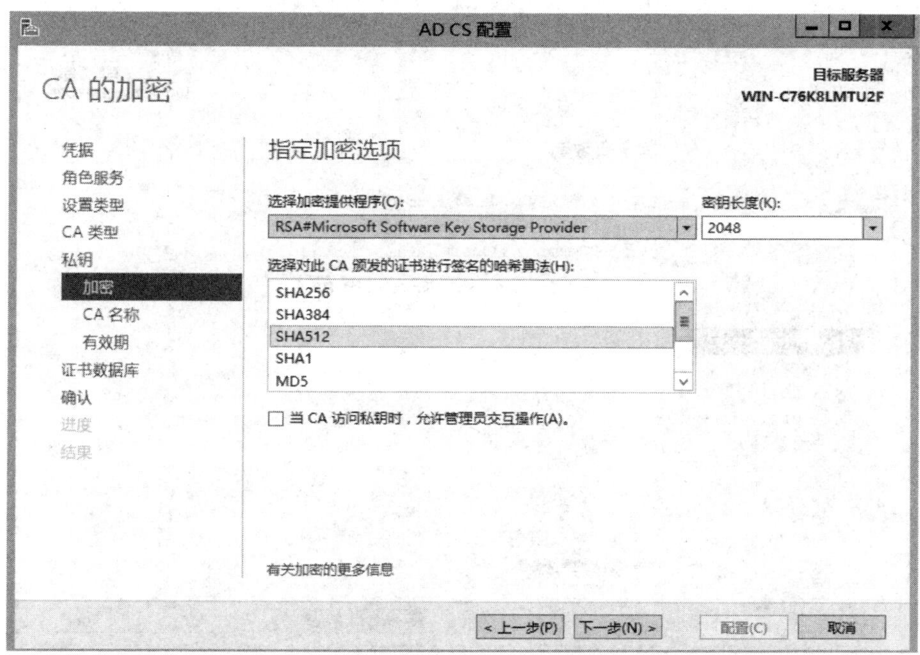

图 3.31　加密选项

(6) 在图 3.32 所示的“CA 名称”界面中，指定 CA 名称。本实践设置 CA 的公用名称为“WIN-Security-CA”，那么可分辨名称自动为“CN=WIN-Security-CA”。

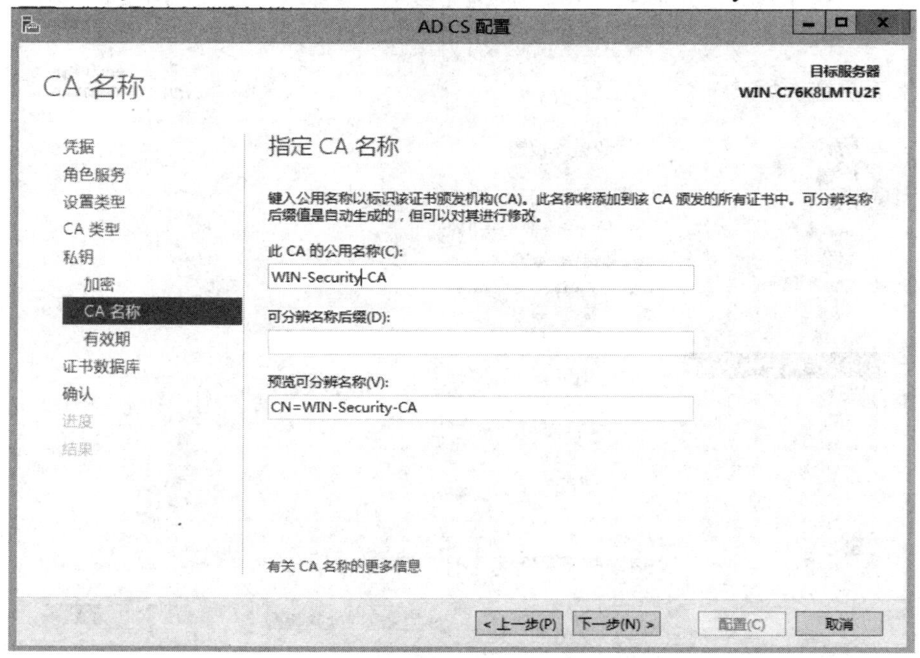

图 3.32　CA 名称

(7) 接下来在图 3.33 所示的“有效期”界面中，指定证书颁发机构 CA 的证书有效期为 5 年，也可指定为其他时间。

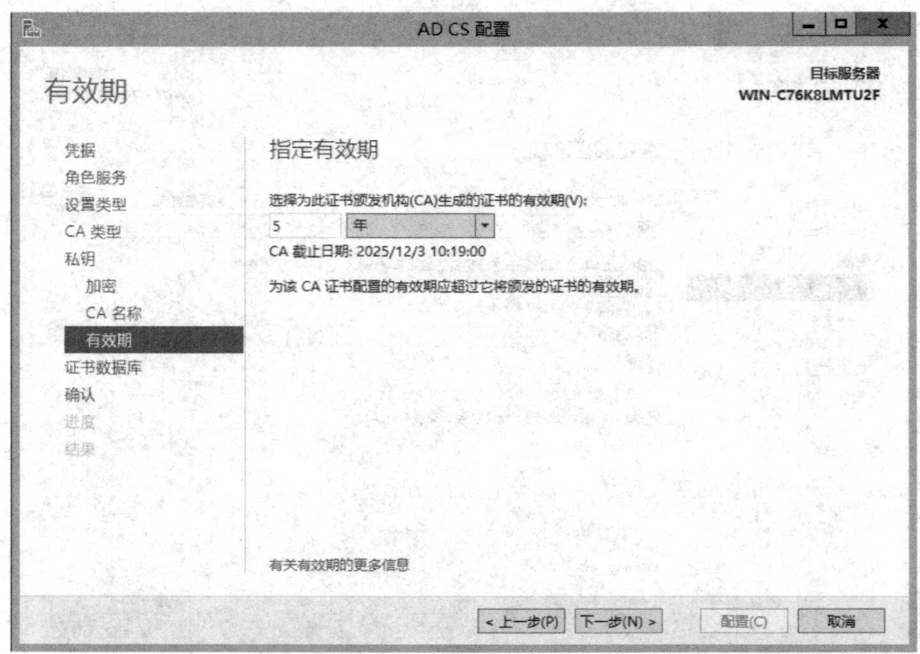

图 3.33　有效期

(8) 在图 3.34 所示的“证书数据库”界面中，指定数据库的位置。位置默认为“C:\Windows\system32\CertLog”，用户可根据需要自行更改。

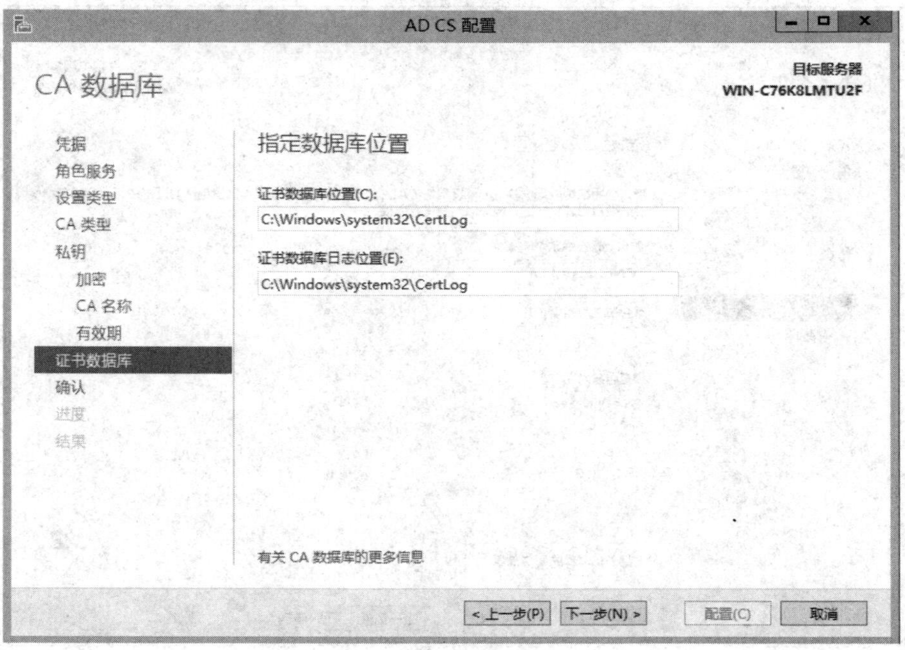

图 3.34　证书数据库

(9) 在图 3.35 中，对证书服务的设置信息进行核对。如果没有错误，点击“下一步”按钮进行安装。

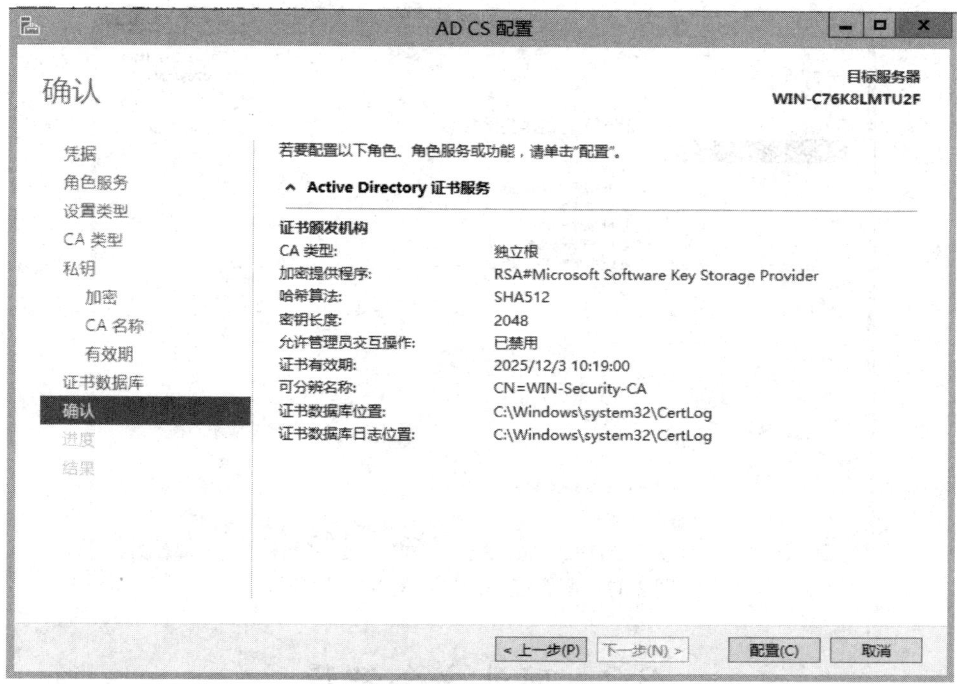

图 3.35　确认

(10) 图 3.36 所示为安装配置成功。

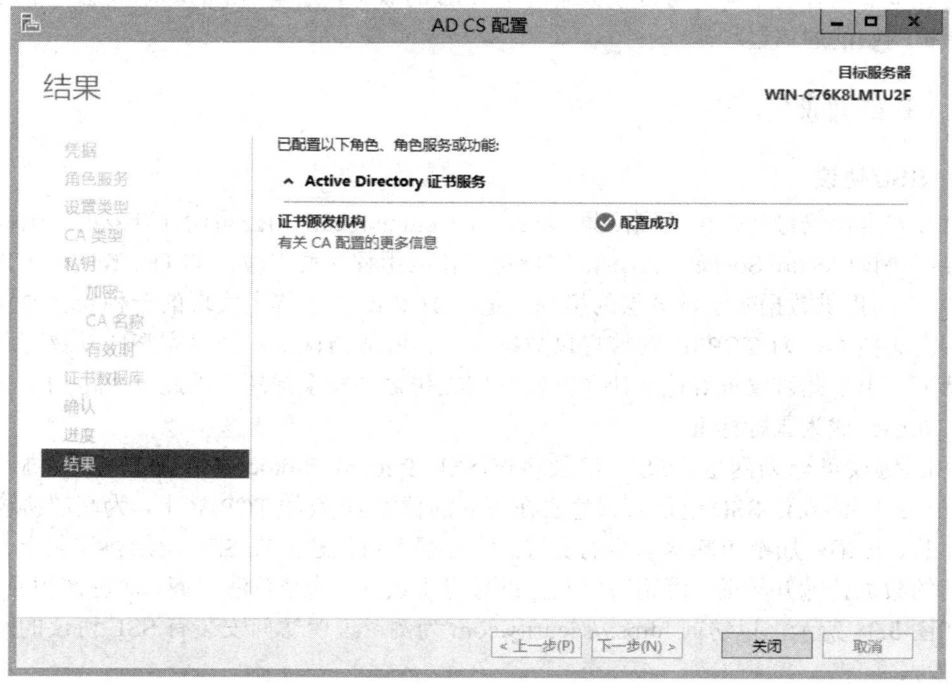

图 3.36　安装结果

(11) 如图 3.37 所示，按照(1)～(10)同样的步骤，安装配置“证书颁发机构 Web 注册”。

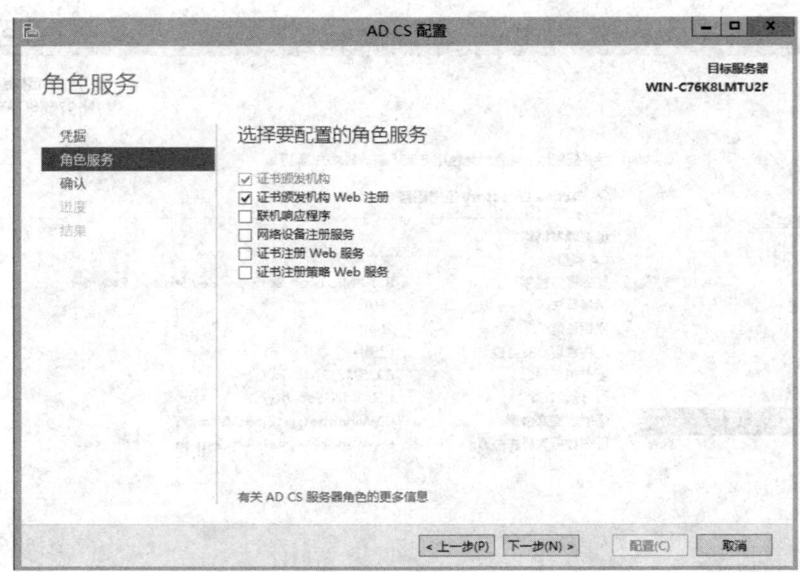

图 3.37　配置证书颁发机构 Web 注册

3.3　网站安全保护

通过本节内容的学习，可以使读者理解 SSL 的概念，了解 IIS 的基本概念，学会使用证书保护网站的通信过程。

3.3.1　基础知识

1. SSL 协议

SSL 安全协议最初是由美国网景(Netscape Communication)公司设计开发的，全称为安全套接层协议(Secure Sockets Layer)。它指定了在应用程序协议(如 HTTP、Telnet、FTP) 和 TCP/IP 之间提供数据安全性分层的机制，是在 TCP/IP 协议簇上实现的一种安全协议，采用公钥密码技术，为 TCP/IP 连接提供数据加密、服务器认证、消息完整性以及可选的客户机认证。由于此协议很好地解决了互联网明文传输的安全问题，因此很快得到了业界的支持，并已经成为国际标准。

SSL 协议可分为两层：SSL 记录协议(SSL Record Protocol)和 SSL 握手协议(SSL Handshake Protocol)。SSL 记录协议建立在可靠的传输协议(如 TCP)之上，为高层协议提供数据封装、压缩、加密等基本功能的支持。SSL 握手协议建立在 SSL 记录协议之上，用于在实际的数据传输开始前，协调通信双方进行身份认证、加密算法协商、加密密钥交换等。

如图 3.38 所示，以访问 https://security.com 为例，说明访问安装有 SSL 协议的网站的运作过程。

(1) 用户访问 https://security.com。

(2) 服务器端向客户端发送网站的数字证书。

(3) 客户端验证网站的数字证书后，也发送自己的证书；同时创建会话密钥，使用服务器端的公钥来加密。

(4) 服务器端同样验证客户端的数字证书，并利用私钥将“会话密钥”解密。

(5) 接着双方利用“会话密钥”对数据进行加密和解密。

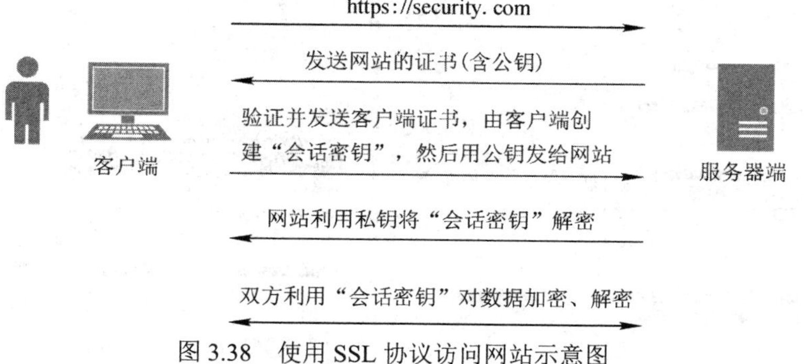

图 3.38 使用 SSL 协议访问网站示意图

2. IIS

IIS 是 Internet Information Services 的缩写，意为互联网信息服务，是由微软公司提供的基于运行 Microsoft Windows 的互联网基本服务。最初它是 Windows NT 版本的可选包，随后内置在 Windows 2000、Windows XP Professional 和 Windows Server 2003 中一起发行。IIS 是一种 Web(网页)服务组件，其中包括 Web 服务器、FTP 服务器、NNTP 服务器和 SMTP 服务器，分别用于网页浏览、文件传输、新闻服务和邮件发送等方面，它使得在网络(包括互联网和局域网)上发布信息成了一件很容易的事。

3.3.2 下载根证书

1) 访问 PKI 服务的 Web 页面

在应用服务器上，打开 IE 浏览器，在网络地址栏中输入 PKI 服务器的网址 http://192.168.56.102/certsrv，打开 PKI 服务器的 Web 页面。如果 IE 浏览器在服务器上安全性配置级别比较高，那么会弹出图 3.39 所示的对话框，点击左侧图的“添加”按钮，将该网址作为受信任的站点。

2) 下载证书

当打开 PKI 服务器的 Web 页面后，点击图 3.40 下方的“下载 CA 证书、证书链或 CRL”链接，进入图 3.41 的“http://192.168.56.102/certsrv/certcarc.asp”页面；默认选择“DER”格式即可，点击“下载 CA 证书”，随后在计算机内部保存名为“certnew”的证书文件。

3) 安装证书

使用鼠标双击刚下载的证书文件“certnew”，弹出如图 3.42 所示的证书文件属性图，可看出该证书的颁发者是“WIN-Security-CA”，同样颁发给了“WIN-Security-CA”，它是个自颁发的根证书。点击下方的“安装证书”按钮，弹出“证书导入向导”界面。接着，可在图 3.43 的“证书导入向导”界面中选择存储位置，本实践选择了“本地计算机”。点击“下一步”按钮后，在图 3.44 中点击“浏览”按钮，在弹出的对话框中选择“受信任的根证书颁发机构”，如图 3.45 所示。这是由于该证书是 CA 的根证书，需要放置在“根证书颁发机构”中。随后点击“下一步”按钮，完成安装。

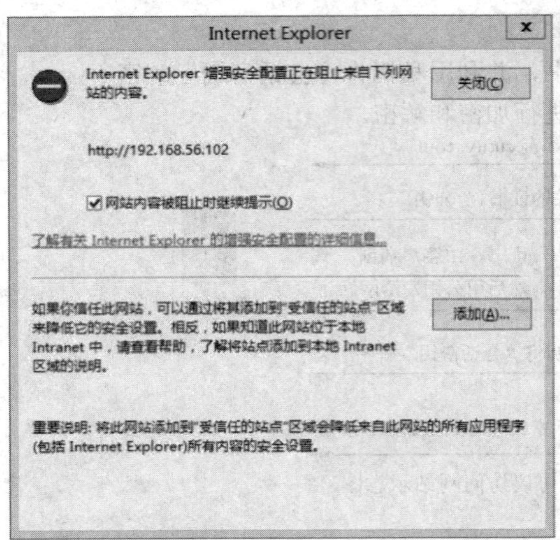

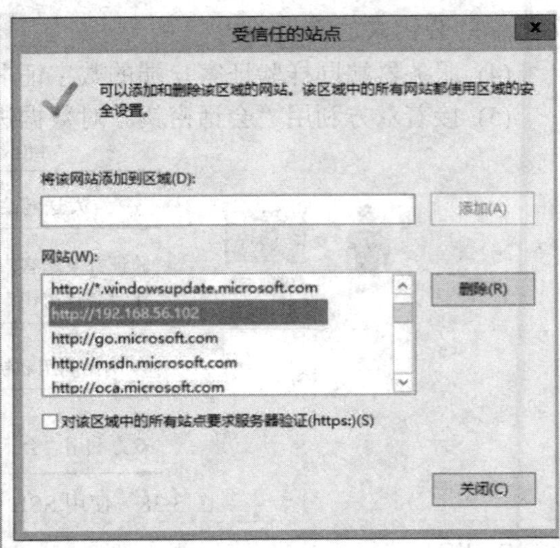

图 3.39　安全性配置

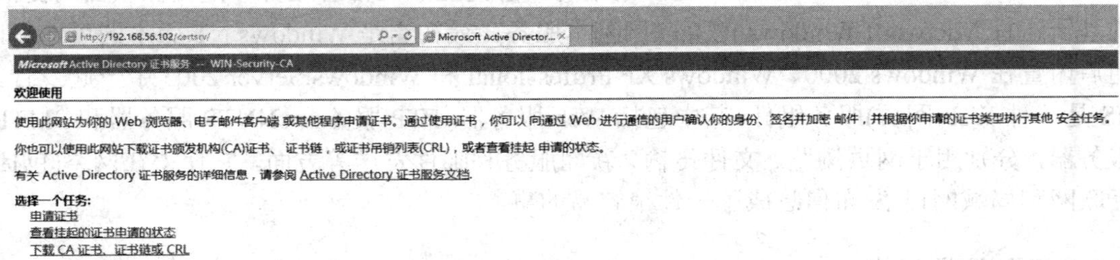

图 3.40　PKI 服务器 Web 页面

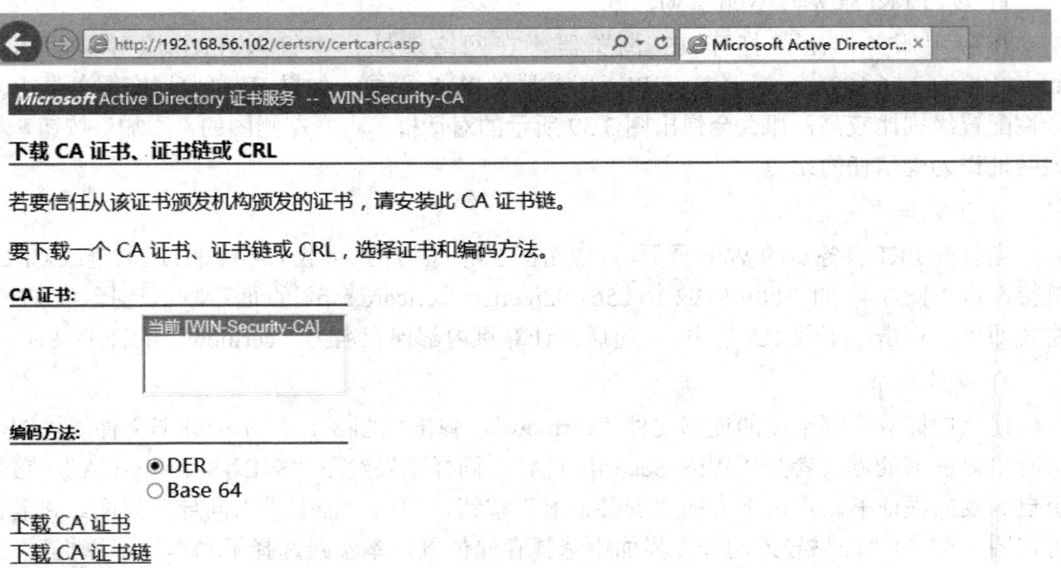

图 3.41　CA 证书、证书链和 CRL 下载页面

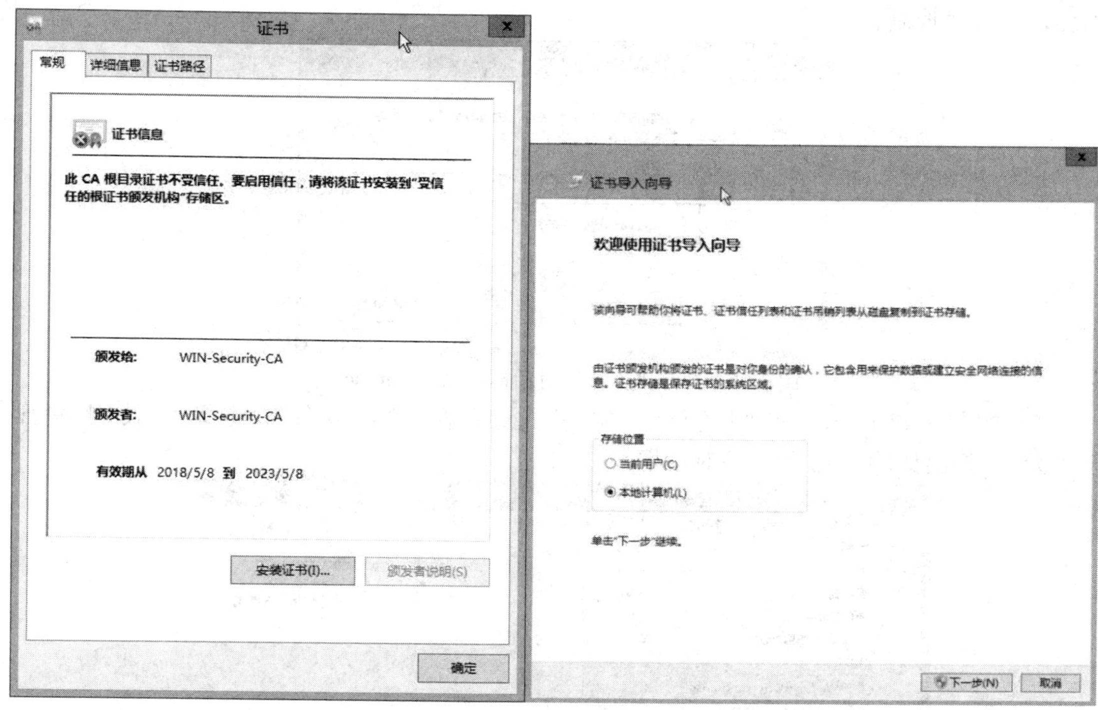

图 3.42　证书文件属性　　　　图 3.43　证书导入向导之存储位置

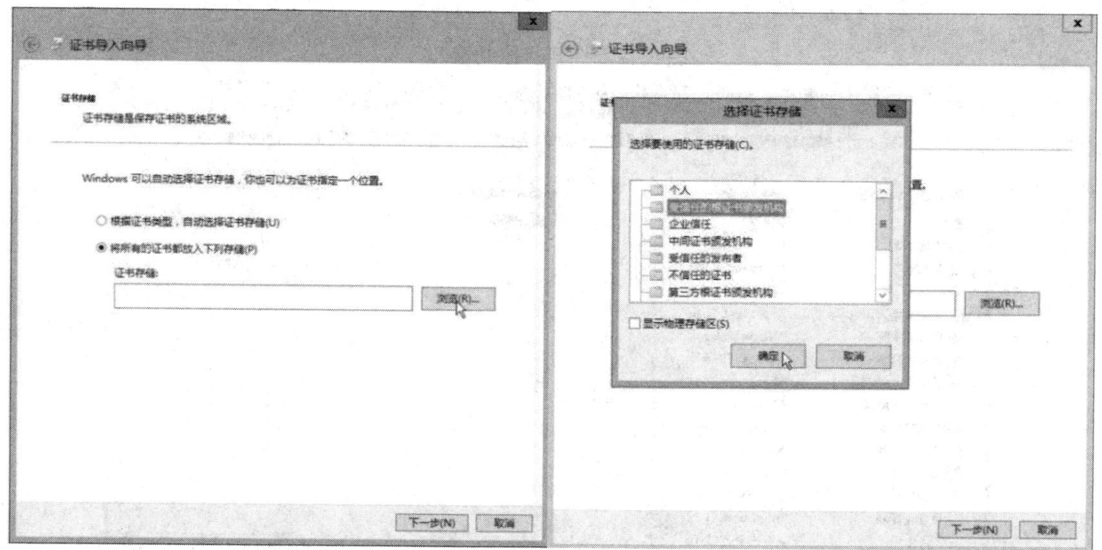

图 3.44　证书导入向导之证书存储　　　　图 3.45　选择"受信任的根证书颁发机构"

3.3.3　查看证书

本节主要演示如何查看本地计算机已安装的证书，步骤如下：

(1) 按下快捷键"Ctrl+R"，显示"运行"窗口，如图 3.46 所示，输入"mmc"后按回车键，打开“控制台”。

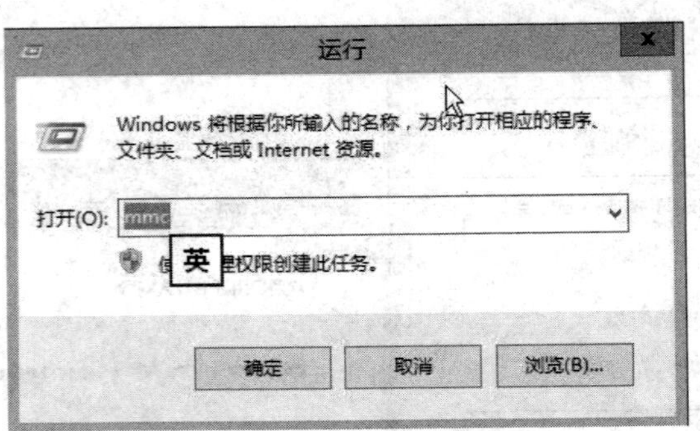

图 3.46　打开“运行”对话框，输入“mmc”

(2) 如图 3.47 所示，在“控制台”中，点击菜单栏上的“文件”，选择“添加/删除管理单元”，弹出如图 3.48 所示的对话框。

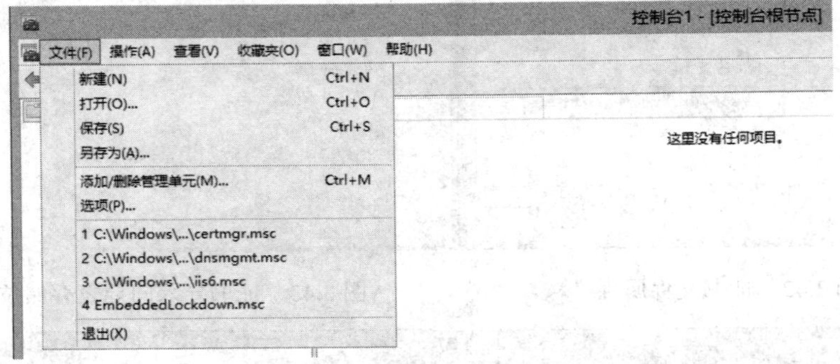

图 3.47　打开“控制台”

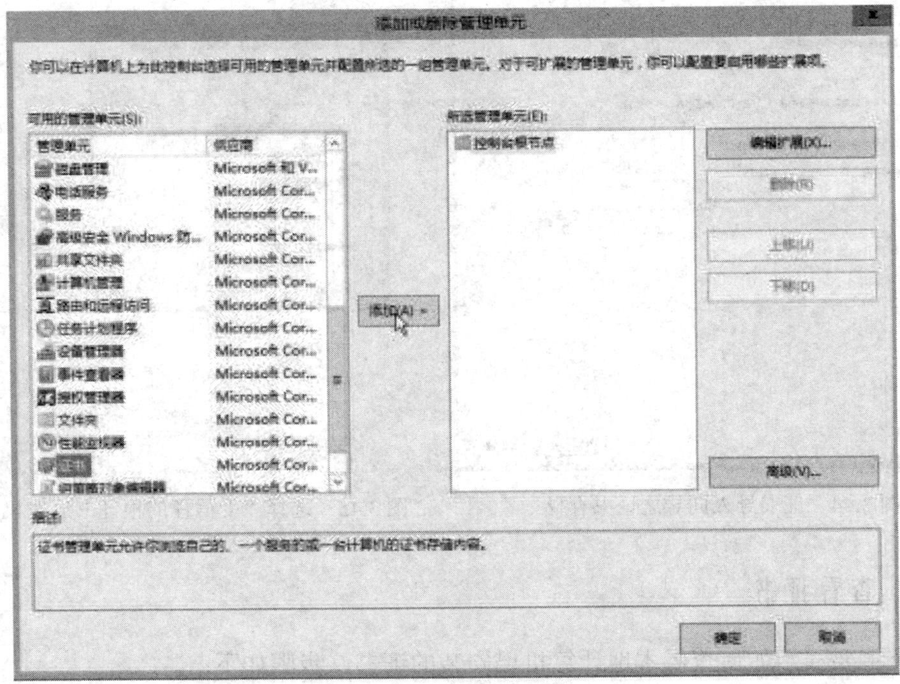

图 3.48　控制台之“添加或删除管理单元”

(3) 在 3.48 图内，选择左侧可用的管理单元中的“证书”，然后点击中间的“添加”按钮，最后点击“确定”按钮。

(4) 在弹出的“证书管理单元”向导内，选择管理何种账户的证书。这里有三个选项，分别为“我的用户账户”“服务账户”和“计算机账户”，如图 3.49 所示。这里选择“计算机账户”。

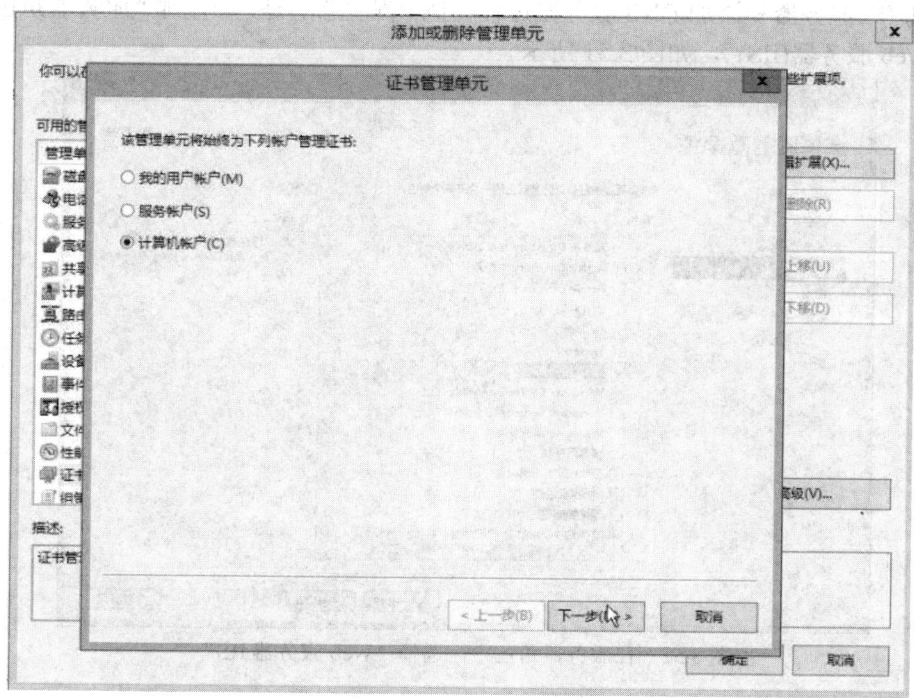

图 3.49　证书范围

(5) 如图 3.50 所示，左侧列出了可管理的各种类型证书，如“个人”“受信任的根证书颁发机构”“中间证书颁发机构”等。

图 3.50　证书管理单元

(6) 本实践下载安装的“WIN-Security-CA”根证书就存放在“受信任的根证书颁发机构”内，请试着将其找到。

3.3.4　添加 IIS 服务器

添加 IIS 服务器和添加 DNS 服务器过程类似。需注意的是，在添加“服务器角色”时，选择“Web 服务器(IIS)”，如图 3.51 所示。

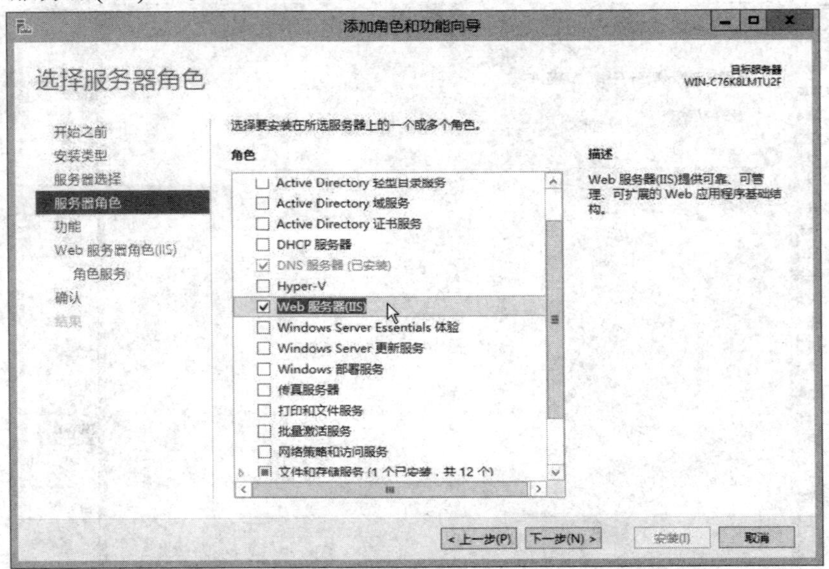

图 3.51　在服务器角色中，选择“Web 服务器 IIS”

3.3.5　网站申请数字证书

1. 创建数字证书的申请信息

(1) 打开 IIS 服务器，在主页内找到“服务器证书”，双击鼠标左键，将其打开，如图 3.52 所示。

图 3.52　打开 IIS 服务器主页

(2) 在“服务器证书”页面内，找到右侧的“操作”面板，选择“创建证书申请”，如图 3.53 所示。

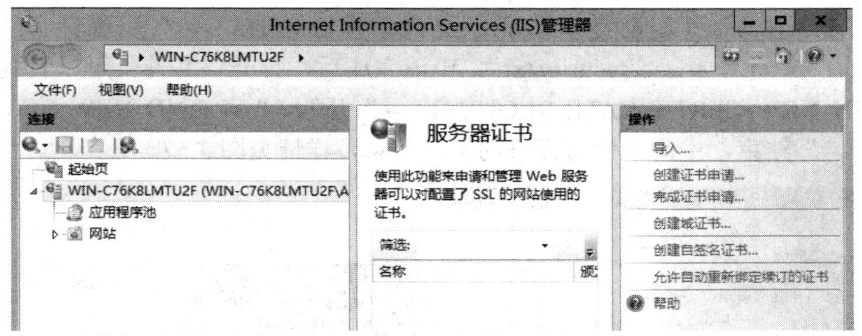

图 3.53　服务器证书

(3) 在证书申请向导里，设置“可分辨名称属性”：通用名称为“security.com”，组织为“WJGCDX”，组织单位为“MMGCXY”，城市/地点为“xi’an”，省/市/自治区为“shaanxi”，国家为“CN”，如图 3.54 所示。

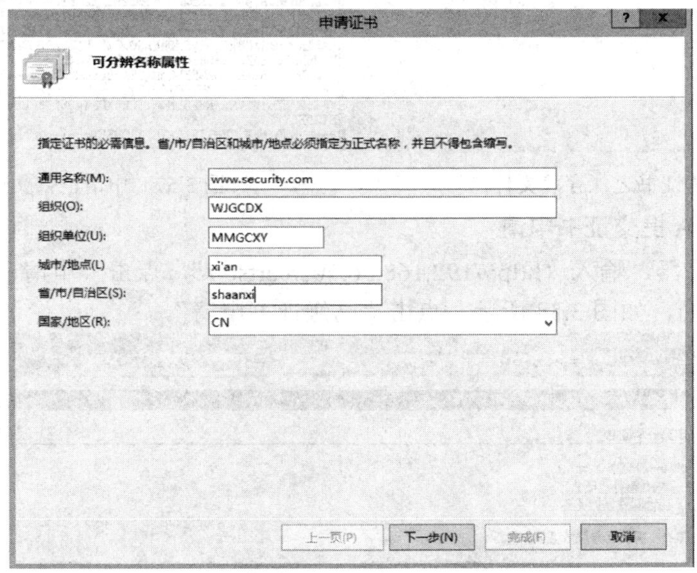

图 3.54　申请证书之“可分辨名称属性”

(4) 设置“加密服务提供程序属性”：加密服务提供程序为“Microsoft RSA SChannel Cryptographic Provider”，位长为“1024”，如图 3.55 所示。

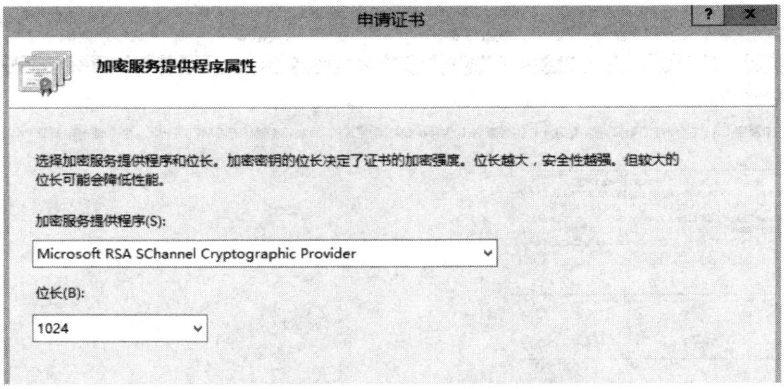

图 3.55　申请证书之“加密服务提供程序属性”

(5) 如图 3.56 所示，设置申请证书文件的保存位置，本实践选择了“C:\Users\Administrator\Documents\web-security.txt”。申请完成后，打开该文件，可以看到，它是以“-----BEGIN NEW CERTIFICATE REQUEST-----”开始，“-----END NEW CERTIFICATE REQUEST-----”结束，中间为申请证书的字符信息，详情见图 3.57。

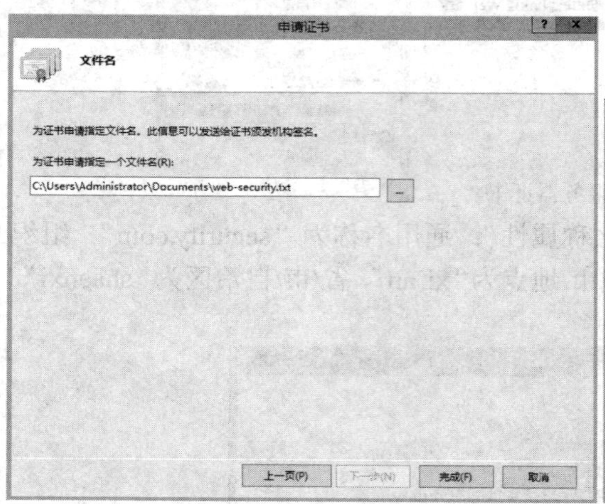

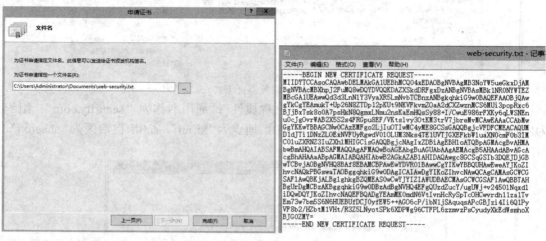

图 3.56　申请证书之保存“文件名”

web-security.txt - 记事
文件(F)　编辑(E)　格式(O)　查看(V)　帮助(H)

-----BEGIN NEW CERTIFICATE REQUEST-----
MIIDYTCCAsoCAQAwbDELMAkGA1UEBhMCQ04xEDAOBgNVBAgMB3NoYW5ueGkxDjAM
BgNVBAcMBXhpJ2FuMQ8wDQYDVQQKDAZXSkdDRFgxDzANBgNVBAsMBk1NR0NYWTEZ
MBcGA1UEAwwQd3d3LnN1Y3VyaXR5LmNvbTCBnzANBgkqhkiG9w0BAQEFAAOBjQAw
gYkCgYEAmukT+Up26N8ZTDp12pKUt9NKVFkvmZ0aA2dCXZwznMCS6MUi3popRxc6
BJjBxTsk8o0A7psHkN8QgmxLNmu2nsKaEmHQsSy88+I/CwuE986rFXKy6qLWSNEn
u0cJg0vrWAB2X5S2s4FRGpu8EF/VKtslvy30tKM3trV7jbreMvMCAwEAAaCCAbMw
GgYKKwYBBAGCNw0CAzEMFgo2LjIuOTIwMC4yME8GCSsGAQQBgjcVFDFCMEACAQUM
D1dJTi1DNzZLOExNVFUyRgwdV010LUM3Nks4TE1UVTJGXEFkbW1uaXN0cmF0b3IM
C01uZXRNZ3IuZXh1MHIGCisGAQQBgjcNAgIxZDBiAgEBH1oATQBpAGMAcgBvAHMA
bwBmAHQAIABSAFMAQQAgAFMAQwBoAGEAbgBuAGUAbAAgAEMAcgB5AHAAdABvAGcA
cgBhAHAAaABpAGMAIABQAHIAbwB2AGkAZAB1AHIDAQAwgc8GCSqGSIb3DQEJDjGB
wTCBvjAOBgNVHQ8BAf8EBAMCBPAwEwYDVR01BAwwCgYIKwYBBQUHAwEweAYJKoZI
hvcNAQkPBGswaTAOBggqhkiG9w0DAgICAIAwDgYIKoZIhvcNAwQCAgCAMAsGCWCG
SAF1AwQBKjALBg1ghkgBZQMEAS0wCwYJYIZIAWUDBAECMAsGCWCGSAF1AwQBBTAH
BgUrDgMCBzAKBggqhkiG9w0DBzAdBgNVHQ4EFgQUzdZucY/ugUWj+v24501Nqxd1
iDQwDQYJKoZIhvcNAQEFBQADgYEAmMK0mdN6VtIvnHcRySpTcOHCwvrdh1lza1Tv
Em73w7bm5S6N6HUEBUfDCJ0yfEW5++AGO6cP/ibN1jSAquqsAPcGBJzi4Ii6Q1Py
VF8b2/HZbtM1VHt/R3Z5LNyotSPk6XDPWg96CTFPL6zzmvzPsCyudyXkEdWsmhoX
BJG0ZMY=
-----END NEW CERTIFICATE REQUEST-----

图 3.57　申请证书文件内容

2. 网站向 CA 提交证书申请

(1) 打开浏览器，输入“http://192.168.56.102/certsrv/”，点击“申请证书”，进入“申请一个证书”页面，如图 3.58 所示，点击“高级证书申请”。

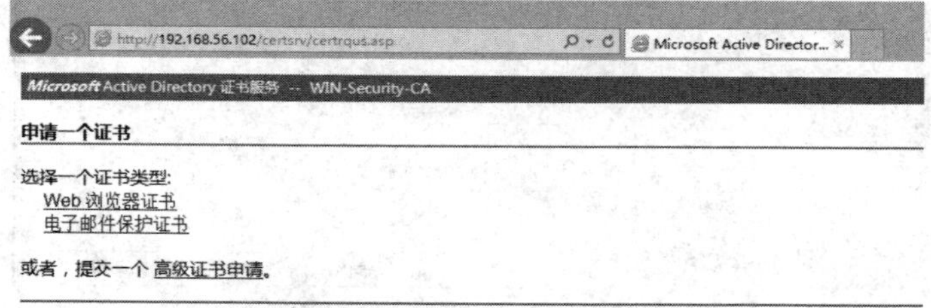

图 3.58　高级证书申请

(2) 在“高级证书申请”页面内，粘贴之前下载的证书申请文件“Web-security.txt”中的内容，到“保存的申请”框内，点击“提交”，如图 3.59 所示。

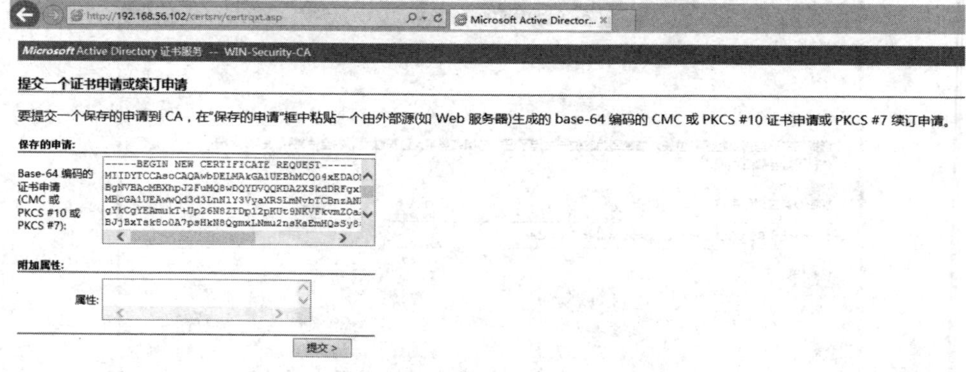

图 3.59　高级证书申请内容填写

(3) 证书申请成功后，会打开图 3.60 所示的页面，这是由 PKI 服务器发回的信息，显示“你的证书申请已经收到。但是，你必须等待管理员签发你申请的证书。”

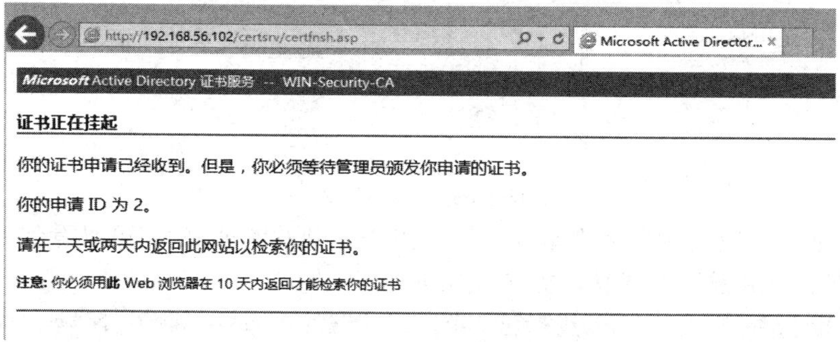

图 3.60　申请证书成功

至此，证书申请工作结束，后续内容需要进入 PKI 服务器，以 CA 的身份为用户颁发证书。

3. CA 为申请者颁发证书

(1) 转到 PKI 服务器内，使用 3.3.3 节中查看证书的方法，在“添加或删除管理单元”中选择“证书颁发机构”，打开“证书颁发机构”的管理界面，如图 3.61 所示。

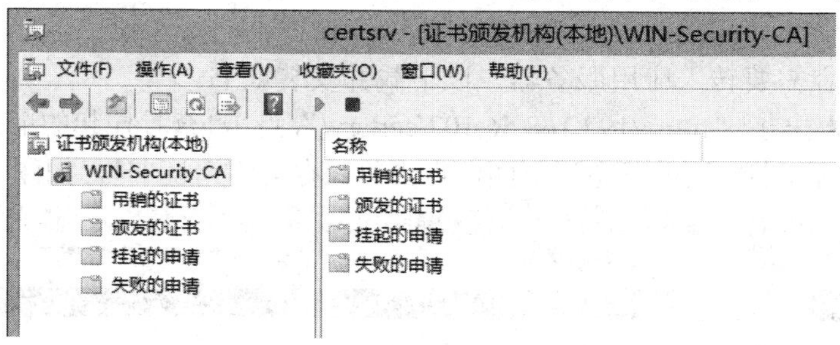

图 3.61　“证书颁发机构”管理界面

(2) 在“证书颁发机构”的管理单元内，点击左侧“挂起的申请”，能够看到证书申请信息，如图 3.62 所示。在这里，可以查看请求 ID、二进制申请、申请状态码、申请处理信息、申请提交日期、申请人姓名、申请国家/地区、申请单位、申请部门、申请公用名等信息。查看完这些信息后，由管理员决定是否颁发证书。

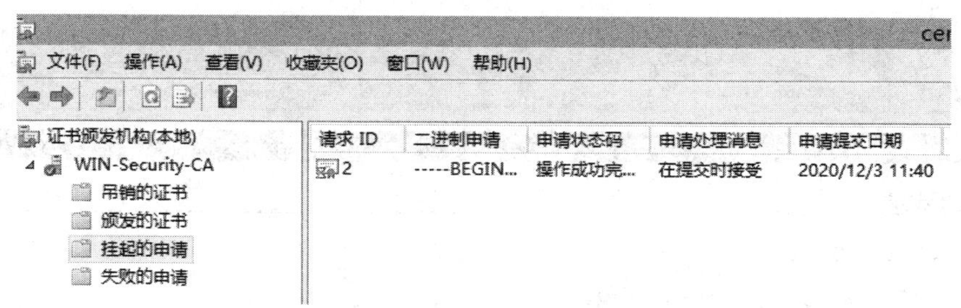

图 3.62　查看证书申请信息

(3) 核对信息后，管理员在证书申请信息处点击鼠标右键，选择“所有任务”→“颁发”，为提交申请证书的网站颁发证书，如图 3.63 所示。

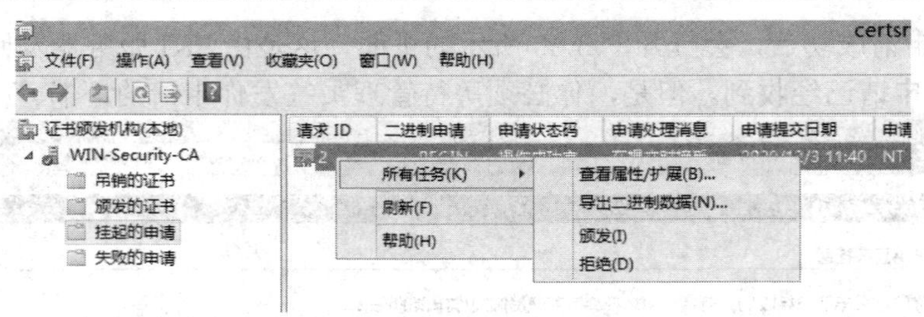

图 3.63　颁发证书

(4) 在“证书颁发机构”管理单元左侧，点击“颁发的证书”，可以看到 ID 为 2 的证书，表明管理员已颁发证书成功，如图 3.64 所示。

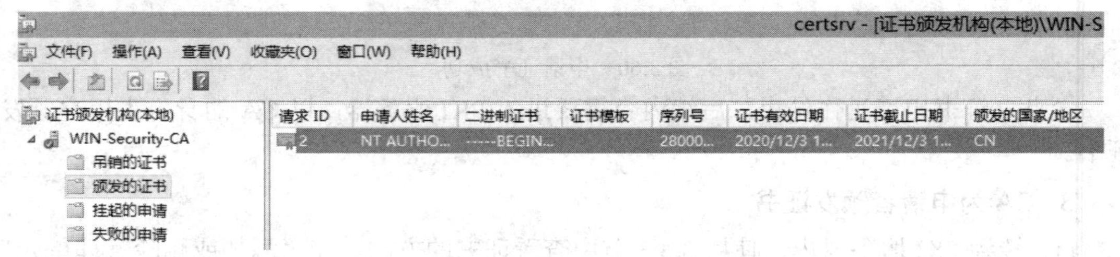

图 3.64　查看已颁发证书

4. 下载证书

证书后续内容需要转入应用服务器，以下载并安装证书。

(1) 在浏览器中输入“http://192.168.56.102/certsrv/”，点击“查看挂起的证书申请的状态”，进入“查看挂起的证书申请的状态”页面，点击“保存的申请证书”，如图 3.65 所示。

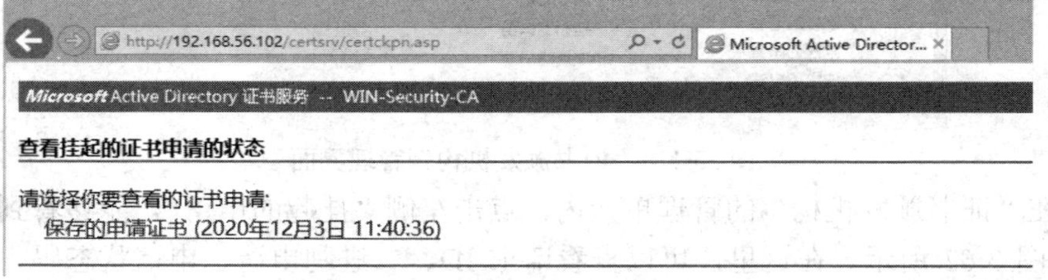

图 3.65　查看证书申请

(2) 如图 3.66 所示，进入证书下载页面，选择“DER 编码”，点击“下载证书”，就会自动下载证书。

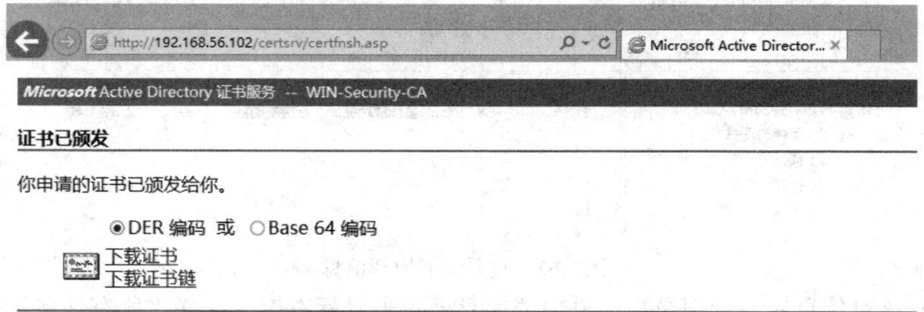

图 3.66　下载证书

(3) 打开 IIS 管理器，如图 3.67 所示，点击右侧“操作”面板上的“完成证书申请”，进入“完成证书申请”向导。

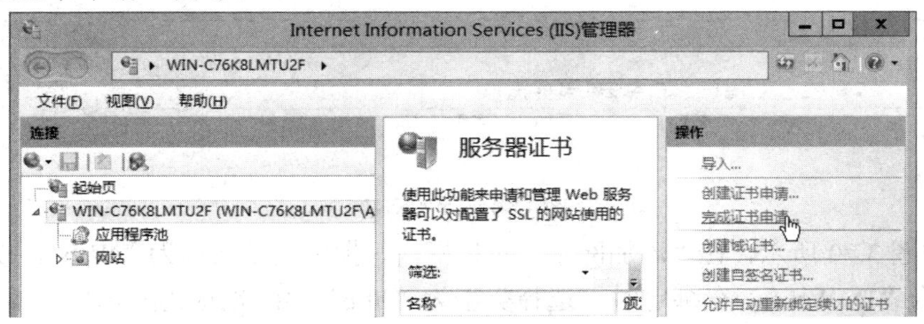

图 3.67　完成证书申请

(4) 在“完成证书申请”向导中，选择“证书颁发机构响应的文件”为刚下载的证书文件，它在本实践的位置为“C:\Users\Administrator\Downloads\certnew(1).cer”。接着，设置好记名称为“Web”，为新证书选择证书存储为“个人”。如图 3.68 所示，点击“确定”按钮后，完成证书申请工作。

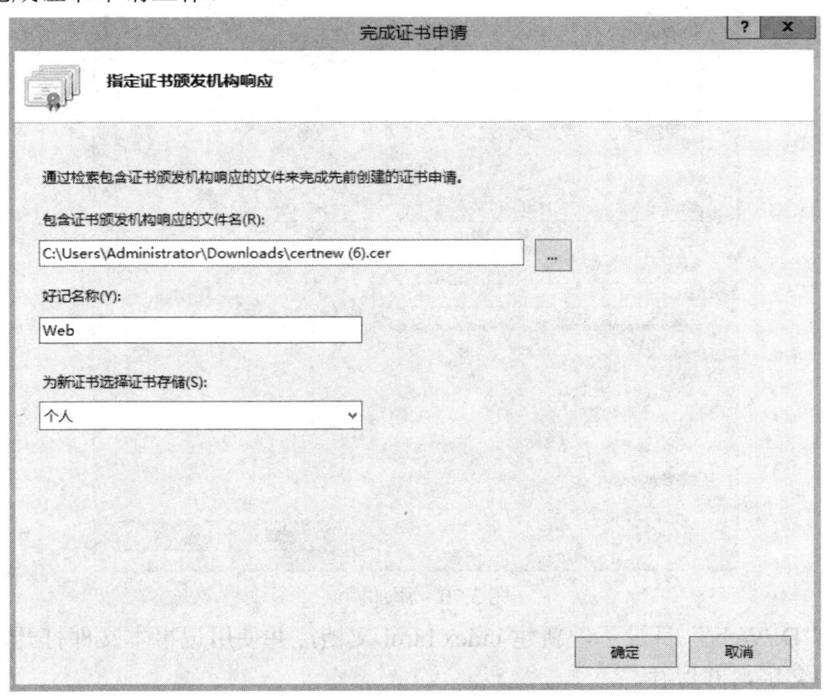

图 3.68　指定证书颁发机构响应

3.3.6　HTTPS 网站配置与测试

1. 添加网站

(1) 打开“服务器管理器”，在工具栏中点击“工具”，选择“Internet Information Services(IIS)管理器”。这时打开了 IIS 管理器的界面，如图 3.69 所示，在左侧的“连接”面板，点击“网站”，而后在右侧的“操作”面板，点击“添加网站”。

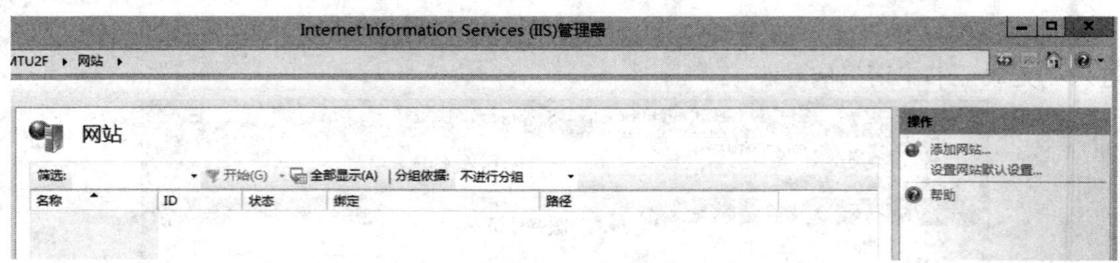

图 3.69　添加网站

(2) 如图 3.70 所示，在“添加网站”对话框内，指定网站名称为“Web”，设置网站的物理路径为“D:\Web”；在绑定时，选择类型为“http”，IP 地址为应用服务器的 IP，即“192.168.56.101”，其端口为 80，并将主机名改成“security.com”。最后，勾选“立即启动网站”，并点击“确定”按钮。

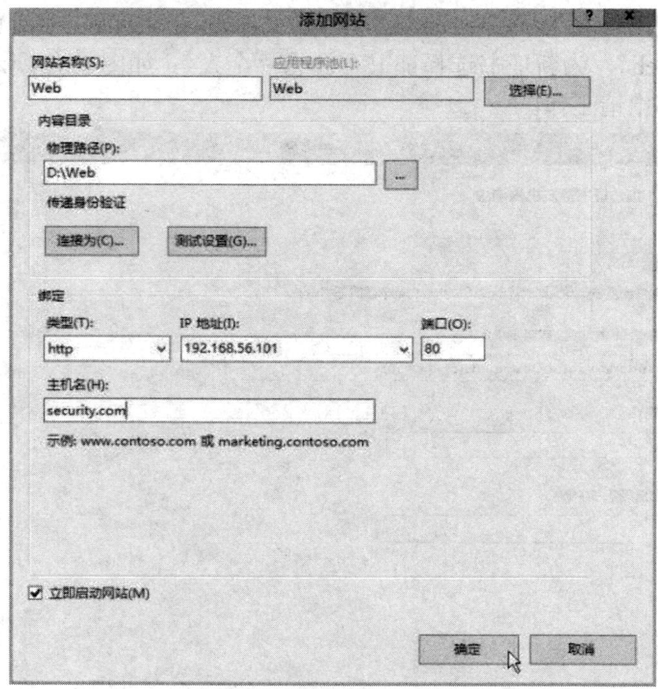

图 3.70　添加网站

(3) 在“D:/Web/”目录下，新建 index.html 文档，并使用记事本文件打开，而后输入图 3.71 中的文字，并保存。

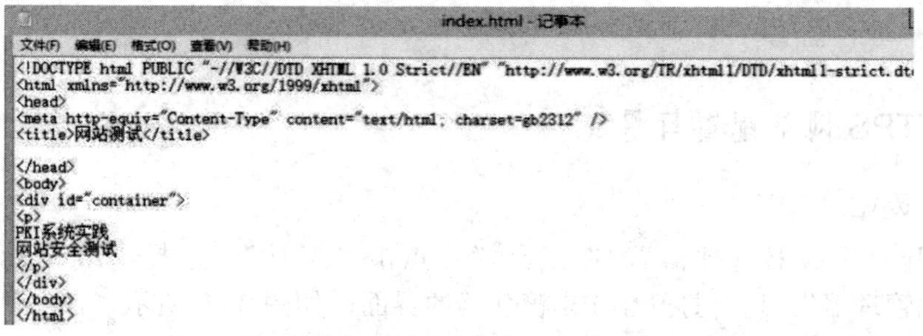


```
<!DOCTYPE html PUBLIC "-//W3C//DTD XHTML 1.0 Strict//EN" "http://www.w3.org/TR/xhtml1/DTD/xhtml1-strict.dt
<html xmlns="http://www.w3.org/1999/xhtml">
<head>
<meta http-equiv="Content-Type" content="text/html; charset=gb2312" />
<title>网站测试</title>

</head>
<body>
<div id="container">
<p>
PKI系统实践
网站安全测试
</p>
</div>
</body>
</html>
```

图 3.71　index.html 网页内容

(4) 打开浏览器，输入“http://security.com/”，则显示如图 3.72 所示的正常页面。如若输入“https：//security.com/”，则显示如图 3.73 所示的错误页面，这是因为网站还没有绑定 https。

图 3.72　Web 网站页面　　　　图 3.73　Web 网站 https 访问错误页面

2. 绑定证书

(1) 打开 IIS 管理器，在右侧的“操作”面板，选择“绑定”，如图 3.74 所示。

图 3.74　绑定证书

(2) 如图 3.75 所示，在“添加网站绑定”对话框内，选择类型为“https”，IP 地址为“192.168.56.101”，指定端口为“443”，主机名为“security.com”。SSL 证书选择网站证书为刚申请的“Web”证书，随后点击“确定”按钮。

图 3.75　添加“Web”SSL 证书

3. 测试网站

在浏览器内输入“https://security.com”，顺利打开建立的网站，同时在地址栏右侧出现了“锁”的图标，表明网站使用的是 https 协议，如图 3.76 所示。

图 3.76 测试网站

3.4 FTP 安全保护

通过本节内容的学习，可以使读者了解 FTP 协议和 FlashFXP 软件的基本概念，掌握使用证书保护 FTP 的整个文件传输过程的方法。

3.4.1 基础知识

1. FTP

FTP 是 File Transfer Protocol 的英文简称，即中文的“文件传输协议”。不同的操作系统有不同的 FTP 应用程序，但所有这些 FTP 应用程序都遵守同一种传输文件的协议。在 FTP 的使用当中，用户经常遇到两个概念：“下载”(Download)和“上传”(Upload)。“下载”文件就是从远程主机拷贝文件至自己的计算机上；“上传”文件就是将文件从自己的计算机中拷贝至远程主机上。

2. FlashFXP

FlashFXP 是一款功能强大的 FTP 客户端软件，具备许多优点，如支持目录比较、彩色文字显示；支持多目录选择文件，暂存目录；具有优秀的界面设计；支持目录(和子目录)的文件传输、删除；支持上传、下载以及第三方文件续传；可以跳过指定的文件类型，只传送需要的文件；可自定义不同文件类型的显示颜色；暂存远程目录列表，支持 FTP 代理及 Socks 3&4；有避免闲置断线功能，防止被 FTP 平台踢出；可显示或隐藏具有“隐藏”属性的文档和目录；支持每个平台使用被动模式等。

3.4.2 搭建 FTP

1. 安装 FTP 服务器

安装 FTP 服务器与添加 DNS 服务器类似，打开“服务器管理器”界面，选择“添加角色和功能”；接着在添加角色和功能向导里，选择“从服务器池中选择服务器”；在“选择服务器角色”中，选择“Web 服务器(IIS)”中的“FTP 服务器”，如图 3.77 所示，并安装。

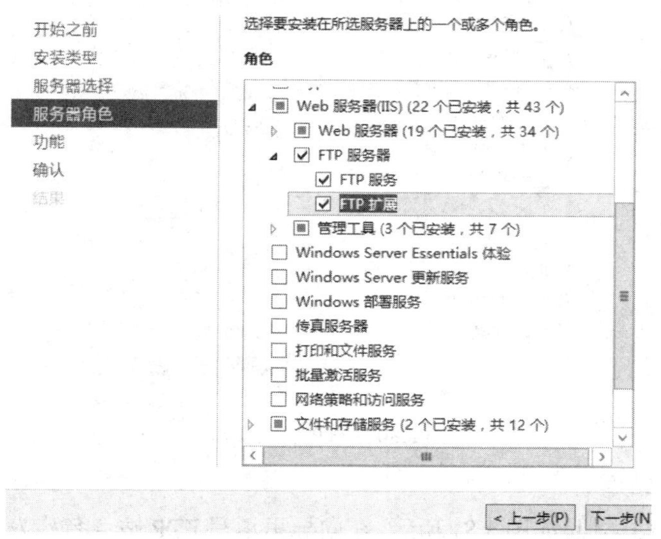

图 3.77　安装 FTP 服务器

2. 设置 FTP 身份验证

(1) 打开 IIS 管理器，如图 3.78 所示，找到“FTP 身份验证”，双击打开，如图 3.78 所示。

图 3.78　在 IIS 管理器中添加 FTP 服务器

(2) 如图 3.79 所示，选择“FTP 身份验证”→“基本身份验证”→“启用”，启用“基本身份验证”。

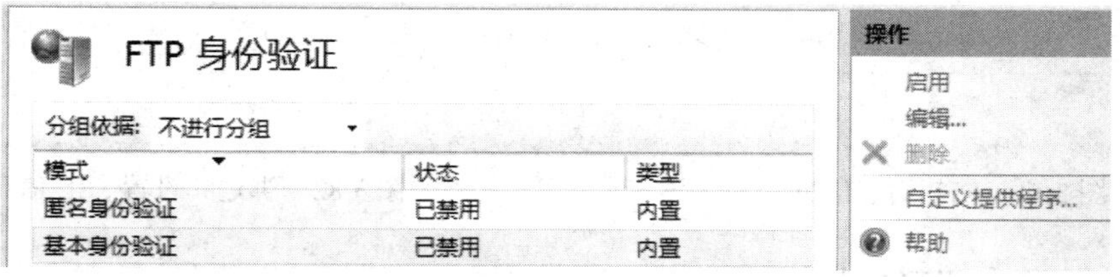

图 3.79　FTP 身份验证

(3) 在如图 3.80 所示的界面中，在 FTP 授权规则里，选择右侧的“添加允许授权规则”，指定允许访问此内容部分的用户为“制定的角色或用户组”，即 Administrator；在权限选择部分，勾选“读取”和“写入”。

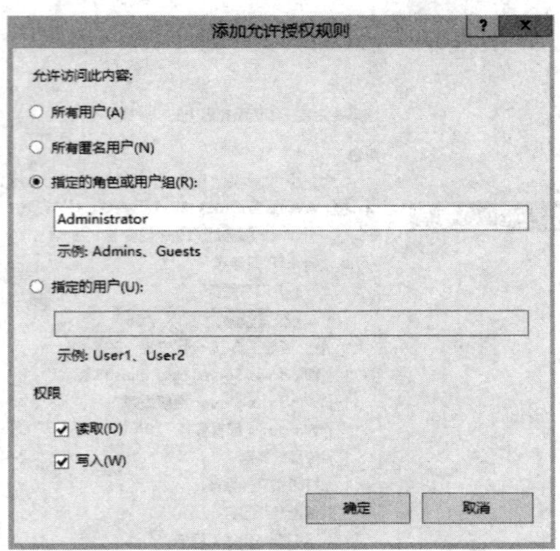

图 3.80　FTP 授权规则

3. 添加 FTP 站点

(1) 与添加网站类似，如图 3.81 所示，在向导里填写 FTP 站点名称为“ftp.security.com”，物理路径为“D:\ftp”。

(2) 如图 3.82 所示，绑定和设置 SSL 信息。绑定 IP 地址为“192.168.56.101”，端口为“21”，勾选“自动启动 FTP 站点”；在 SSL 选项里，选择“无 SSL”。这里还没有申请网站证书，所以先不配置 SSL。接着点击“下一步”按钮，按照默认配置，即可建立 FTP 站点。

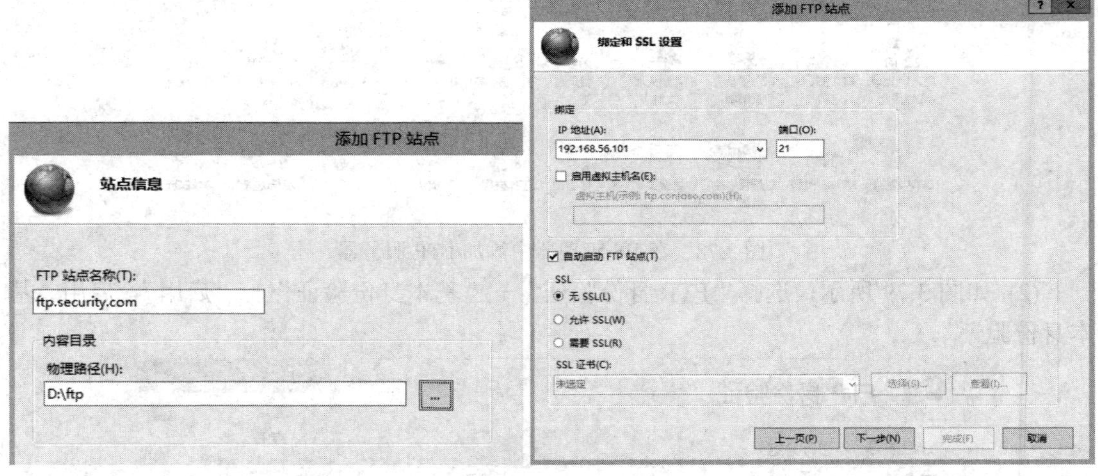

图 3.81　FTP 站点信息　　　　图 3.82　绑定和设置 SSL 信息

3.4.3　配置安全 FTP 站点

1. 申请 FTP 站点证书

按照 3.3.5 节的步骤申请 FTP 站点证书，这里的证书名称为“ftp.security.com”。申请完成后，如图 3.83 所示，查看证书，颁发者为“WIN-Security-CA”，颁发给了“ftp.security.com”。

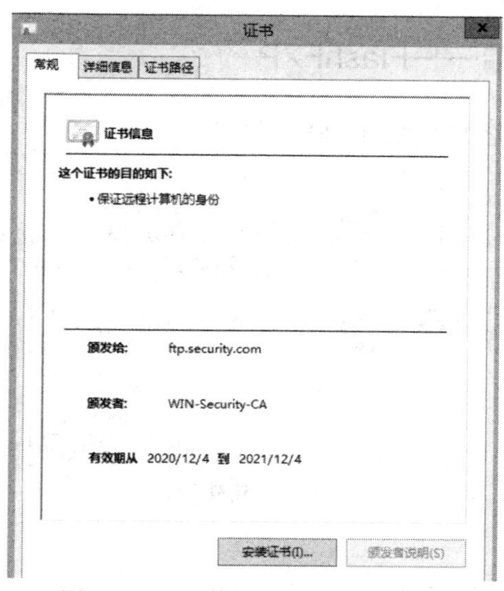

图 3.83　申请 ftp.security.com 证书

2. 配置 FTP 站点 SSL

(1) 在 IIS 管理器中，点击左侧的“连接”面板，选择“ftp.security.com”，找到图 3.84 中的“FTP SSL 设置”。

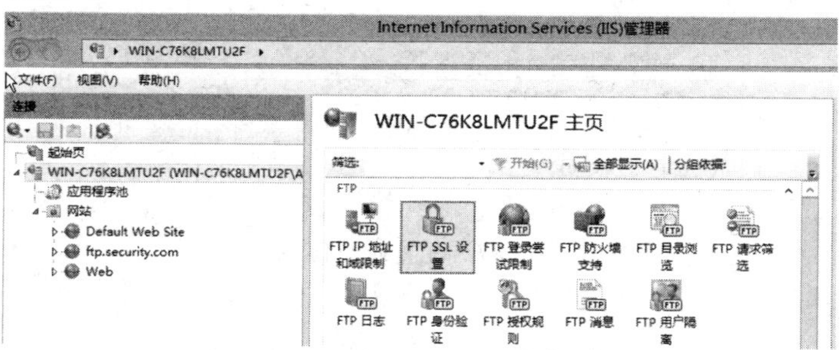

图 3.84　FTP SSL 设置

(2) 接着双击打开，如图 3.85 所示，在 SSL 证书设置中，选择刚申请的 FTP 证书“ftp.security.com”；SSL 策略仍然选择“需要 SSL 连接”。

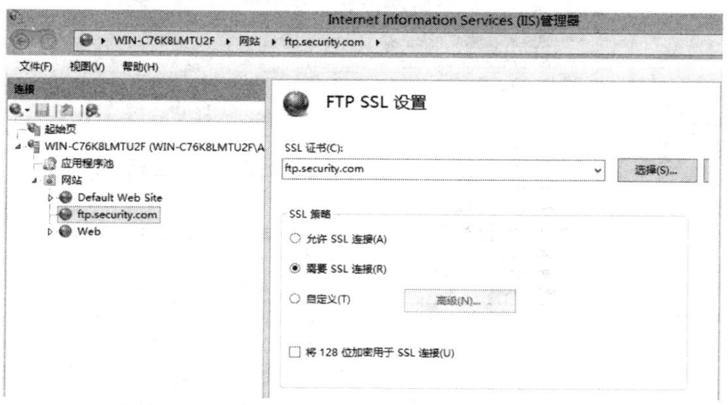

图 3.85　选择证书

3.4.4　配置 FTP 客户端——FlashFXP

本节选择使用的 FTP 客户端软件为 FlashFXP。

1. 新建站点

打开 FlashFXP 软件，点击工具栏，找到站点管理器，并新建站点，如图 3.86 所示。

图 3.86　新建站点

2. 配置站点信息

站点名命名为“ftp”，链接类型选择“FTP using explicit SSL(Auth TLS)”，地址为“ftp://ftp.security.com”，登录类型选择“提示输入密码”，用户名为“Administrator”，如图 3.87 所示。

图 3.87　配置站点信息

3. 连接站点

(1) 点击“连接”按钮后，会提示输入 Administrator 的密码，并提示是否使用证书，如图 3.88 所示。该证书为站点从根 CA“WIN-Security-CA”新申请的 FTP 站点证书，为合法证书，因此，本实践选择“接受并保存”。

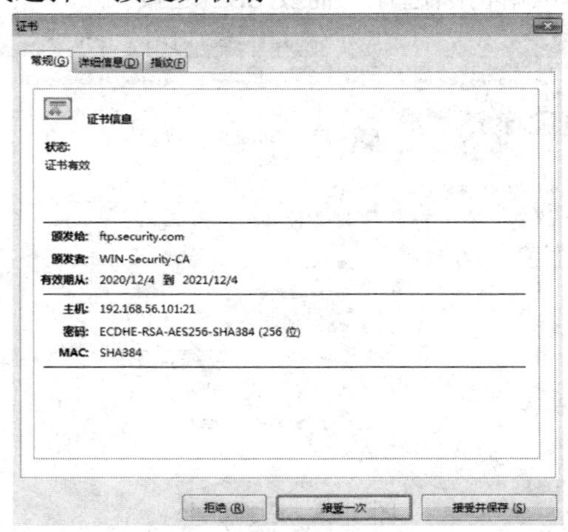

图 3.88　使用证书

(2) 成功访问后，会弹出图 3.89 所示的界面，可以看到服务器上的 FTP 站点存放有一个文件“信息安全.txt”。在右侧下方的状态栏中，能看到访问的过程信息，如“[12:40:18] [R] TLSv1.2 协商成功....”“[12:40:18] [R] TLSv1.2 已加固会话正在使用密码 ECDHE-RSA-AES256- SHA384(256) 位”“Data connection already open; Transfer starting”和“Transfer complete”等，这些信息表明整个传输过程中使用了 TLS 协议，并使用了 RSA、AES 等密钥算法保护信息的完整性、机密性等。

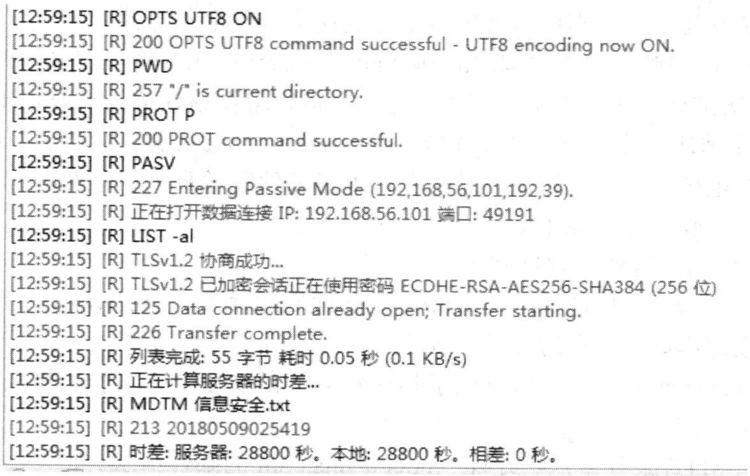

```
[12:59:15] [R] OPTS UTF8 ON
[12:59:15] [R] 200 OPTS UTF8 command successful - UTF8 encoding now ON.
[12:59:15] [R] PWD
[12:59:15] [R] 257 "/" is current directory.
[12:59:15] [R] PROT P
[12:59:15] [R] 200 PROT command successful.
[12:59:15] [R] PASV
[12:59:15] [R] 227 Entering Passive Mode (192,168,56,101,192,39).
[12:59:15] [R] 正在打开数据连接 IP: 192.168.56.101 端口: 49191
[12:59:15] [R] LIST -al
[12:59:15] [R] TLSv1.2 协商成功...
[12:59:15] [R] TLSv1.2 已加密会话正在使用密码 ECDHE-RSA-AES256-SHA384 (256 位)
[12:59:15] [R] 125 Data connection already open; Transfer starting.
[12:59:15] [R] 226 Transfer complete.
[12:59:15] [R] 列表完成: 55 字节 耗时 0.05 秒 (0.1 KB/s)
[12:59:15] [R] 正在计算服务器的时差...
[12:59:15] [R] MDTM 信息安全.txt
[12:59:15] [R] 213 20180509025419
[12:59:15] [R] 时差: 服务器: 28800 秒。本地: 28800 秒。相差: 0 秒。
```

图 3.89　访问成功

3.5　电子邮件安全保护

通过本节内容的学习，可以使读者了解电子邮件、安全电子邮件的原理，理解 SMTP、POP3 协议的基本原理，掌握使用证书保护电子邮件的安全。

3.5.1　基础知识

1. 电子邮件原理

电子邮件(Electronic mail，E-mail)是人们使用计算机、手机等电子设备进行交换邮件信息的一种通信方式。由雷·汤姆林森(Ray Tomlinson)发明的电子邮件，在 20 世纪 60 年代首次被使用，到 70 年代中期被广泛认可。电子邮件通过计算机网络进行传输，一些早期的电子邮件系统要求发件人和收件人同时在线，与即时消息传递机制是相同的。如今的电子邮件系统基于存储转发模式，由电子邮件服务器接收、转发、发送和存储消息。发件人和收件人不需要同时在线，而只需要必要时连接到邮件服务器，就可以直接发送或接收电子邮件消息。

早期的电子邮件采用基于 ASCII 的纯文本格式，后来使用多用途因特网邮件扩展协议(Multipurpose Internet Mail Extensions，MIME)，能够携带文本、图像、音频、视频等多种类型的数据。

1) 基本概念

电子邮件服务器：电子邮件系统通常采用存储转发模式，设置有电子邮件服务器。电子邮件服务器负责接收发件人的电子邮件，而后存储、转发电子邮件至相应电子邮件服务器或终端用户。常见的邮件服务提供商有 163、sina、gmail、hotmail 等，均有自己的邮件服务器。

电子邮箱：电子邮箱就是用户在邮件服务器上申请的一个账户，邮件服务器为该账户分配一定的存储空间。用户则可以使用该账号发送或接收电子邮件。

SMTP 协议：简单邮件传输协议(Simple Mail Transfer Protocol)，首次在 1982 年被制定，在 2008 年被升级扩展。用户连接上邮件服务器之后，遵循该通信规则发送电子邮件。

POP3 协议：邮局协议版本 3(Post Office Protocol - Version 3)，主要定义由邮件服务器至接收人之间的电子邮件通信协议。发送者将电子邮件发送至电子邮件服务器后，收件人通过该协议将电子邮件下载至本地。

(1) 电子邮件的发送和接收过程。

sender@sina.com 用户写好一封 Email，该邮件的收件人为 receiver@163.com，其电子邮件发送和接收过程如下，原理如图 3.90 所示。

① sender@sina.com 用户发送该电子邮件到 sina 的 SMTP 服务器，即 smtp.sina.com；发送过程采用了 SMTP 协议。

② sina 的 SMTP 服务器开始处理 sender@sina.com 的邮件请求。如果收件人是自己管辖的用户，则将该邮件分配至收件人的邮箱空间中；如果收件人不是自己的管辖用户，则将邮件转发至相应的邮件服务器。该邮件的收件人为 receiver@163.com，并非 sina 邮件服务器的管辖范围，则通过 smtp 协议转发至 smtp.163.com。

③ 163 的 SMTP 服务器开始处理该邮件，将该邮件存放到名为 receiver@163.com 的邮箱空间中。

④ receiver@163.com 用户连接上 163 的 POP3 服务器收取邮件。

⑤ pop3.163.com 服务器从 receiver@163.com 用户的邮箱空间中取出电子邮件，通过 POP3 协议将邮件发送给用户。

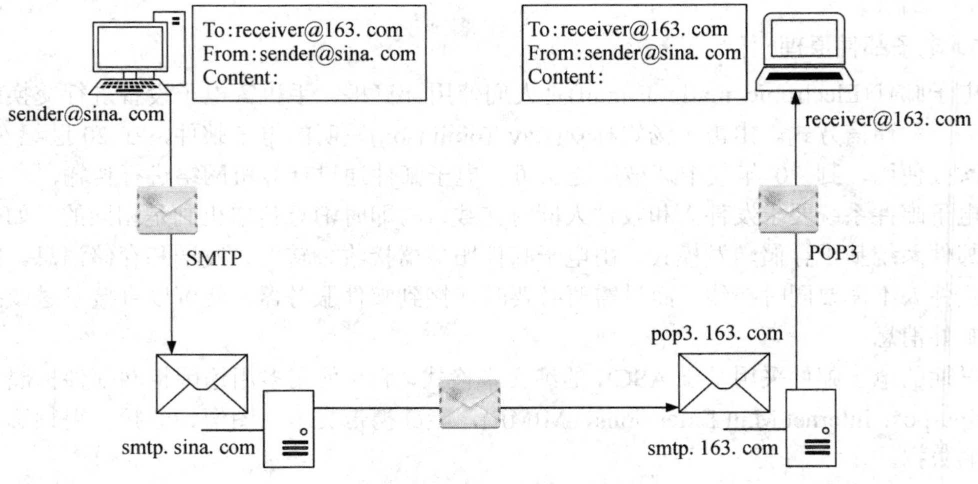

图 3.90　电子邮件原理

2) 电子邮件安全增强技术

如图 3.91 所示，用户 User_A 和 User_B 分别从 CA 处申请了数字证书，并进行交换。那么两个用户都拥有自己的公私钥和对方的公钥。此处以 User_A 给 Usr_B 发送电子邮件为例，说明如何对电子邮件进行数字签名和加密。

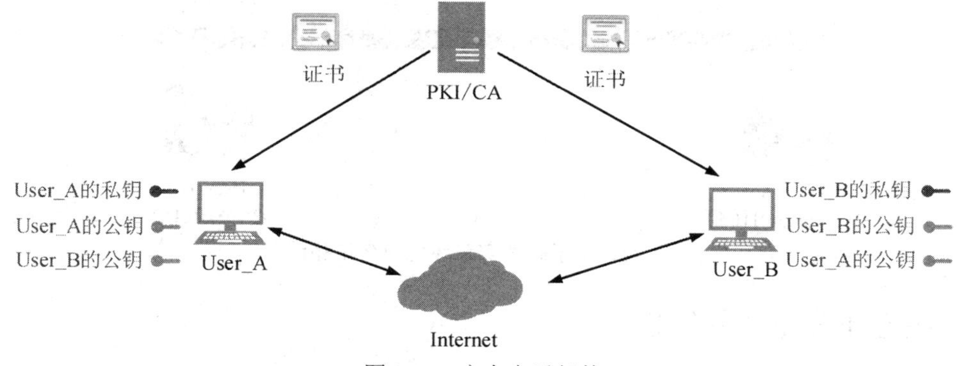

图 3.91　安全电子邮件

(1) 电子邮件的数字签名。

① User_A 写完电子邮件后，利用 PKI/CA 中的散列函数对邮件计算散列值，接着使用自己的私钥对该散列值进行数字签名。

② User_A 将电子邮件内容和数字签名信息一起发送给 User_B。

③ User_B 收到信息后，使用 User_A 的公钥对数字签名信息进行解签名，得到一个散列值；接着对电子邮件内容直接计算出一个散列值；最后比较这两个散列值，如果一致，说明该电子邮件是由 User_A 发送的，并且在传输过程中并未被攻击者破坏完整性。

(2) 电子邮件的公钥加密。

① User_A 编写完电子邮件后，利用 User_B 的公钥进行加密，得到电子邮件的密文。

② User_A 将电子邮件的密文发送给 User_B。

③ User_B 收到信息后，使用自己的私钥对密文信息进行解密，得到电子邮件的明文。

3) Visendo SMTP Extender Plus 电子邮件服务器软件

Visendo SMTP Extender Plus 是 Windows 操作系统环境下的 POP3 免费服务器，并且简单易用。由于 Windows Server 2008 以后的操作系统不再预装 POP3 服务器，Visendo SMTP Extender Plus 成为一个良好的替换者。它检测一个邮件文件夹，将该文件夹下的邮件通过 POP3 协议转发。下载地址为 https://visendo-smtp-extender-plus.en.softonic.com/。

3.5.2　实践拓扑

电子邮件实践环境网络拓扑图如图 3.92 所示，使用 Virtual Box 虚拟机来安装 Windows Server 2012 和 Windows 7 操作系统，模拟电子邮件服务器(SMTP、POP3、DNS)、PKI 服务器和客户端相互之间采用内部网络的网络连接方式，从而形成一个小型局域网。客户端有两个，分别为 User_A 和 User_B。

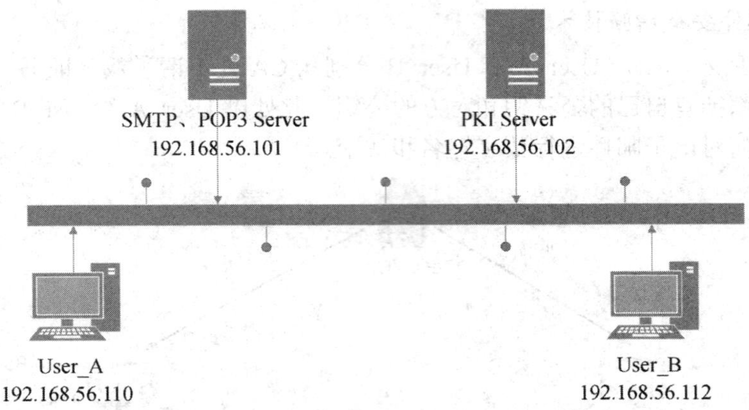

图 3.92　电子邮件实践环境网络拓扑图

3.5.3　搭建电子邮件服务器

1. 添加 SMTP 服务器

添加 SMTP 服务器和添加 DNS 服务器过程类似，本节不再重复阐述。需注意的是，在添加“功能”时，选择“SMTP 服务器(IIS)”，这时会弹出安装“IIS6”的提示，直接选择添加即可。

2. 安装 POP3 服务软件

下载 Visendo SMTP Extender Plus 软件后，双击进行安装，如图 3.93 所示。

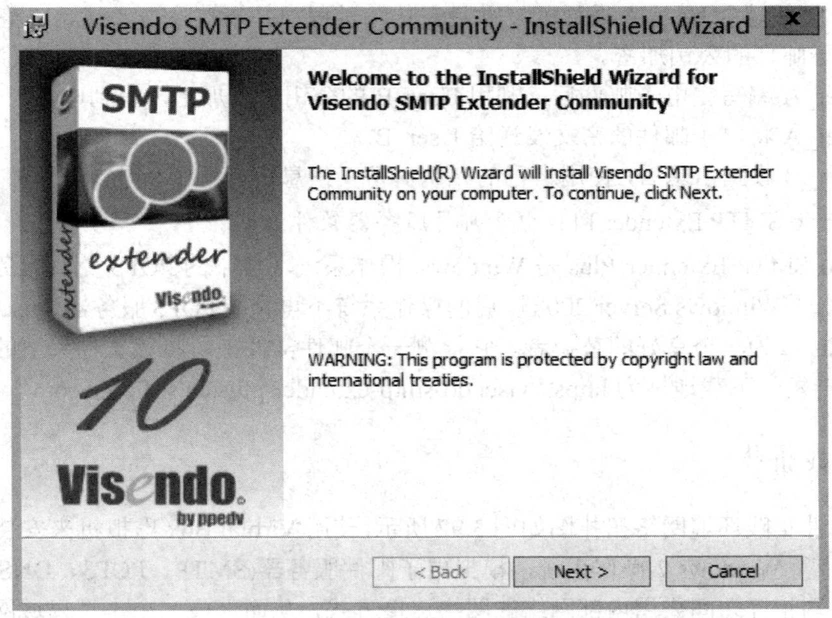

图 3.93　安装 Visendo SMTP Extender Plus 软件

3.5.4　配置电子邮件服务器

1. 添加 DNS 主机

进入应用服务器，在 security.com 域名下，添加两个主机 SMTP 和 POP3。它们的完整域名为"smtp.security.com"和"pop3.security.com"，对应的 IP 地址均为"192.168.56.101"，如图 3.94 所示。

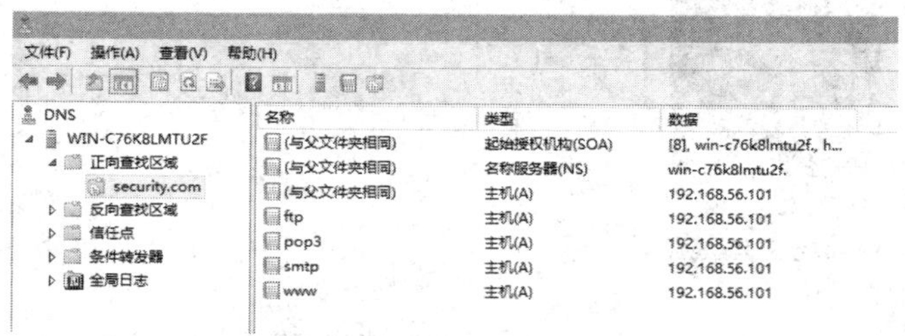

图 3.94　添加 DNS 主机

2. 配置 SMTP 域

(1) 打开"服务器管理器"，在工具栏点击"工具"，选择"Internet Information Services(IIS)6.0 管理器"。这时会弹出 IIS6.0 管理器的界面，如图 3.95 所示。

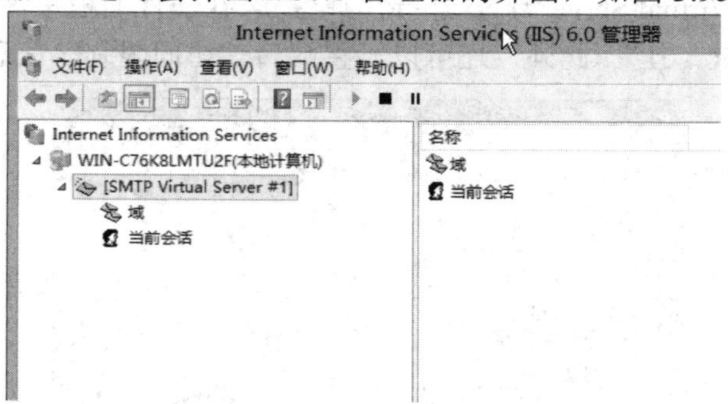

图 3.95　IIS6.0 管理器

(2) 在左侧的"连接"面板中，展开 SMTP Virtual Server #1，添加一个新的域。用鼠标右键点击"域"，打开新建 SMTP 域向导，如图 3.96 所示，指定域类型选择"别名"。

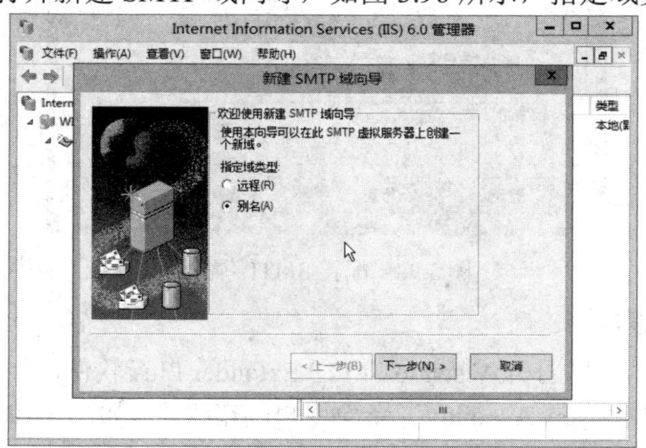

图 3.96　新建 SMTP 向导

(3) 如图 3.97 所示，这一步需要填写公网域名，这里写入“security.com”。这个域名会作为后续使用的邮箱后缀。

图 3.97　填写域名称

(4) 如图 3.98 所示，配置 SMTP Virtual Server #1 属性。在 IIS6.0 管理器的界面，用鼠标右键点击“SMTP Virtual Server#1”，选择“属性”。在属性面板里，选择“常规”，设置 IP 地址为“192.168.56.101”。此外，还可以设置端口、访问限制等信息。

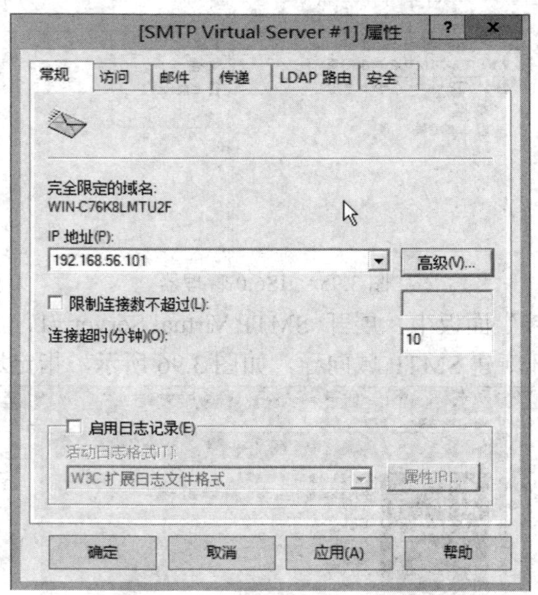

图 3.98　配置 SMTP 属性

3. 配置 POP3 服务

(1) 在应用服务器上，打开 Visendo SMTP Extender Plus 软件，如图 3.99 所示。

(2) 点击左下方的“New Account”，新建用户邮箱账号，如图 3.100 所示，填写 User_A 的邮箱账号(E-mail address)为“a@security.com”，并设置密码(Password)。利用同样的方法，

新建User_B的邮箱账号和密码。

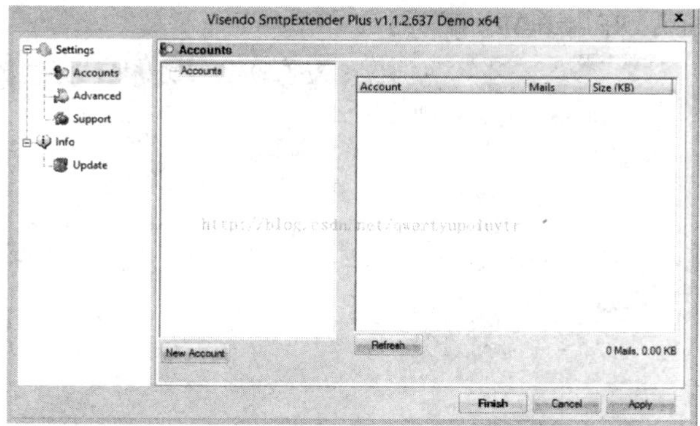

图3.99　Visendo SMTP Extender Plus软件界面

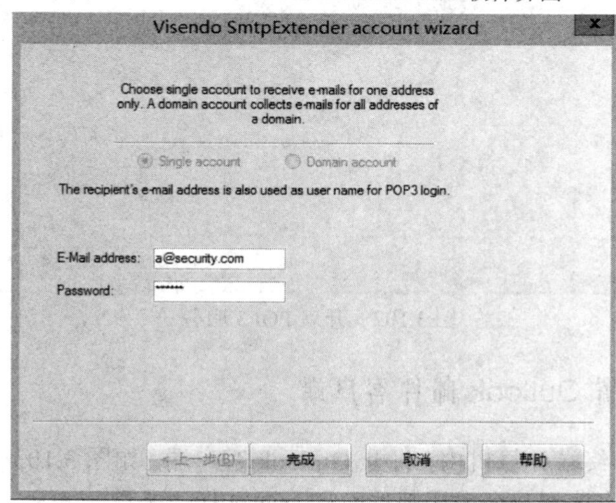

图3.100　创建User_A和User_B的邮箱账号

(3) 点击左侧栏的Settings→Advanced，如图3.101所示，在Use following栏，填入IP地址“192.168.56.101”，端口(Port)指定为“110”，其余默认选择即可。

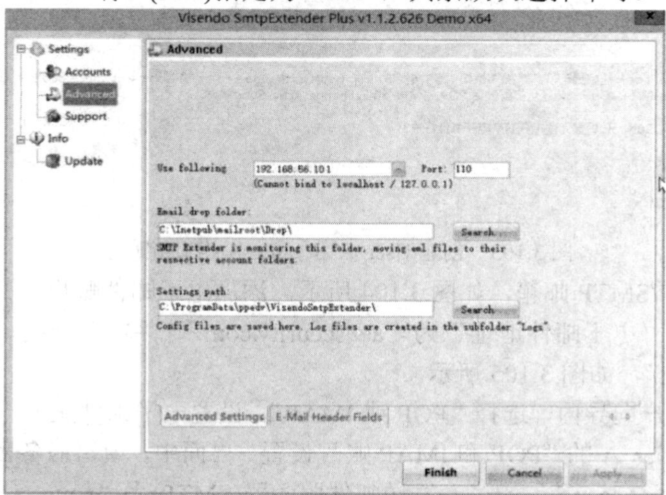

图3.101　高级设置

(4) 点击左侧栏的 Settings，如图 3.102 所示，可看到目前服务状态为停止(Stopped)，需要点击右侧的“Start”，开启 POP3 服务。

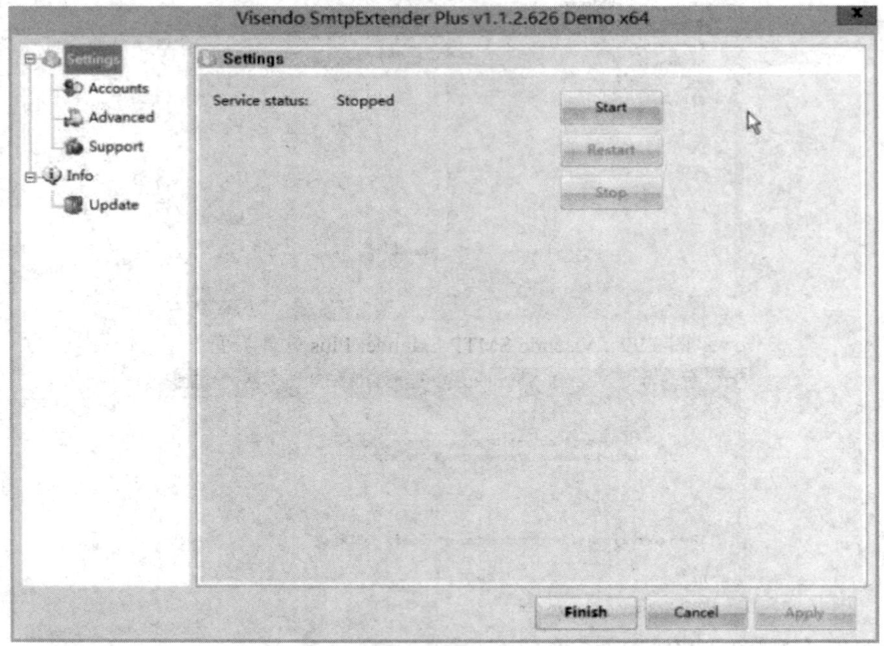

图 3.102　开启 POP3 服务

3.5.5　初始化配置 Outlook 邮件客户端

(1) 在 User_A 的终端计算机内，打开 Outlook 客户端，如图 3.103 所示，在图中的“是否将 Outlook 设置为连接到某个电子邮件？”下面选择“是”。

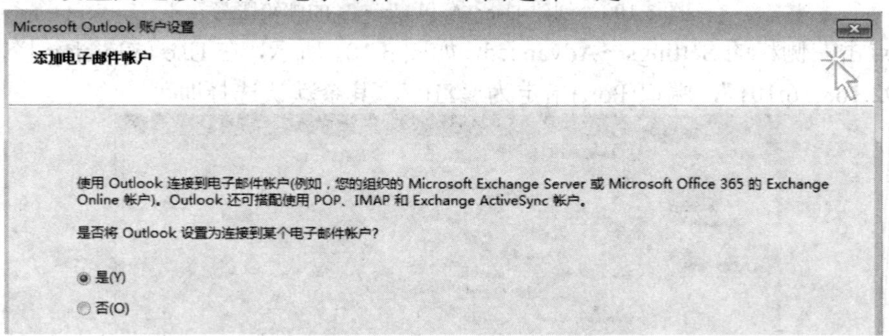

图 3.103　创建 User_A 和 User_B 的邮箱账号

(2) 配置 POP/SMTP 邮箱，如图 3.104 所示，添加电子邮件账户，其中“您的姓名”设置为“user_a”，“电子邮件地址”为“a@security.com”，并输入密码。选择“手动设置或其他服务器类型”，如图 3.105 所示。

(3) 在添加账户向导内，选择“POP 或 IMAP”，设置电子邮件服务，如图 3.106 所示。

(4) 在添加 User_A 的“POP 和 IMAP 账号设置”界面中，填写服务器信息下面的接收邮件服务器为“pop3.security.com”，发送邮件服务器(SMTP)为“smtp.security.com”，如图

3.107 所示。

(5) 可点击图 3.107 右侧的“测试账户设置”，弹出图 3.108 所示的账户测试界面，任务状态栏中的“登录到接收邮件服务器(POP3)”和“发送测试电子邮件消息”的状态均为“已完成”时，表示账户信息、POP3、SMTP 服务器均设置正确。

接下来转入 User_B 的客户端主机内，使用同样的方法，打开 Outlook 软件，设置 User_B 的电子邮箱账号。

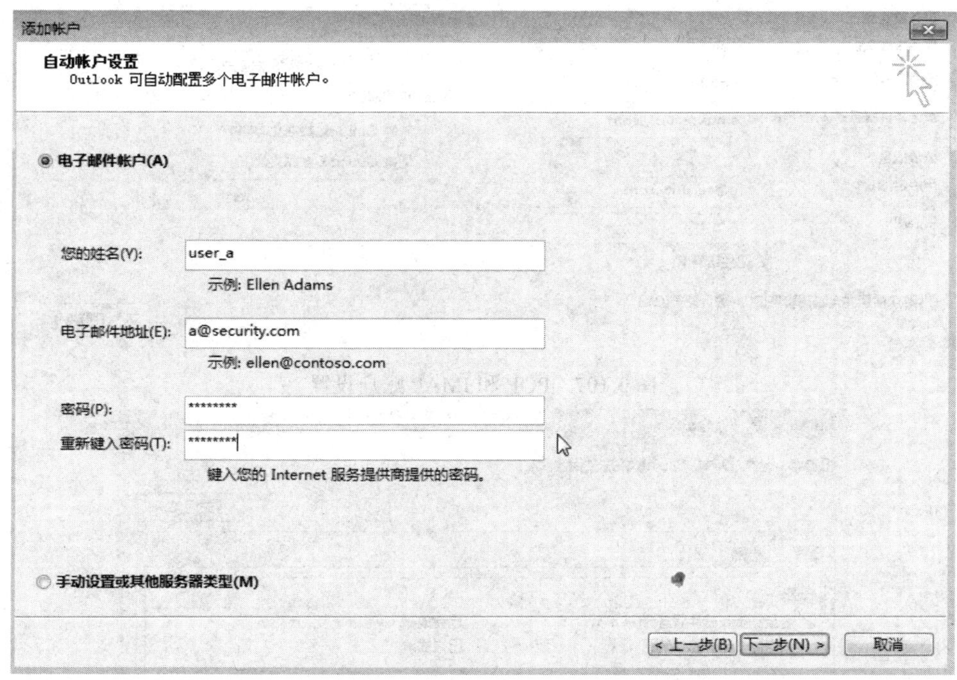

图 3.104　填写电子邮件账户信息

图 3.105　选择“手动设置或其他服务器类型”

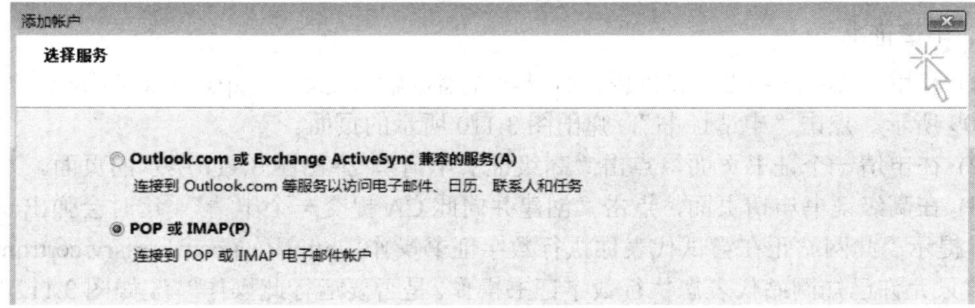

图 3.106　选择服务

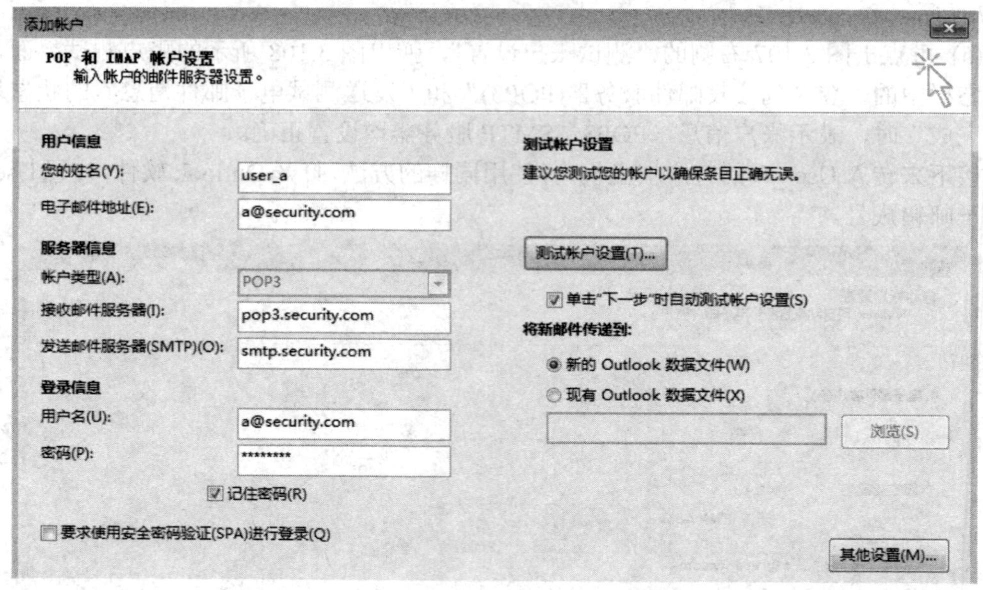

图 3.107　POP 和 IMAP 账户设置

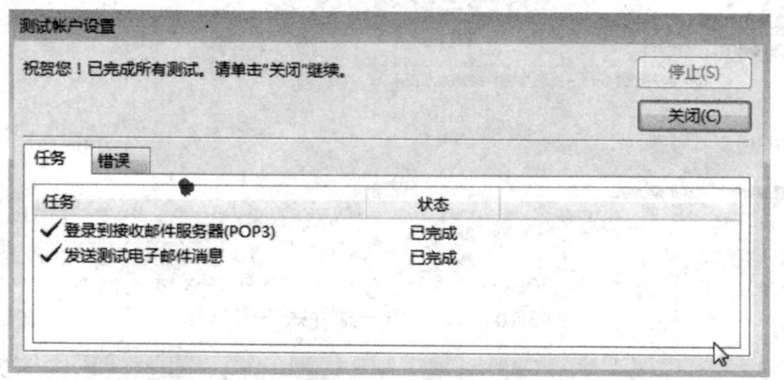

图 3.108　User_A 的邮箱账户测试

3.5.6　申请并安装个人证书

PKI/CA 服务的网站为 http://192.168.56.102/，其域名为 ca.com。可按照前文所述方法，为该网站申请数字证书，进行 SSL/TLS 保护。

1. 申请证书

(1) 在用户 User_A 的计算机内，打开浏览器，输入地址“https://ca.com/certsrv/”，如图 3.109 所示。点击“申请证书”，弹出图 3.110 所示的页面。

(2) 在申请一个证书页面，点击“高级证书申请”，弹出图 3.111 所示的页面。

(3) 在高级证书申请页面，点击“创建并向此 CA 提交一个申请”。这时会弹出一个对话框，提示“此网站正在尝试代表你执行数字证书操作。https://ca.com/certsrv/certrqma.asp 您应该只允许已知网站代表您执行数字证书操作。是否要运行此操作？”，如图 3.112 所示。由于对 CA 比较确信，本实践选择点击“是”按钮，进行下一步操作。

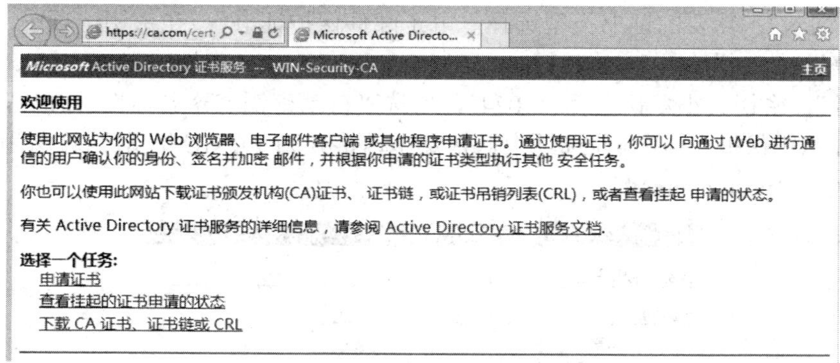

图 3.109　证书申请页面

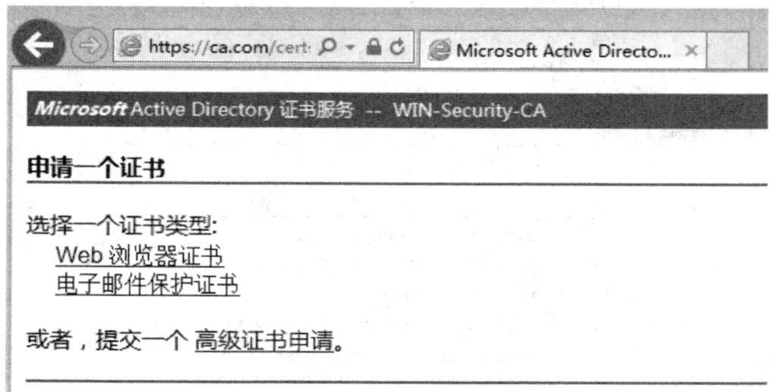

图 3.110　申请证书

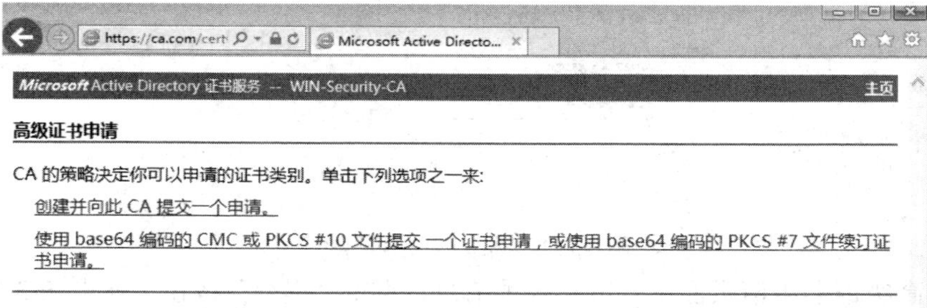

图 3.111　高级证书申请

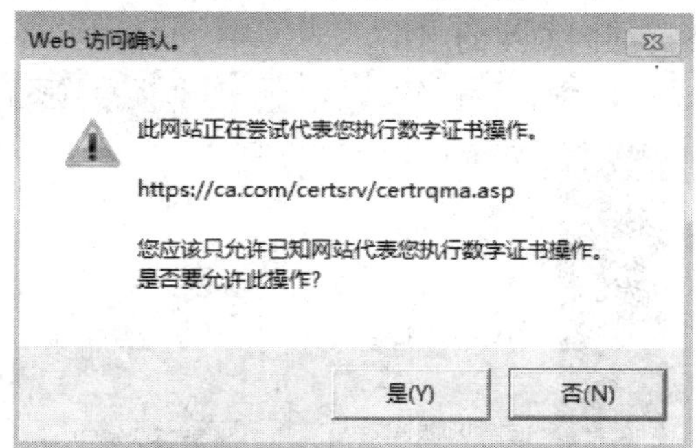

图 3.112　创建并向此 CA 提交一个申请

(4) 如图 3.113 所示，填写各种信息，其中姓名为“user_a”，电子邮件为“a@security.com”，公司为“WJGCDX”，部门为“MMGC”，市/县为“xi’an”，省为“Shaanxi”，国

家/地区为“CN”；需要的证书类型选择“电子邮件保护证书”；在密钥选项中，选择“创建新密钥集”，CSP 为“Microsoft Enhanced RSA and AES Cryptographic Provider”，密钥用法为“两者”，密钥大小默认选择“1024”，勾选“自动密钥容器名称”“标记密钥可导出”和“启用强私钥保护”；在其他选项中，指定申请格式为“CMC”，散列算法为“sha1”，好记的名称为“user_a_email”。

Microsoft Active Directory 证书服务 -- WIN-Security-CA

高级证书申请

识别信息:

姓名: user_a
电子邮件: a@security.com
公司: WJGCDX
部门: MMGC
市/县: xi'an
省: Shaanxi
国家/地区: cn

需要的证书类型:

电子邮件保护证书

密钥选项:

◉创建新密钥集　○使用现存的密钥集
CSP: Microsoft Enhanced RSA and AES Cryptographic Provider
密钥用法: ○交换　○签名　◉两者
密钥大小: 1024　最小值: 384 最大值:16384 (一般密钥大小: 512 1024 2048 4096 8192 16384)
◉自动密钥容器名称　○用户指定的密钥容器名称
☑标记密钥为可导出
☑启用强私钥保护

其他选项:

申请格式: ◉CMC　○PKCS10
哈希算法: sha1
仅用于申请签名。
☐保存申请
属性:
好记的名称: user_a_email

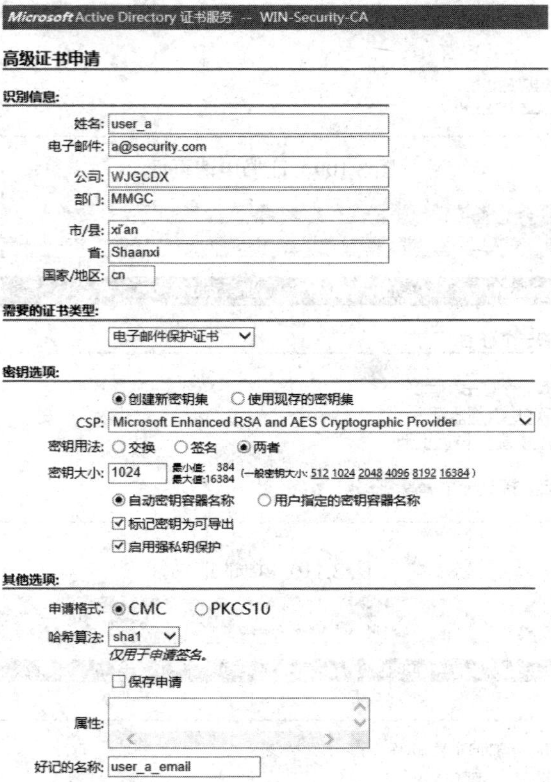

图 3.113　高级证书信息填写

(5) 在高级证书申请页面中，填好各种信息，点击“提交”按钮，弹出图 3.114 所示的页面，对话框提示“应用程序正在创建受保护的项。CryptoAPI 私钥安全级别被设成中级”。点击“确定”按钮，最终提交向 CA 的申请。

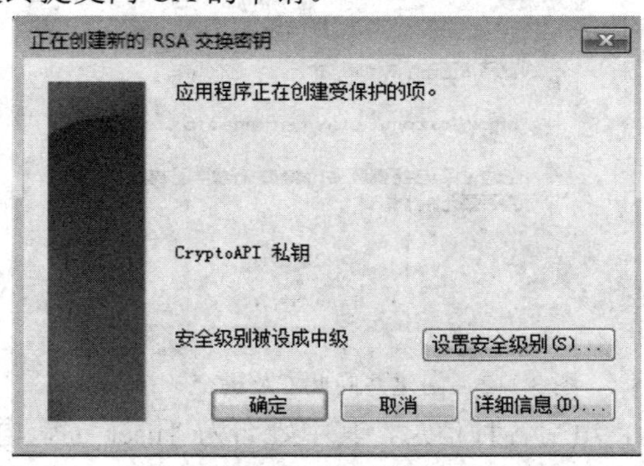

图 3.114　提交申请

2. CA 颁发证书

(1) 转入 PKI 服务器，按照 3.3.5 节的步骤，打开“证书颁发机构”管理单元，在右侧框内，查看已收到的证书申请。这里能看到来自 user_a 的证书申请，如图 3.115 所示。

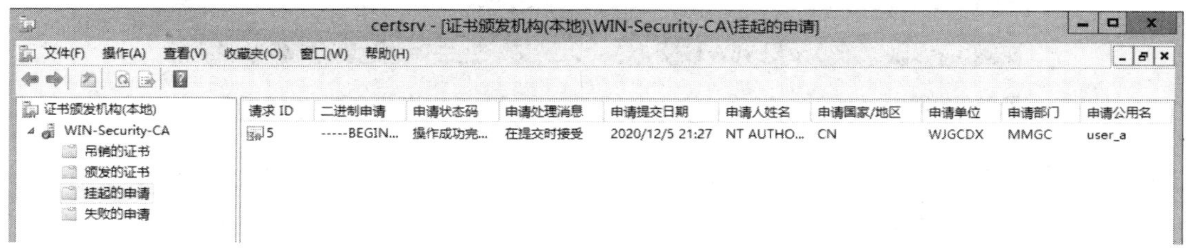

图 3.115　查看证书申请

(2) 在检验过证书信息后，为用户颁发证书，点击鼠标右键，选择“所有任务”→“颁发”即可，如图 3.116 所示。

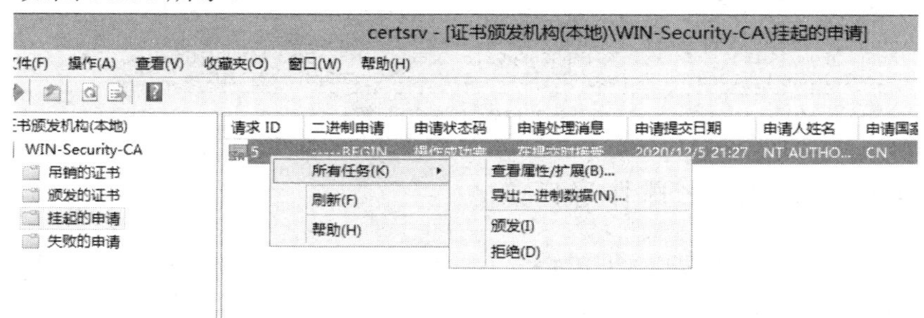

图 3.116　颁发证书

3. 下载并安装证书

(1) 待 CA 颁发证书后，用户 User_A 可在自己主机上，访问证书申请页面“https://ca.com/certsrv/”，查看挂起的证书申请的状态，如图 3.117 所示。若看到“电子邮件保护证书”，说明证书已被颁发，即可下载安装。点击该链接后，弹出图 3.118 所示页面中的对话框，选择“是”后，即可进行下载。

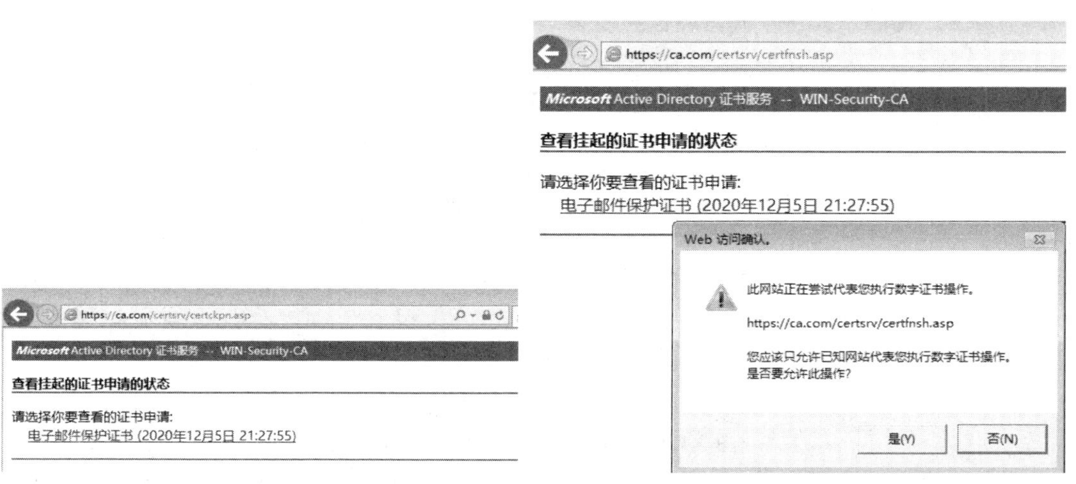

图 3.117　证书申请页面　　图 3.118　提示是否允许证书操作

(2) 转到“证书已颁发”页面后，勾选“保存响应”，可以查看证书的内容；点击“安装此证书”，开始安装电子邮件证书，如图 3.119 所示。

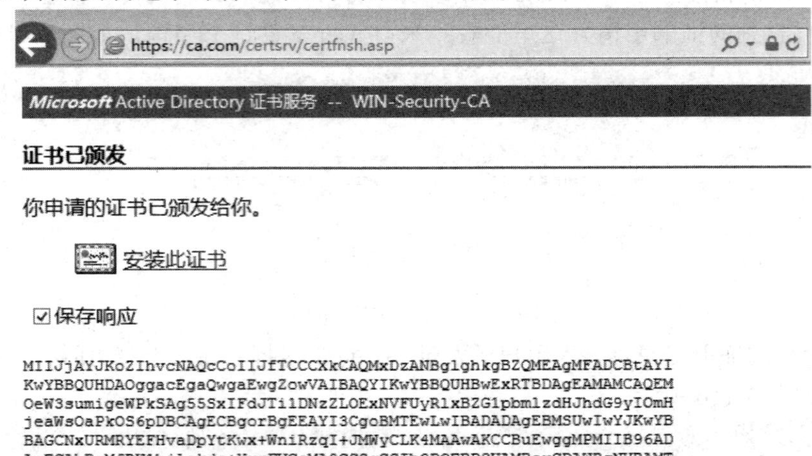

图 3.119　安装证书

3.5.7　安全配置 Outlook 邮件客户端

按照与 User_A 同样的步骤，为用户 User_B 申请个人电子邮件证书。这里假设 User_A 和 User_B 都已经拥有了 CA 颁发的证书。

1. 为 Outlook 客户端设置数字证书

(1) 转入 User_A 计算机内，在 Outlook 客户端软件中，点击“文件”→“选项”→“信任中心”→“信任中心设置”→“电子邮件安全性”，如图 3.120 所示，点击加密电子邮件下的“设置”按钮，弹出图 3.121。

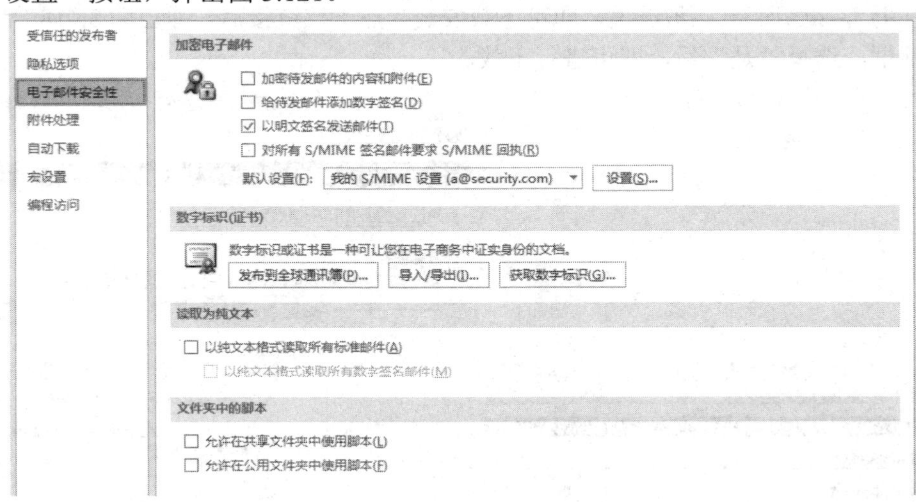

图 3.120　Outlook 电子邮件安全性设置

(2) 如图 3.121 所示，在“更改安全性设置”内，选择签名证书为“user_a”，加密证书为“user_a”，勾选“将证书与签名邮件一同发送。

图 3.121　选择加密、签名证书

(3) 当指定完加密证书和签名证书后，以后每次启动 Outlook 客户端，都会弹出图 3.122 所示的对话框；Outlook 客户端申请使用密钥，在提示“是否授权或拒绝这个应用程序使用此密钥？”时，选择查看密钥详细信息，并“授予权限”。

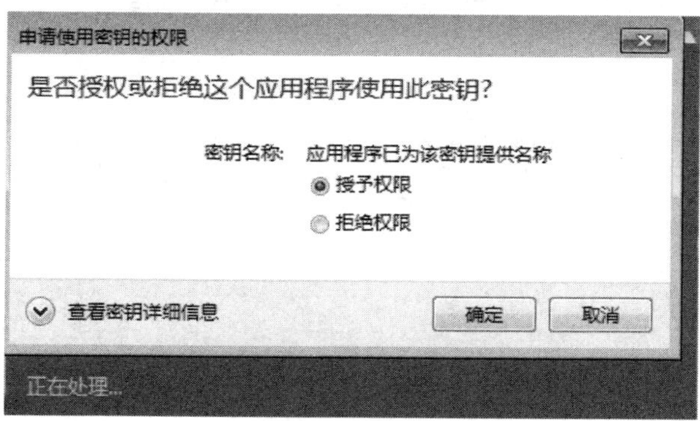

图 3.122　是否授权使用密钥

(4) 转入 User_B 计算机内，按照(1)、(2)的步骤，为 User_B 的 Outlook 客户端同样设置签名、加密证书。图 3.123 为 User_B 为 Outlook 设定证书的示意图。

2. 测试发送加密邮件

(1) 转入 User_A 计算机内，在 Outlook 客户端软件中，点击“开始”→“新建电子邮件”，如图 3.124 所示，收件人为“user_b <b@security.com>”，主题为“加密邮件测试”，并输入邮件内容；最后在“选项”面板内，选择“加密”，邮件在发送时便会被加密。

(2) 转入 User_B 计算机内，在 Outlook 客户端软件中的收件箱内会出现一封未读邮件，如图 3.125 所示，在最右侧出现了“锁”🔒的标识，表明这是一个加密邮件。

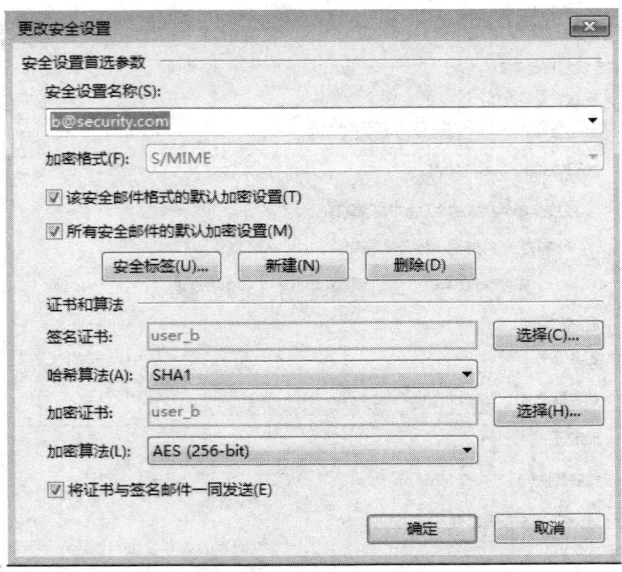

图 3.123　为 User_B 设置签名、加密证书

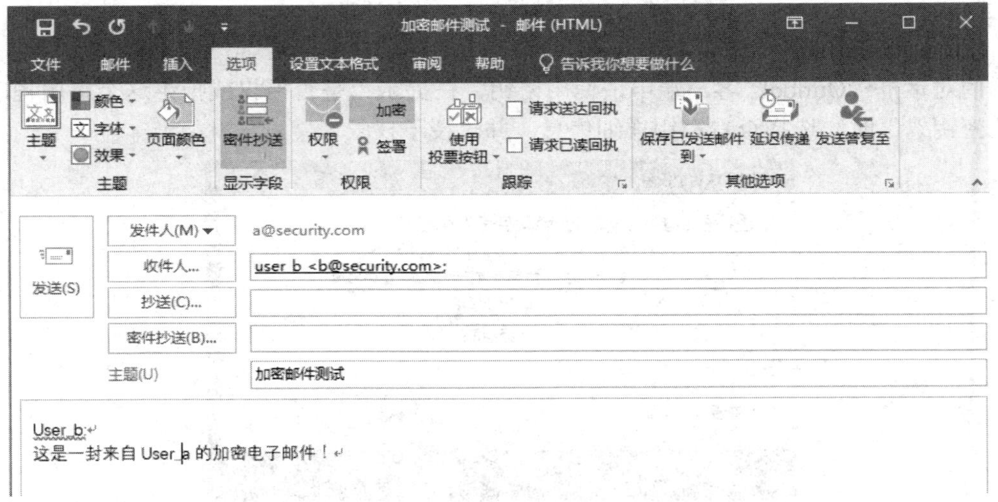

图 3.124　加密邮件测试

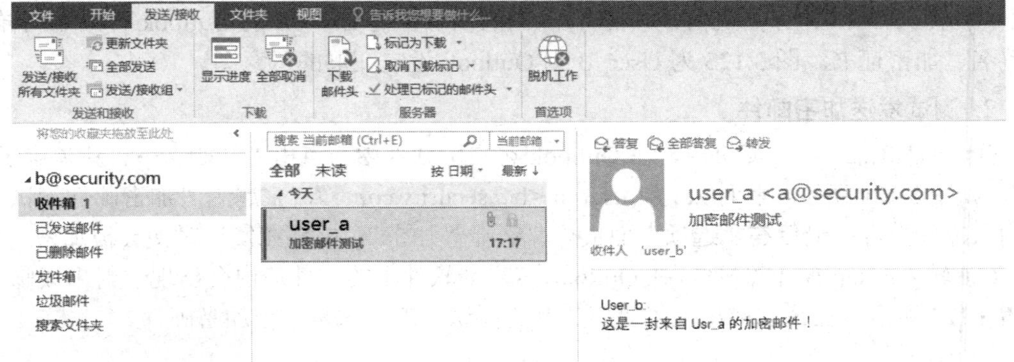

图 3.125　User_B 的收件箱

(3) User_B 在 Outlook 客户端软件中，双击查看加密邮件详情，如图 3.126 所示。

图 3.126　查看邮件详情

3. 测试发送数字签名的邮件

(1) 如图 3.127 所示，User_B 在 Outlook 客户端软件中，点击“邮件”，新建一封电子邮件，收件人为 user_a，其电子邮件地址为“a@security.com”，主题为“现在开始测试签名功能”；在“选项”面板内，点击“加密”和“签署”，指定该邮件既被加密，又有数字签名；然后，点击“发送”按钮发送邮件。

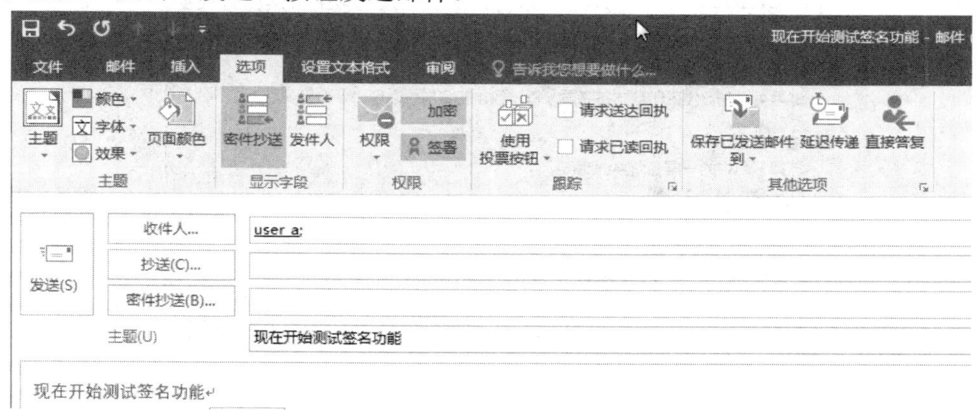

图 3.127　User_B 发送签名电子邮件

(2) User_A 在 Outlook 客户端软件中，收到该邮件后，如图 3.128 所示，右侧出现标识，表示它是被签名的电子邮件。本电子邮件出现了两个标识，分别是和，说明它既被加密，又有签名。

图 3.128　User_A 查看数字签名保护的电子邮件

(3) 点击标识，可以查看电子邮件的数字签名详情，如图 3.129 所示。可以看到主题是“现在开始测试签名功能”，发件人是“user_b”，签署人是“b@security.com”，并且有“该邮件上的数字签名为‘有效’和‘可信任’。”提示。

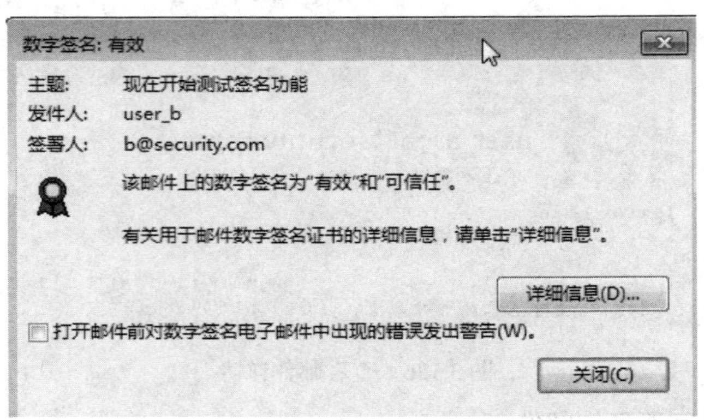

图 3.129　User_A 查看电子邮件签名

(4) 在图 3.129 中，点击“详细信息”，即可查看邮件安全属性，如图 3.130 所示，可进一步查看邮件的安全信息。

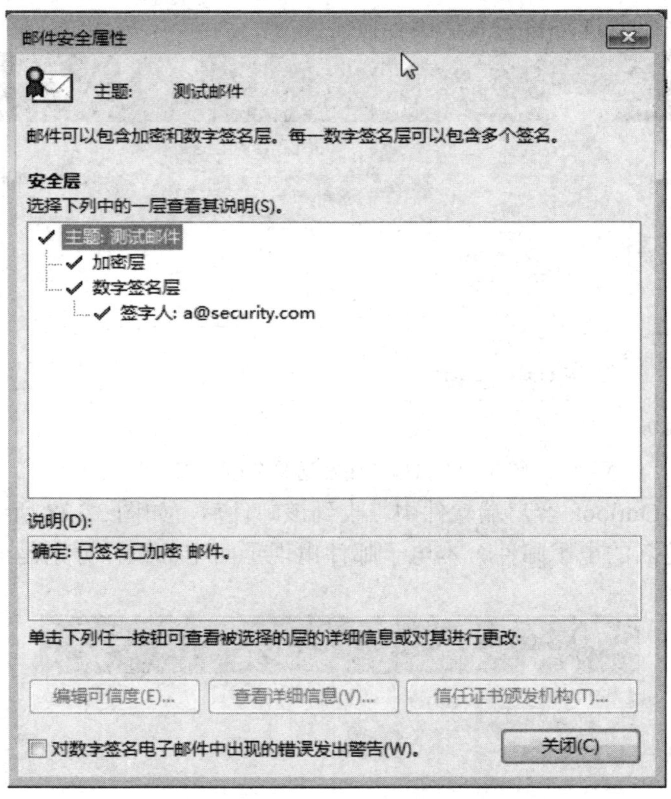

图 3.130　电子邮件安全属性

3.6 思考题

(1) 什么是 PKI？它有什么作用？

(2) 使用 VirtualBox 虚拟机软件，完成局域网环境搭建。

(3) 完成 PKI 安装配置实践，并撰写实践报告。

(4) 完成 FTP 安全保护和电子邮件安全保护实践，并撰写实践报告。

第 4 章　常见加密工具应用实践

本章介绍几款国际上公认的信息安全工具，它们是 VeraCrypt、Gnu PG 和 PGP。使用这些安全工具，能够实现个人信息的安全防护。

通过本章内容的学习，可以使读者理解常见加密工具的原理，掌握常见安全工具的使用方法，能够使用 VeraCrypt 实现加密卷、U 盘、操作系统的安全保护操作，掌握 Gpg4win 的安装方法、密钥操作、文件加密签名和电子邮件保护的步骤和操作，掌握 PGP 密钥管理、文件加解密、PGPdisk 创建、操作系统加密的使用步骤和操作方法。

4.1　VeraCrypt 应用实践

4.1.1　基础知识

VeraCrypt 的前身是大名鼎鼎的 TrueCrypt。TrueCrypt 以安全性高而闻名。2008 年 7 月，在巴西联邦警察展开的 Satyagraha 行动中，收缴了银行家 Daniel Dantas 的 5 个硬盘。新闻中提到硬盘使用了两种加密程序，一种是 TrueCrypt，另一种是不知名的 256 位 AES 加密软件。在未能破解密码后，巴西政府在 2009 年初请求美国提供帮助，然而美国联邦警察在一年的尝试后未能成功，退还了硬盘。

由于 TrueCrypt 被 Google 公司在 2015 年爆出了严重的安全漏洞，TrueCrypt 的一个分支由此得到了发展和更新，从而诞生了 VeraCrypt。VeraCrypt 是免费的、开源的、高度安全的以及简单易用的安全工具，同时还支持多平台(MacOS、Windows 和 Linux)。

VeraCrypt 的主要特点有：

- 可创建文件型虚拟加密卷，能被装载为系统的磁盘；
- 可加密磁盘分区或整个存储设备，如 U 盘、硬盘等；
- 可加密操作系统分区；
- 加密自动化、实时化、透明化；
- 使用了并行计算和管道技术，确保数据读取速度与未加密时相当；
- 可使用硬件加密速度；
- 提供了隐藏虚拟加密卷功能。

4.1.2 安装与设置

(1) 前往官网下载安装：https://www.veracrypt.fr/en/Downloads.html。在下载页面，如图 4.1 所示，可以看到有多个版本的软件：Windows、Mac OS X、Linux、FreeBSD 11、Raspbian 和 Source Code(源代码)。本实践在 Windows 平台上进行，因此选择 Windows 版本进行下载。

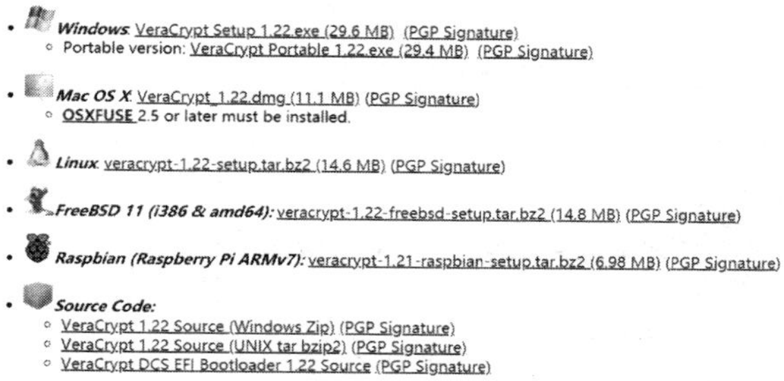

- *Windows:* VeraCrypt Setup 1.22.exe (29.6 MB) (PGP Signature)
  - Portable version: VeraCrypt Portable 1.22.exe (29.4 MB) (PGP Signature)
- *Mac OS X:* VeraCrypt_1.22.dmg (11.1 MB) (PGP Signature)
  - OSXFUSE 2.5 or later must be installed.
- *Linux:* veracrypt-1.22-setup.tar.bz2 (14.6 MB) (PGP Signature)
- *FreeBSD 11 (i386 & amd64):* veracrypt-1.22-freebsd-setup.tar.bz2 (14.8 MB) (PGP Signature)
- *Raspbian (Raspberry Pi ARMv7):* veracrypt-1.21-raspbian-setup.tar.bz2 (6.98 MB) (PGP Signature)
- *Source Code:*
  - VeraCrypt 1.22 Source (Windows Zip) (PGP Signature)
  - VeraCrypt 1.22 Source (UNIX tar bzip2) (PGP Signature)
  - VeraCrypt DCS EFI Bootloader 1.22 Source (PGP Signature)

图 4.1 下载软件

(2) 双击安装包，安装程序，安装过程如图 4.2 所示。安装成功后，打开图 4.3 所示的软件界面。

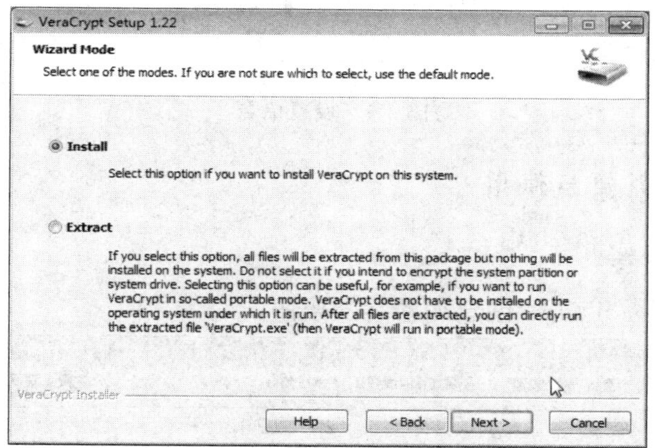

图 4.2 安装示意图

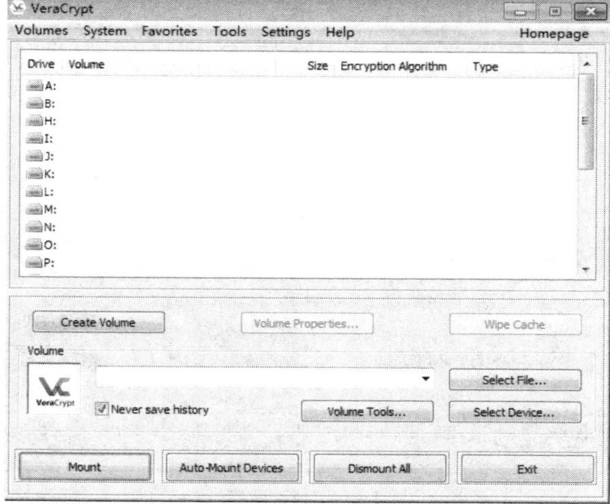

图 4.3 软件界面

(3) 软件默认英文界面，可点击 Settings→Language，找到“简体中文”，并设置界面语言为中文，如图 4.4 所示。

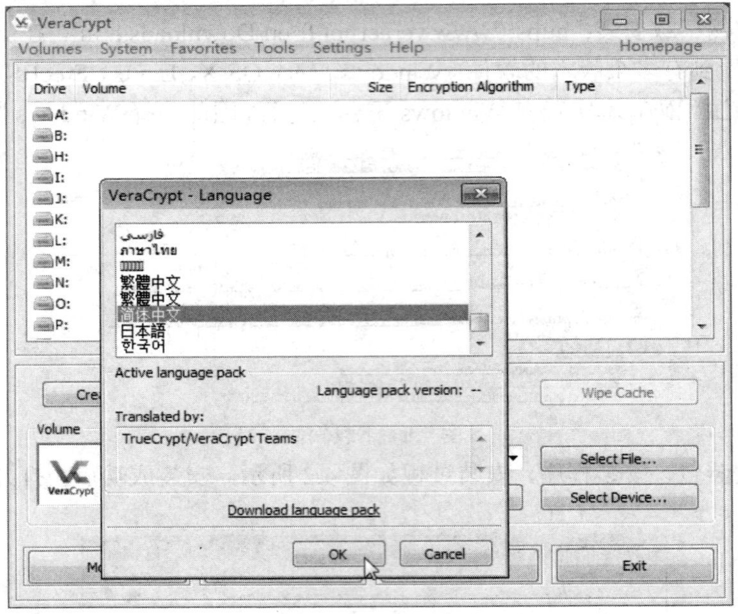

图 4.4　设置语言

4.1.3　加密卷的创建与使用

1. 创建标准加密卷

(1) 如图 4.5 所示，点击“创建加密卷”按钮。

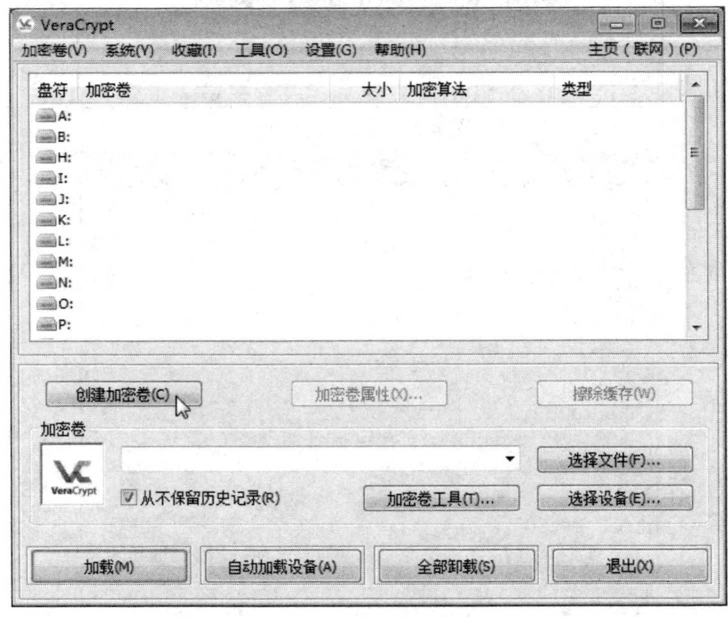

图 4.5　创建加密卷

(2) 选择“创建文件型加密卷”，如图 4.6 所示。

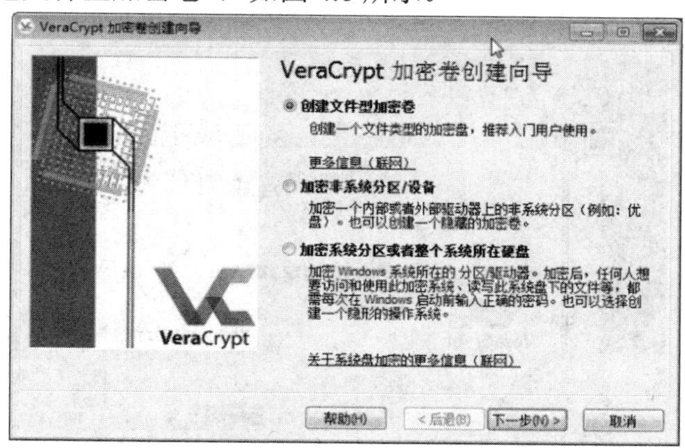

图 4.6　选择加密功能

(3) 如图 4.7 所示，选择“标准 VeraCrypt 加密卷”(也就是默认)。

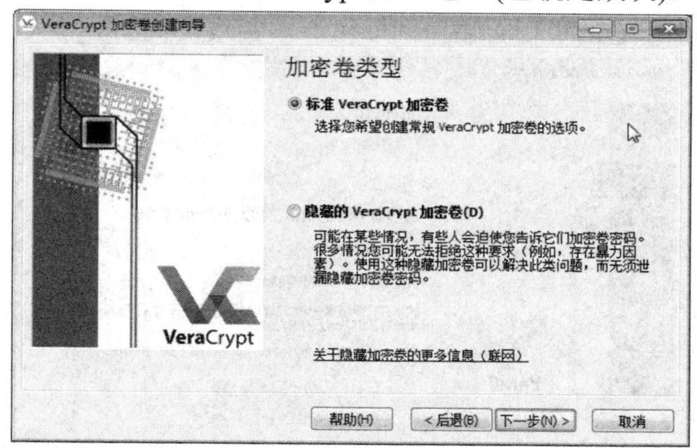

图 4.7　加密卷类型

(4) 如图 4.8 所示，点击“选择文件”按钮，指定选择一个加密卷的存储位置，并给加密卷命名。这里指定的位置是 D 盘，加密卷名字为“test_stand”。

图 4.8　加密卷位置

(5) 如图 4.9 所示，选择加密选项，加密算法有 AES、Serpent、Twofish、Camelia、Kuznyechik 等，散列算法有 SHA-512、Whirlpool、SHA-256 和 Streebog 等，本实践选择

默认选项。

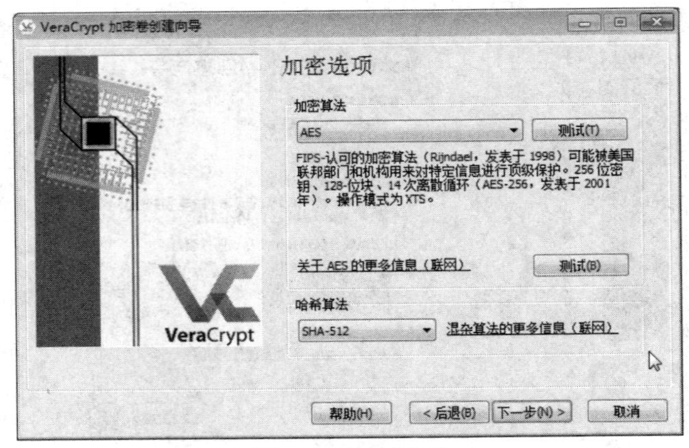

图 4.9　加密选项

(6) 如图 4.10 所示，设置加密卷大小。这里能看到驱动器“D:\”的自由空间大小为 6.95 GB，只要选择小于它的可用自由空间即可。本实践设置加密卷大小为 1 GB。

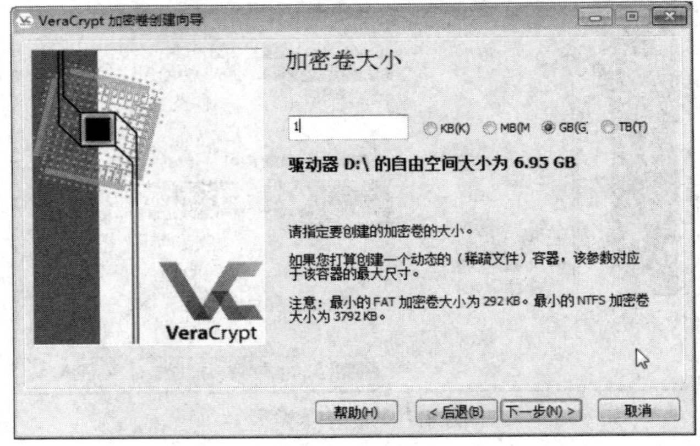

图 4.10　加密卷大小

(7) 如图 4.11 所示，设置加密卷密码。直接输入复杂的字符密码即可，如果输入的密码强度不够高，则会显示图 4.12，点击“是”按钮，仍可进行下一步操作。这里还可以选择“使用密码文件”的口令方式，请大家自由探索。

图 4.11　设置密码

图 4.12　弱口令提示

(8) 如图 4.13 所示，正在进行加密卷的格式化。能够看出文件系统类型为 FAT，还有 NTFS、exFAT 和无格式等可供选择；簇大小有 0.5 KB、1 KB、2 KB 直到 64 KB 可供选择。下方提示“从鼠标移动中收集的随机性”，表示用户需要不断地随机移动鼠标，以提高随机性，从而增强密钥的强度。本实践选择默认 FAT 文件系统、默认簇大小，随机移动鼠标直到进度条变为绿色。

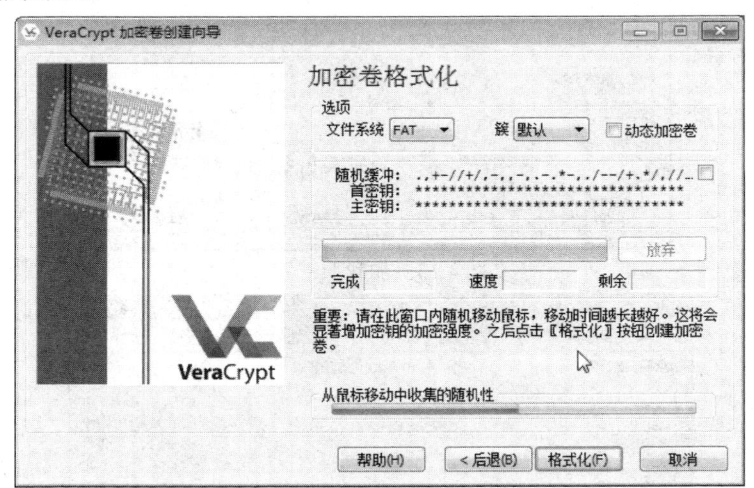

图 4.13　格式化

(9) 如图 4.14 所示，格式化完成后，点击“确定”按钮并退出。这时就可以看到已经加密好的文件。它没有后缀，也无法被双击打开。

2. 打开标准加密卷

(1) 如图 4.15 所示，在中间面板内，选择加载到“盘符 H”，点击“选择文件”按钮，选择刚创建的加密卷文件，而后点击“加载”按钮。

(2) 如图 4.16 所示，在弹出框内输入密码，并点击“确定”按钮，加载标准文件型加密卷。

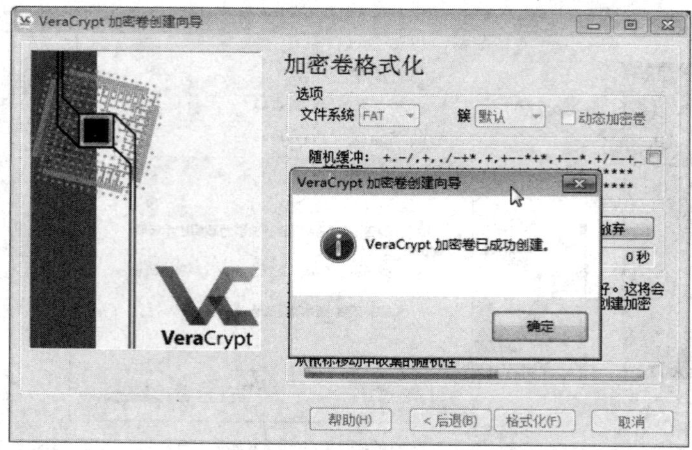

图 4.14　创建完毕

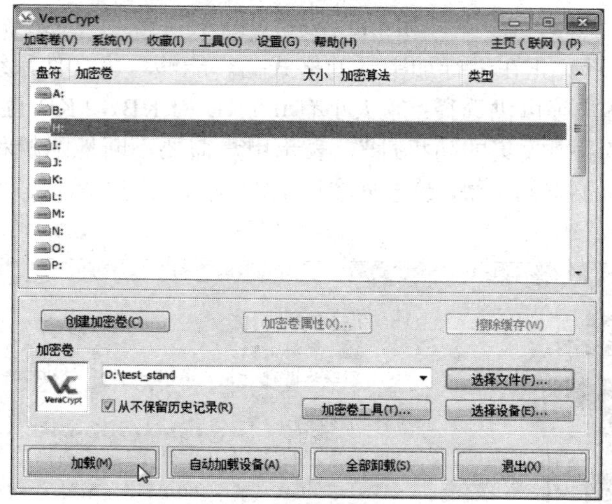

图 4.15　加载加密卷

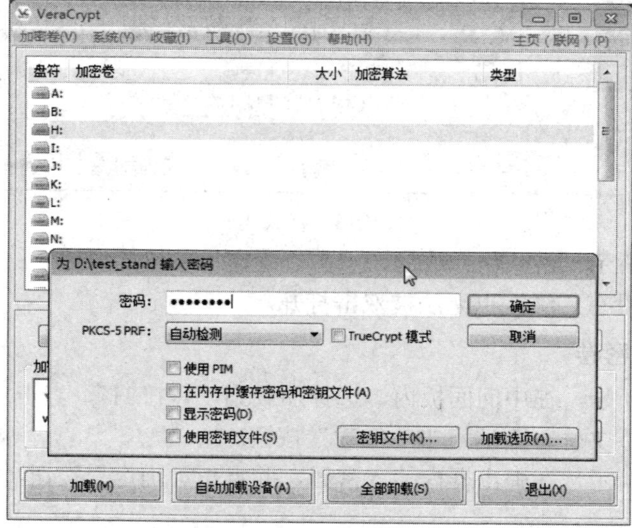

图 4.16　输入密码

(3) 如图 4.17 所示，加载标准文件型加密卷成功后，在计算机磁盘内部出现了一个新的磁盘分区，即为刚添加的 H 盘。这样就打开了加密卷，在打开的状态下，可以把任何隐私数据存储进去。

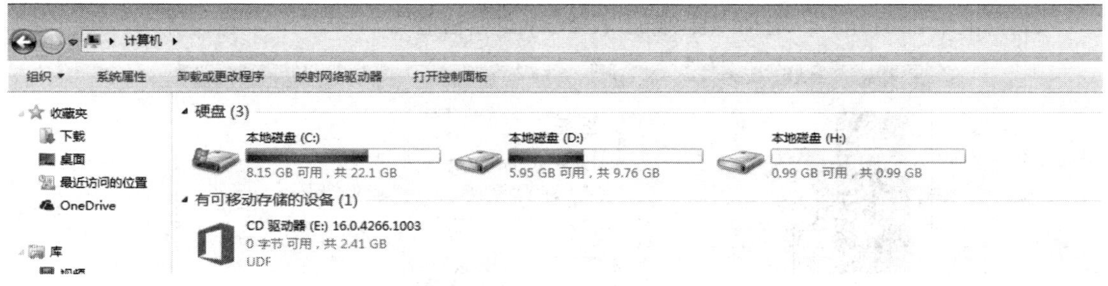

图 4.17　查看计算机内部硬盘

(4) 如图 4.18 所示，卸载加密卷。点击左下角的“卸载”按钮，即可移除 H 盘，将数据重新加密，使其无法被查看。

图 4.18　卸载加密卷

(5) 如图 4.19 所示，加密卷被卸载后，计算机磁盘内部分区数量为 2，已经没有 H 盘了。

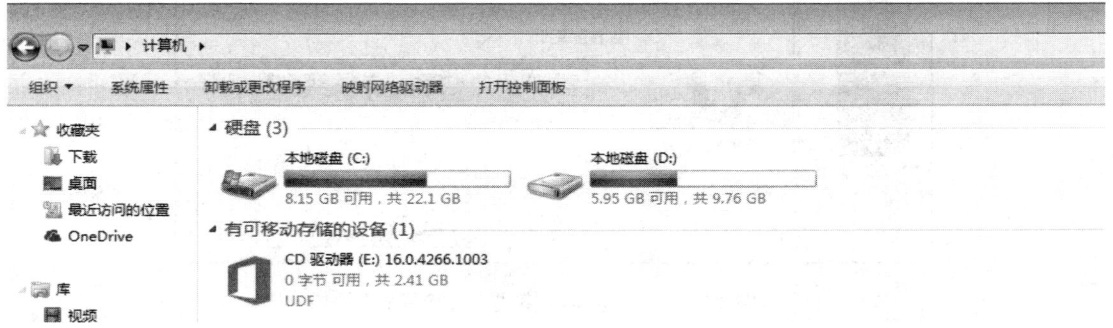

图 4.19　卸载完毕

3. 创建隐藏加密卷

(1) 按照创建标准加密卷的步骤，点击“创建加密卷”，打开 VeraCrypt 加密卷创建向导，选择“创建文件型加密卷”。

(2) 如图 4.20 所示，选择“隐藏的 VeraCrypt 加密卷”。

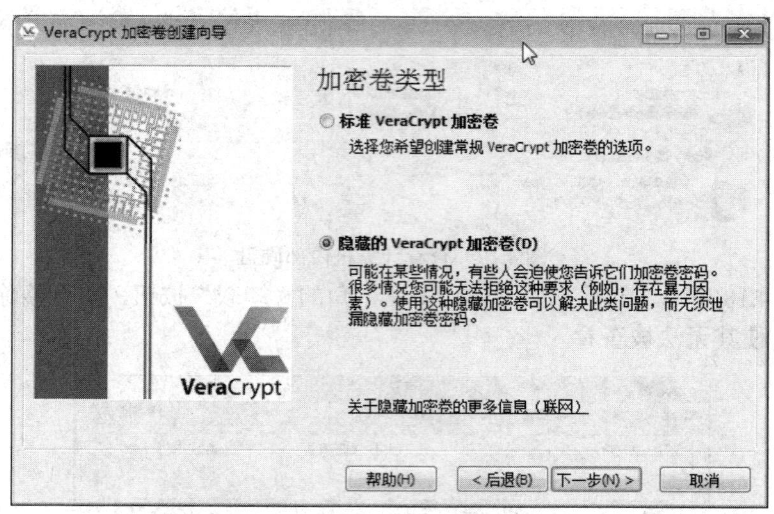

图 4.20　选择加密卷类型

(3) 如图 4.21 所示，选择加密卷创建模式。模式有两种：① 常规模式，向导会首先创建一个普通的标准加密卷，随后继续在这个加密卷内部创建一个隐藏的加密卷；② 直接模式，默认用户已创建了一个标准加密卷，将它作为外层加密卷，接下来在该加密卷内部创建一个新的内层加密卷，即隐藏的加密卷。

按照前面(1)和(2)的步骤，实践已经创建了标准加密卷，这里选择“直接模式”。

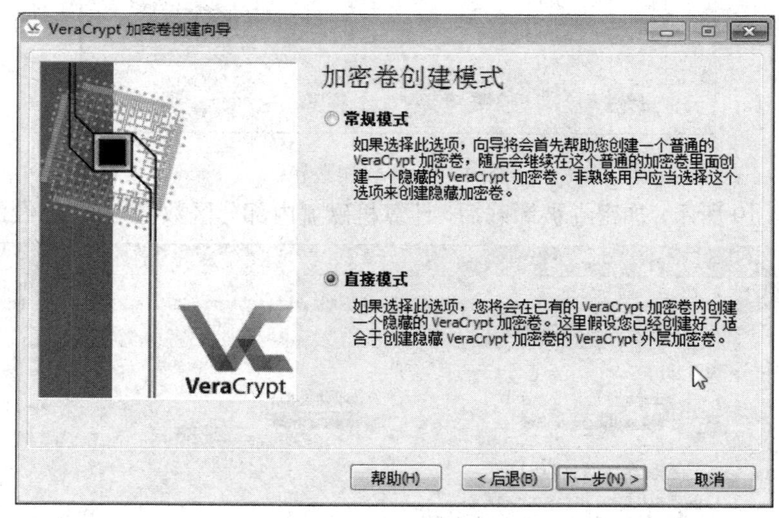

图 4.21　加密卷创建模式“直接模式”

(4) 如图 4.22 所示，选择加密卷位置，这里选择“D:\test_stand”，即为刚才创建的标准加密卷。

图 4.22　加密卷位置

(5) 如图 4.23 所示，打开外层加密卷，输入标准加密卷的密码即可。

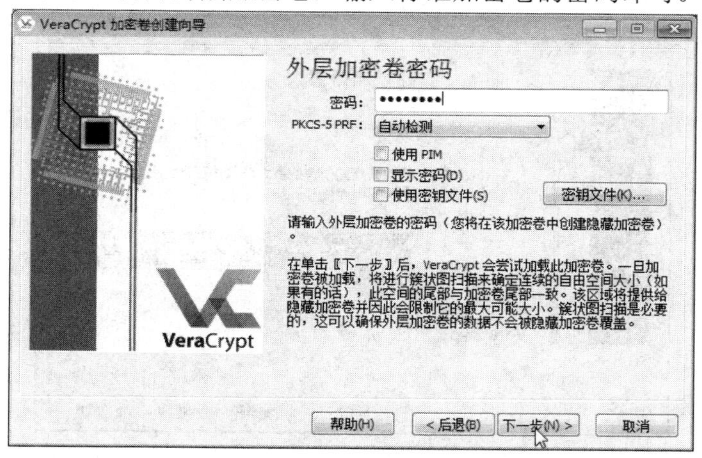

图 4.23　输入外层加密卷密码

(6) 如图 4.24 所示，显示外层加密卷已打开完毕，可设置隐藏加密卷。

图 4.24　隐藏加密卷

(7) 如图 4.25 所示，设置隐藏加密卷加密选项，本实践选择默认选项。

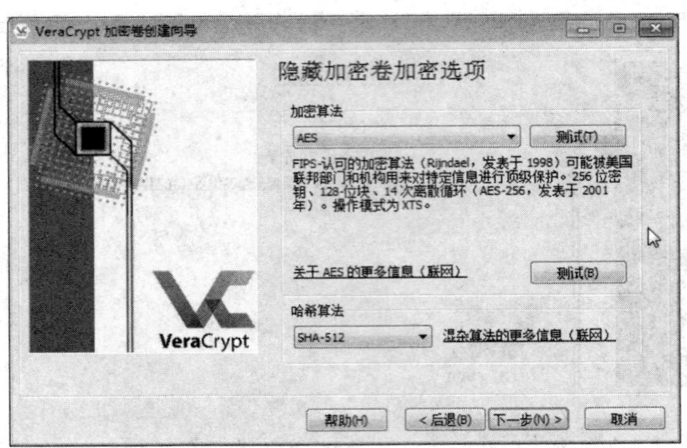

图 4.25　隐藏加密卷加密选项

(8) 如图 4.26 所示，设置隐藏加密卷大小，这里它的最大值必须小于外层加密卷大小，本实践设置大小为 500 MB。

图 4.26　隐藏加密卷大小

(9) 如图 4.27 所示，设置隐藏加密卷密码，注意这里的密码应与外层加密卷密码不同，且具有一定的复杂性。

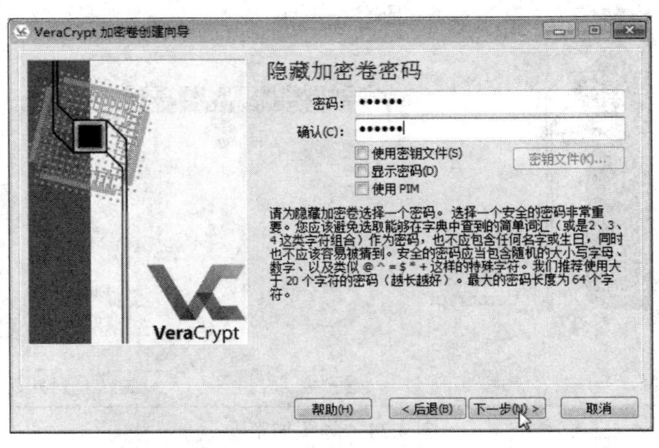

图 4.27　设置隐藏加密卷密码

(10) 如图 4.28 所示，格式化隐藏加密卷。设置文件系统、簇等信息后，移动鼠标，增强密钥的加密强度。直到进度条变为绿色后，点击“格式化”按钮。

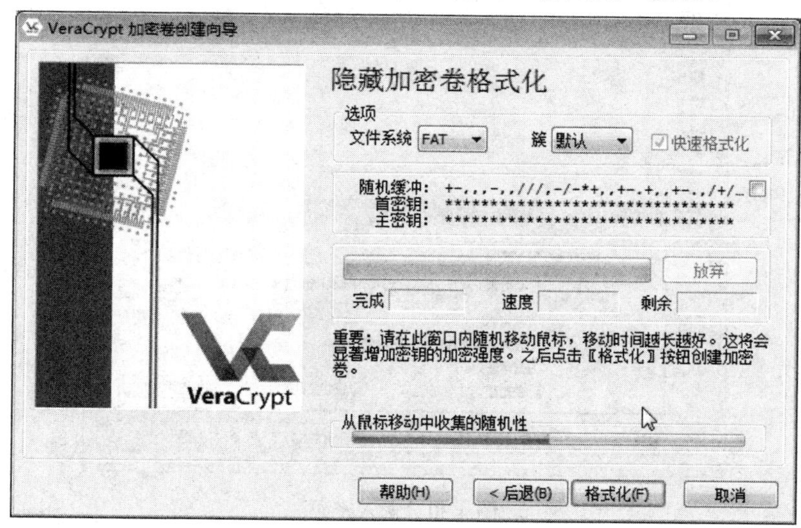

图 4.28　格式化隐藏加密卷

4. 加载隐藏加密卷

(1) 如图 4.29 所示，选择加密卷文件。本实践点击“选择文件”，选择的是“D:\test_stand”，盘符为 H，而后点击“加载”按钮，将加密卷加载至操作系统。

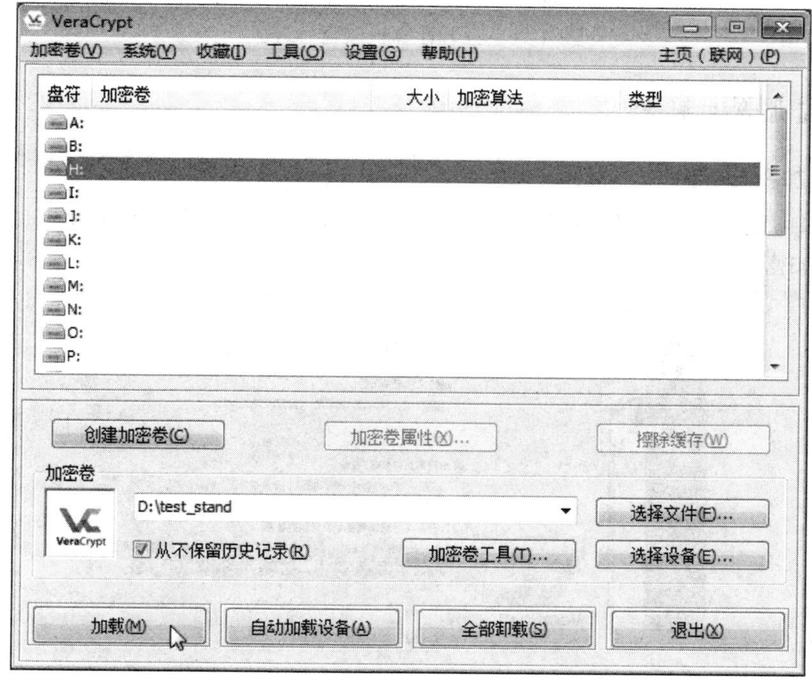

图 4.29　加载隐藏加密卷文件

(2) 如图 4.30 所示，输入隐藏加密卷的密码，点击“确定”按钮后，进入隐藏加密卷。

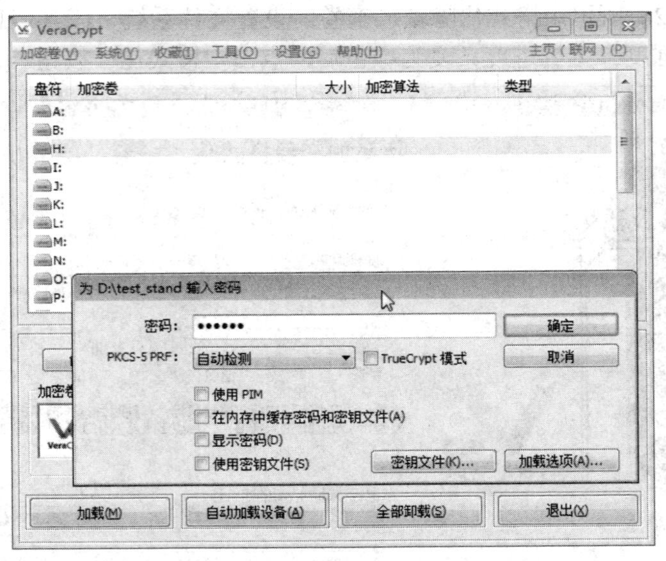

图 4.30　输入密码

(3) 如图 4.31 所示，当系统加载加密卷后，可看到计算机内磁盘多了一个 H 盘分区，它的大小为 497MB，即为刚创建的隐藏加密卷。

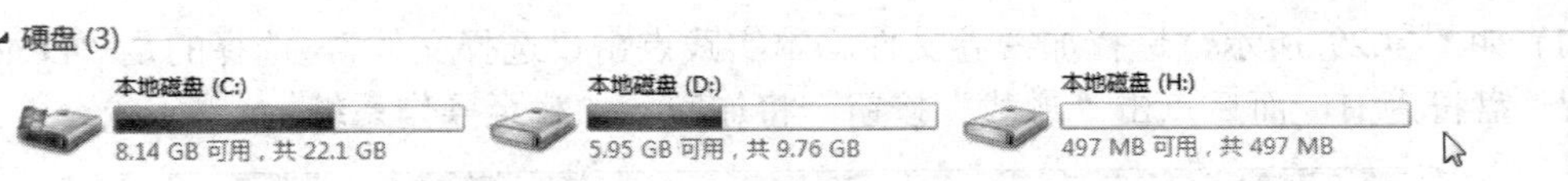

图 4.31　查看计算机磁盘各分区

4.1.4　U 盘加密与解密

1. 创建加密 U 盘

(1) 按照创建标准加密卷的步骤，点击“创建加密卷”，打开 VeraCrypt 加密卷创建向导，选择“加密非系统分区/设备”，如图 4.32 所示。

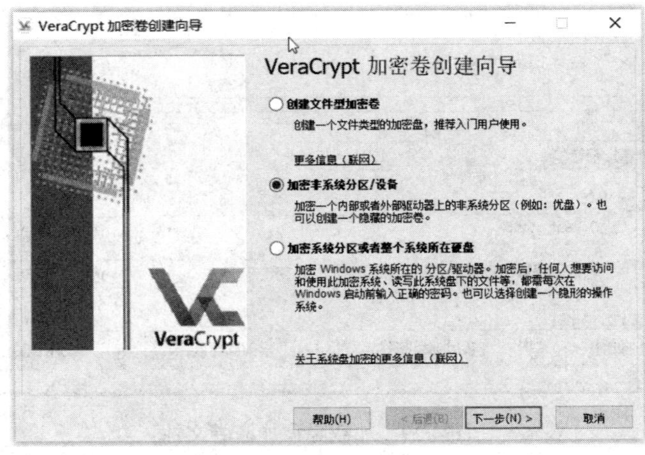

图 4.32　选择“加密非系统分区/设备”

(2) 如图 4.33 所示，选择“标准 VeraCrypt 加密卷”。

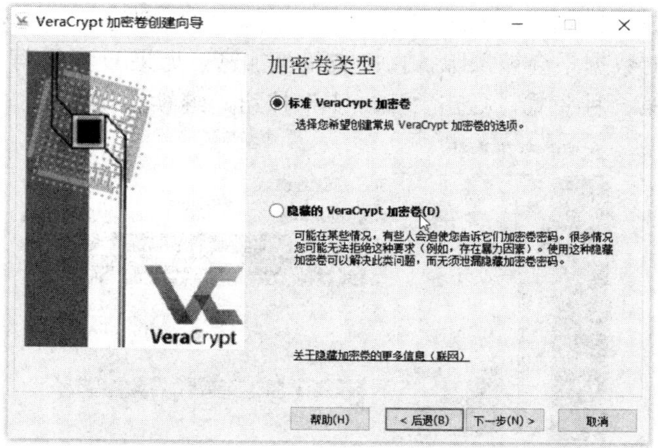

图 4.33 选择“标准 VeraCrypt 加密卷”

(3) 如图 4.34 所示，选择加密卷位置。点击“选择设备”按钮后，如图 4.35 所示，选择 U 盘设备，本实践选择移动硬盘 2“\Device\Harddisk2\Partition1”。

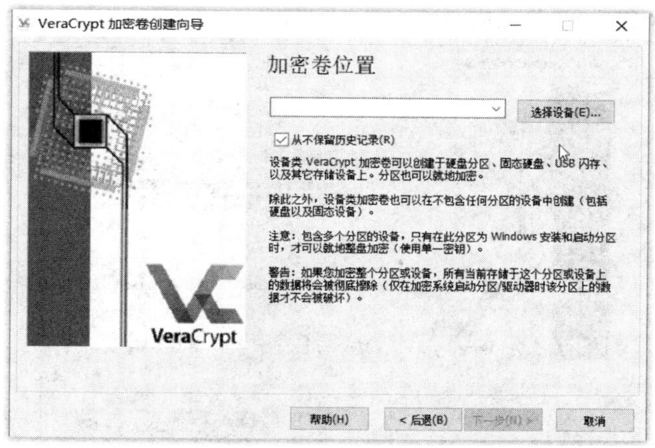

图 4.34 指定加密卷位置

图 4.35 选择 U 盘设备

(4) 如图 4.36 所示，选择加密卷的创建模式。有两种模式：① 创建加密卷并格式化，这种模式对 U 盘进行格式化，里面的数据将被擦除，而后创建一个加密卷；② 就地加密分区，整个分区上的数据不会被擦除，直接被整盘加密，如果 U 盘里有数据，请选择该模式。本实践选择了第一种模式，点击“下一步”按钮，继续操作。

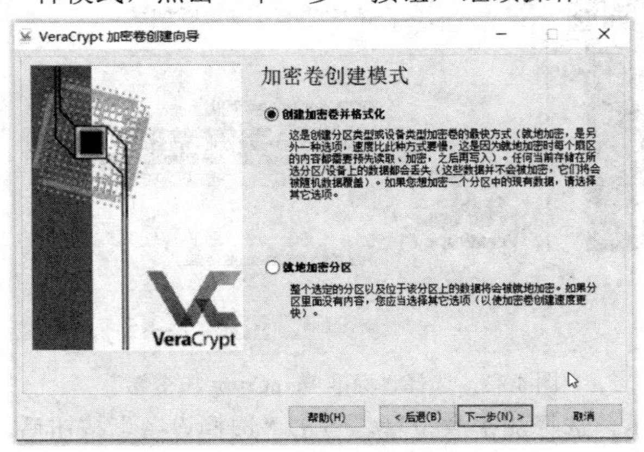

图 4.36　加密卷创建模式

(5) 如图 4.37 所示，设置加密选项，默认即可。

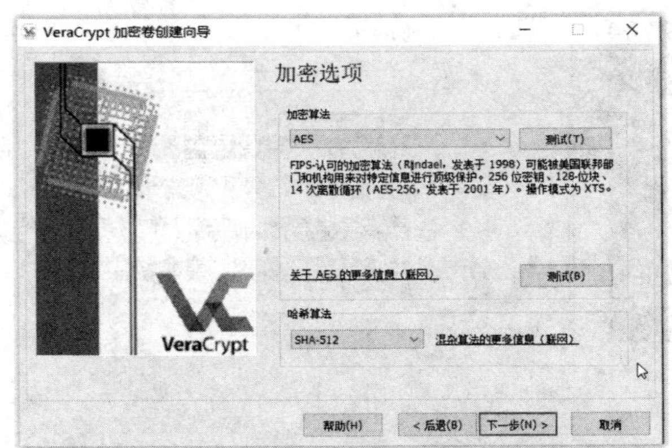

图 4.37　设置加密选项

(6) 如图 4.38 所示，设置加密卷大小。这里的大小不能被更改，为 U 盘的分区容量。

图 4.38　设置加密卷大小

(7) 如图 4.39 所示，设置加密卷密码。

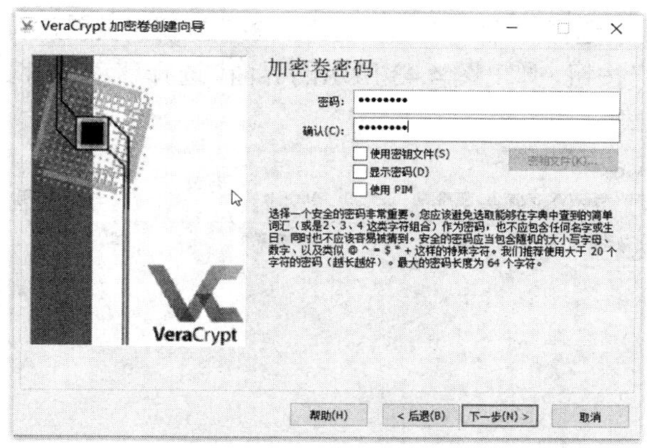

图 4.39　设置加密卷密码

(8) 如图 4.40 所示，设置是否加密大文件。如果想在加密卷中存储大于 4 GB 的文件，那么 VeraCrypt 将在加密卷中设置文件类型为 NTFS，否则将文件类型设置为默认。

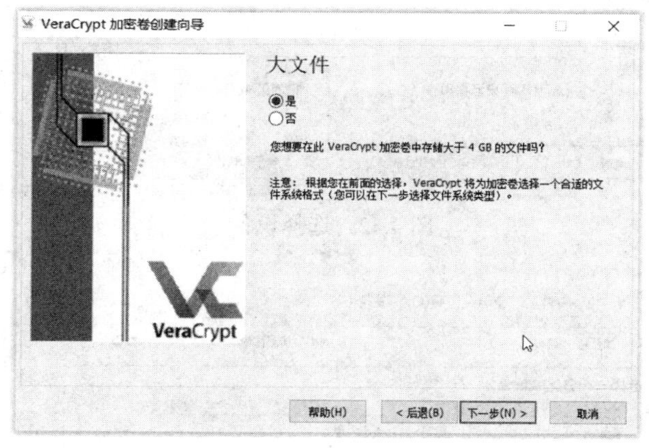

图 4.40　是否加密大文件

(9) 如图 4.41 所示，格式化 U 盘。设置文件系统、簇等信息后，移动鼠标，增强密钥的加密强度。等进度条成为绿色后，点击“格式化”按钮，直到加密卷创建成功。

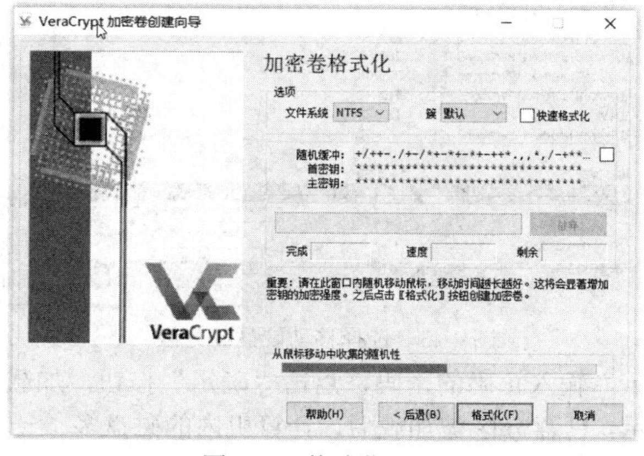

图 4.41　格式化 U 盘

2. 加载加密 U 盘

(1) 如图 4.42 所示，选择 U 盘。点击“选择设备”按钮，设置盘符为 H，而后点击“加载”按钮和“选择设备”按钮，弹出图 4.43 所示的界面，选择移动硬盘 2“\Device\Harddisk2\Partition1”，将 U 盘加载。

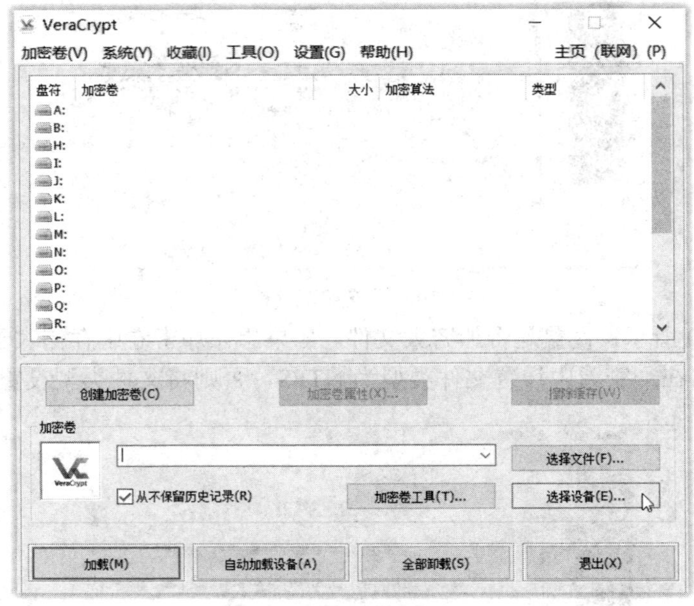

图 4.42　选择设备

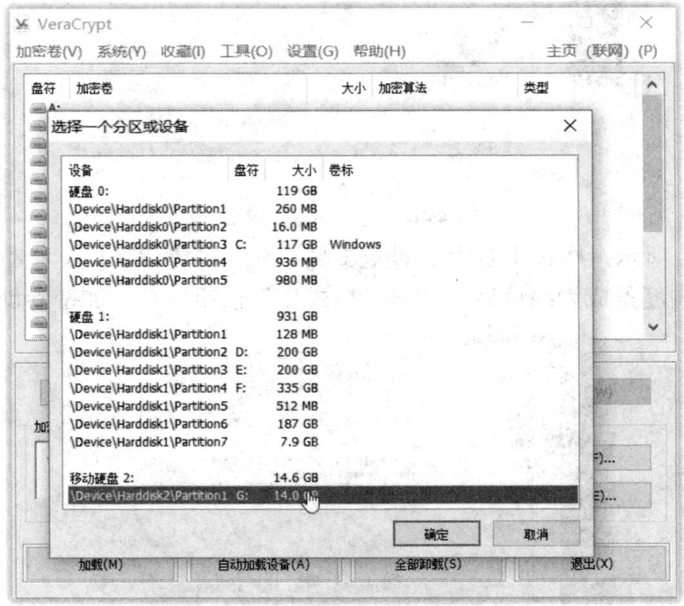

图 4.43　选择移动硬盘 2 分区

(2) 如图 4.44 所示，输入正确的密码，点击“确定”按钮，加载 U 盘分区。

(3) 如图 4.45 所示，U 盘分区被加载后，计算机内的磁盘多了一个 H 盘，即为刚才创建的加密 U 盘分区。

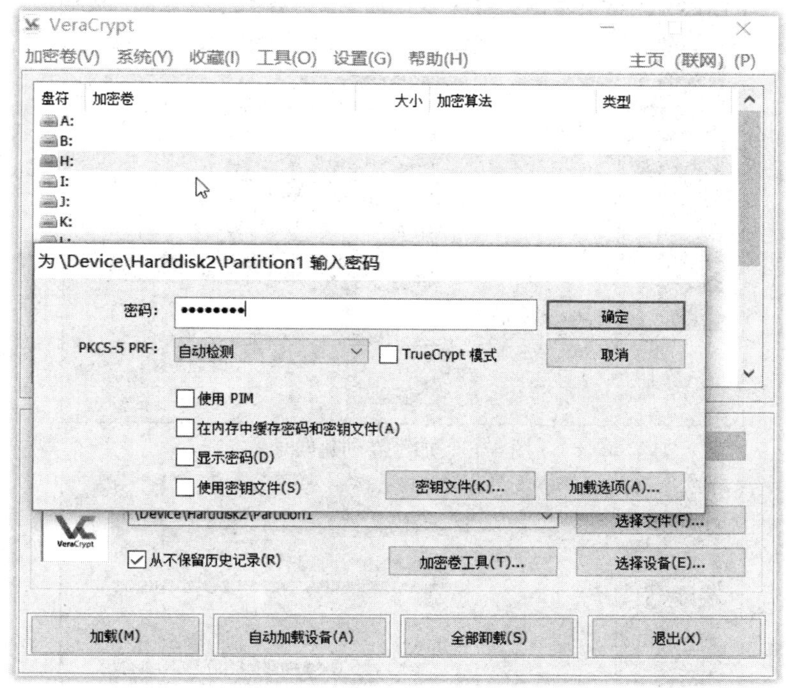

图 4.44　输入密码

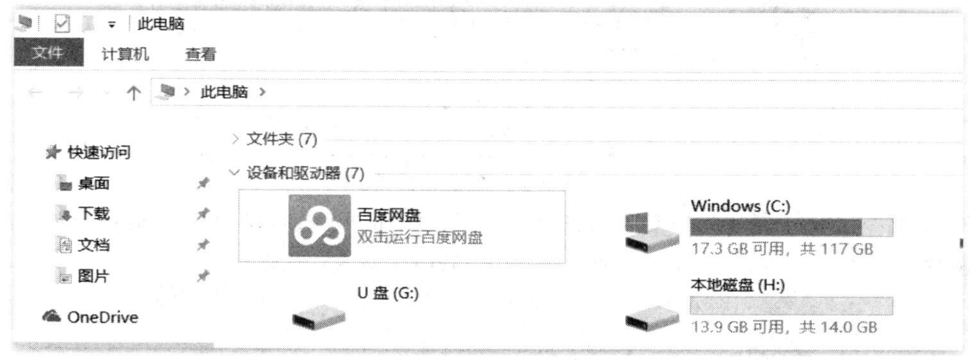

图 4.45　查看计算机各分区

4.1.5　操作系统的加密与解密

1. 加密操作系统

(1) 按照创建标准加密卷的步骤，点击“创建加密卷”，打开 VeraCrypt 加密卷创建向导，选择“加密系统分区或者整个系统所在硬盘”，如图 4.46 所示。

(2) 如图 4.47 所示，选择系统加密类型。这里有两种类型：① 常规，直接加密系统分区或系统驱动器，类似于常规加密卷模式；② 隐藏，类似于隐形加密卷模式，将创建一个隐藏的操作系统。本实践选择了“常规”类型。

图 4.46　加密卷创建向导

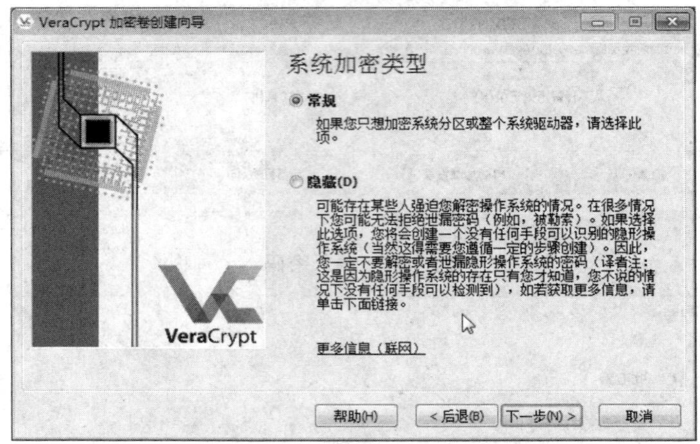

图 4.47　设置系统加密类型

(3) 如图 4.48 所示，选择要加密的区域，有两个选项：① 加密 Windows 系统分区；② 加密整个硬盘驱动器。本实践选择了“加密 Windows 系统分区”。

图 4.48　选择要加密的区域

(4) 如图 4.49 所示，选择操作系统数目。由于计算机磁盘目前只有一个 Windows 7 操作系统，因此本实践选择了“单系统”。如果计算机有多个操作系统，请选择“多重启动”。

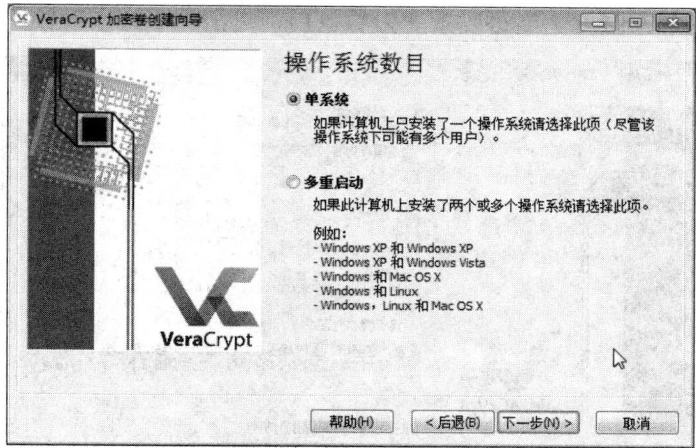

图 4.49　操作系统数目

(5) 如图 4.50 所示，设置加密选项，包括加密算法和散列算法(哈希算法)，默认即可。

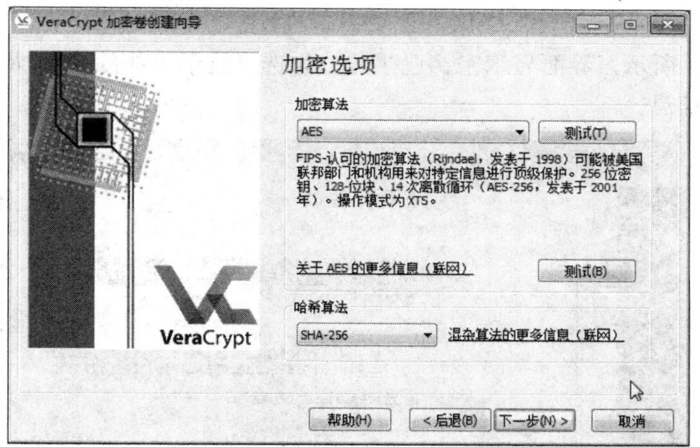

图 4.50　加密选项

(6) 如图 4.51 所示，设置密码。

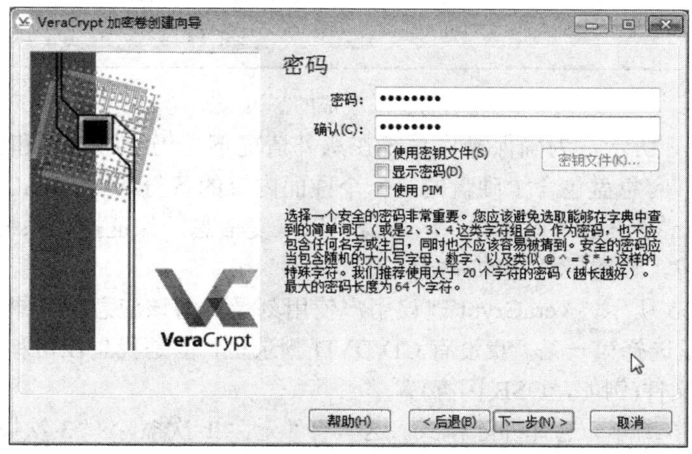

图 4.51　设置密码

(7) 如图 4.52 所示，界面显示正在搜集随机数据。随机移动鼠标，移动的时间越长越好，以增强密钥的加密强度。当进度条变为绿色后，点击“下一步”按钮。

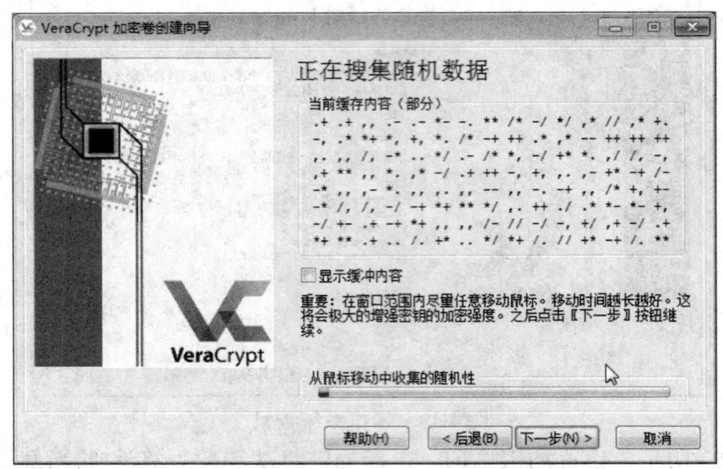

图 4.52　产生随机数据

(8) 如图 4.53 所示，界面显示密钥已生成。勾选“显示生成的密钥(及其部分)”，可以查看密钥的详细信息。

图 4.53　生成的密钥

(9) 如图 4.54 所示，为确保操作系统在意外情况下，仍能够恢复和启动，VeraCrypt 要求创建应急盘。应急盘包含了硬盘的第一个柱面内容的备份。当 VeraCrypt 启动器、主密钥或者 Windows 操作系统损坏时，应急盘可以恢复信息，保证操作系统能够正常使用。点击“浏览”按钮，设置应急盘的存放位置。

(10) 如图 4.55 所示，VeraCrypt 建议用户使用刻录机将该应急盘刻录。由于本计算机没有刻录机，这里选择第一条“我没有 CD/DVD 刻录机，但是我想在可移动驱动器上存放应急盘 ISO 映像文件(例如，OSB 闪存)”。

(11) 如图 4.56 所示，选择擦除模式。这里有“无”“1-次擦除”“3-次擦除”“7-次擦除”“35-次擦除”可供选择，本实践选择了“无”。

图 4.54　创建应急盘

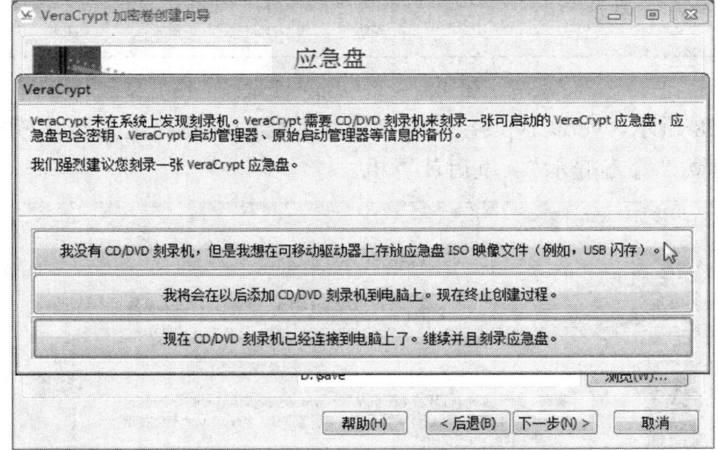

图 4.55　应急盘存放位置

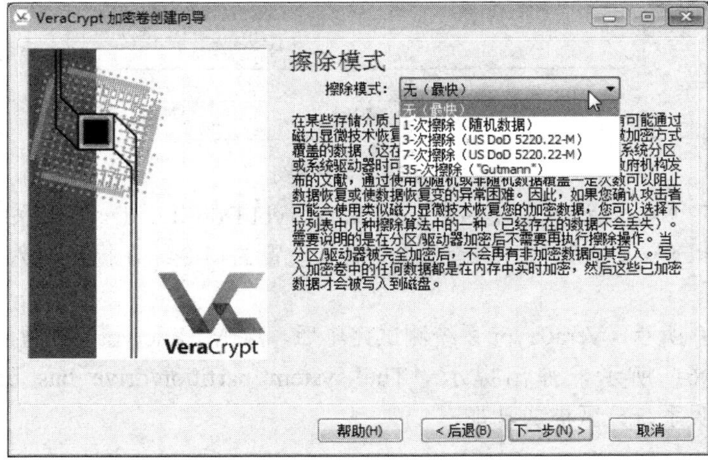

图 4.56　擦除模式

2. 测试操作系统加密情况

(1) 如图 4.57 所示，在真正加密系统分区之前，VeraCrypt 软件会测试和验证加密环节，以确保加密正确无误。点击“测试”按钮，进入测试环节。

图 4.57　系统加密测试

(2) 如图 4.58 所示，VeraCrypt 会弹出启动管理器的界面完全为英文模式的警告。选择“是”后，并同意“警告提示”，重启计算机。

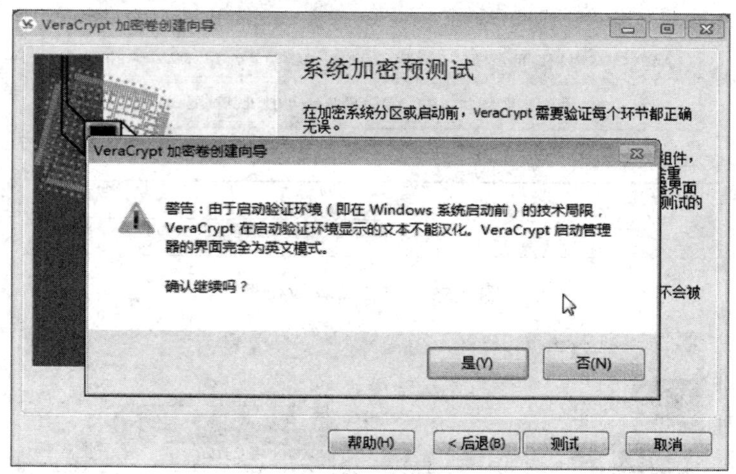

图 4.58　警告提示

(3) 如图 4.59 所示，计算机重启后，由 VeraCrypt Boot Loader 接管系统引导环节，在这里会提示“Enter password”，即提示用户输入设置的口令；在提示输入“PIM”时，直接按回车键即可。

(4) 如图 4.60 所示，VeraCrypt 系统测试完毕后，点击“Encrypt”按钮，加密系统分区。

(5) 如图 4.61 所示，弹出提示“The system partition/drive has been successfully encrypted.”，表明系统分区被成功加密。

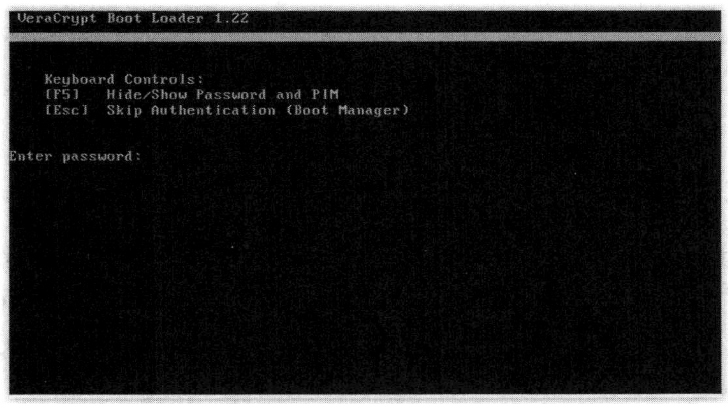

图 4.59　输入密码

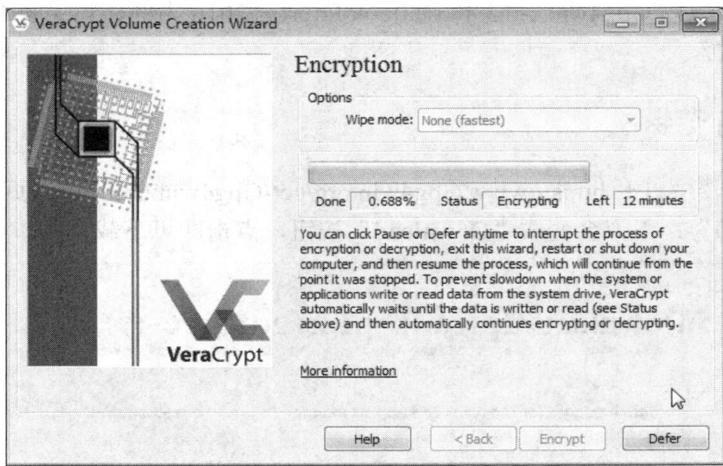

图 4.60　测试完毕后，加密系统分区

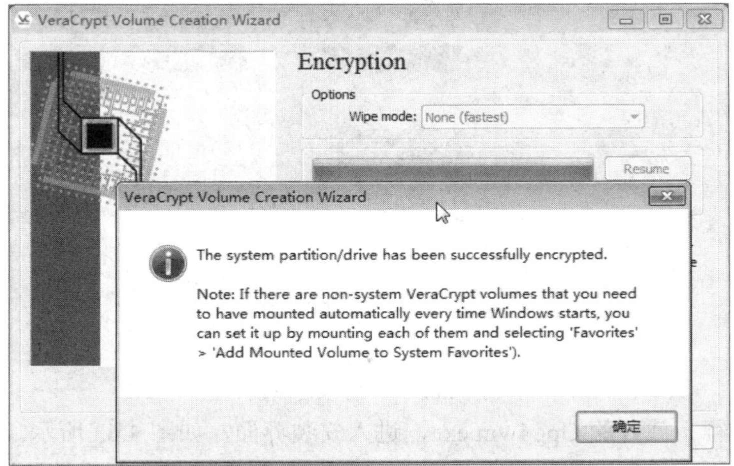

图 4.61　加密系统分区完毕

4.2　Gnu PG 应用实践

4.2.1　基础知识

Gnu PG 是基于 RSA 公钥密码体制，集密钥生成、存储、发布于一体的密钥管理和加解密软件。它在 Windows 平台下的版本是 Gpg4win，一共包含 GpgOL、GpgEx、GnuPG 和 Kleopatra 四个组件。其中 Kleopatra 是一个证书和密钥管理平台，GunPG 部件是实现加密解密的核心模块，GpgEx 可借助 GunPG 实现文件加解密，GpgOL 用于在 Outlook Express 邮件客户端上以加载项的方式实现电子邮件内容的加解密。

注意：本教程以 Gpg4win 3.0.3 和 Outlook Express 2016 为例，其他版本的软件应当有类似的配置方式。

4.2.2　下载与安装

(1) 在浏览器中打开 https://www.Gpg4win.org/get-Gpg4win.html，进入页面后，如图 4.62 所示，点击“$0”，下方会变成“Download”按钮，点击即可下载。

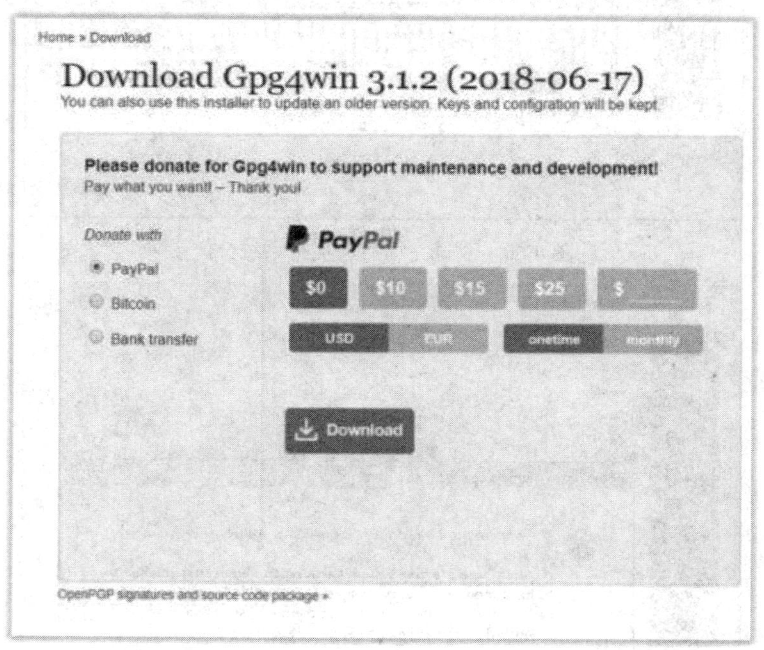

图 4.62　下载 Gpg4win

(2) 双击运行下载好的 Gpg4win.exe，进入安装界面，如图 4.63 所示。

(3) 点击“下一步”按钮后进入如图 4.64 所示的界面，将全部组件勾选后点击“下一步”按钮。

(4) 指定安装路径，如图 4.65 所示，指定好后点击“安装”按钮。

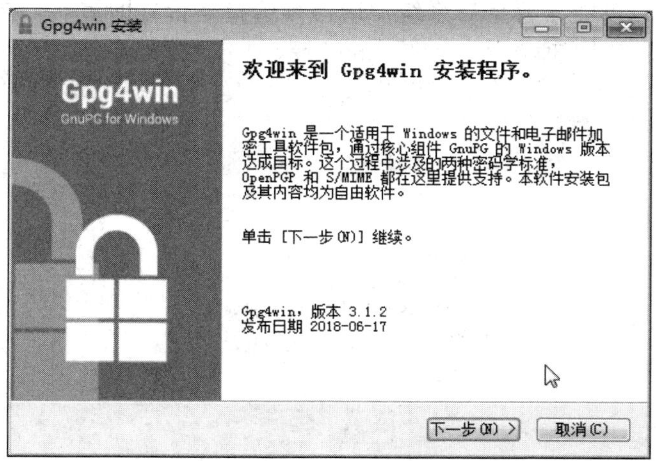

图 4.63　安装界面

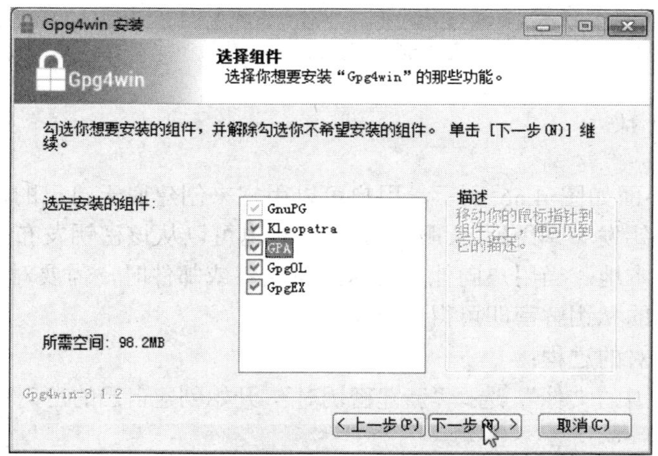

图 4.64　勾选组件

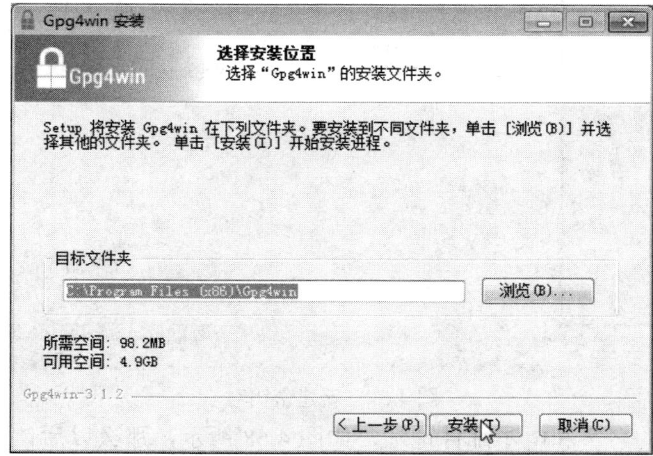

图 4.65　指定安装路径

(5) 安装完成后可能需要重启系统，请自行选择是否立即重启。之后双击桌面上的 Kleopatra 图标进入密钥管理软件，如图 4.66 所示。

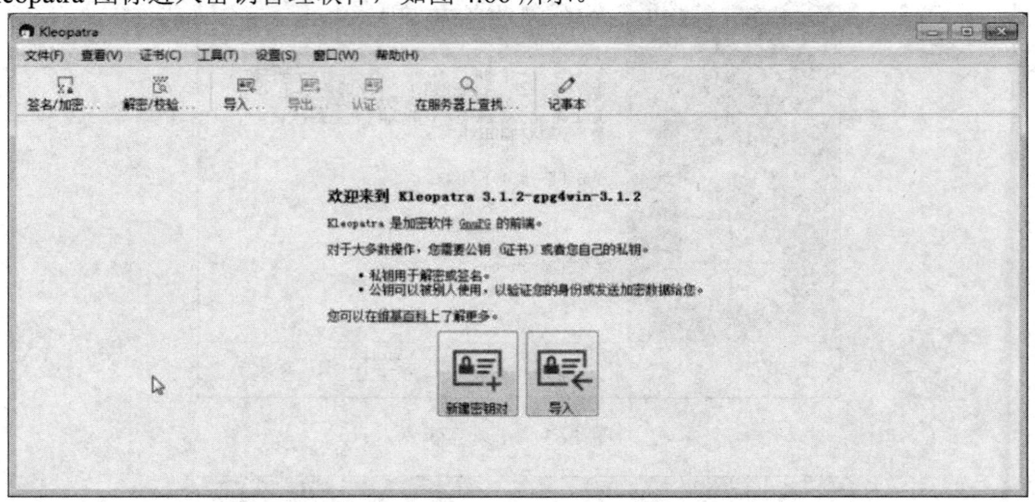

图 4.66　Kleopatra 主界面

4.2.3 创建密钥对

Kleopatra 主界面如图 4.66 所示，用户可以用它来创建属于自己的密钥对，然后将公钥发布到公开的密钥发布系统(目录服务器)。同时也可以从该密钥发布系统检索他人的公钥，并下载保存到本地。当用户向他人发送加密文件或邮件时，需要对方的公钥来加密，对方收到后用自己的私钥解密即可得到原文。

用户创建密钥对的过程：

(1) 点击菜单栏中“文件”，选择“新建密钥对”，开始创建自己的密钥对，如图 4.67 所示。

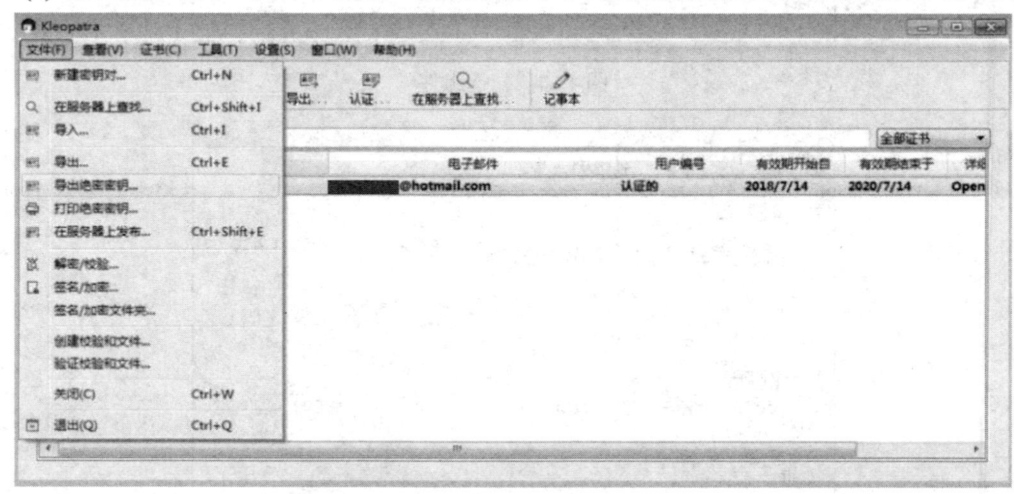

图 4.67　新建密钥对

(2) 输入自己的名字和电子邮件地址，如图 4.68 所示，那么以后该密钥就会和这两个字符串相联系。当公钥被上传到网络上后，任何人都可以通过这两个字符串检索到它。

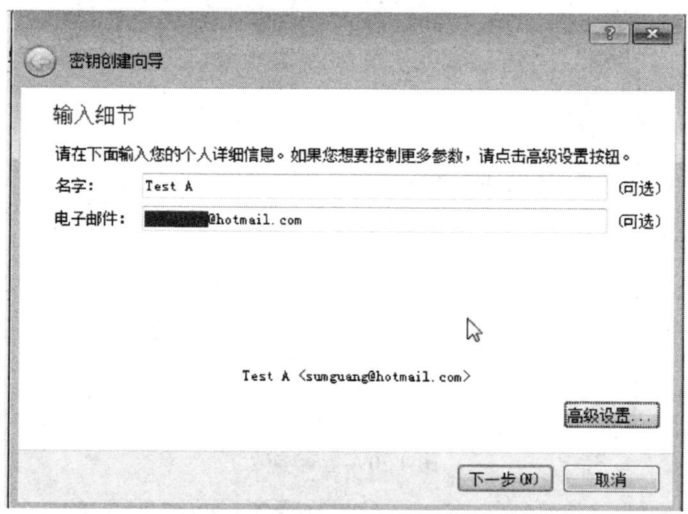

图 4.68　输入名字和电子邮件地址

(3) 这里点击“高级设置”按钮，如图 4.69 所示，可以选择密钥类型、长度和有效期等。为了提高安全性，可以选择 3072 bit、4096 bit 长度的密钥，并确定一个有效期，来强制提醒用户定期更换。

图 4.69　高级设置

(4) 设置完成后，点击“OK”按钮进入下一步，如图 4.70 所示，可检查已设置的各项参数；检查无误后，点击“新建”按钮即可。

(5) 在开始创建密钥对之前，需要用户指定一个“通行短语”(Passphrase)，即口令，以便验证密钥持有者的身份，如图 4.71 所示。

(6) 点击“OK”按钮并稍等片刻后，会提示创建成功，此时可以选择“生成您的密钥对副本”“通过电子邮件发送公钥”或者“将公钥上传到目录服务”上，如图 4.72 所示。

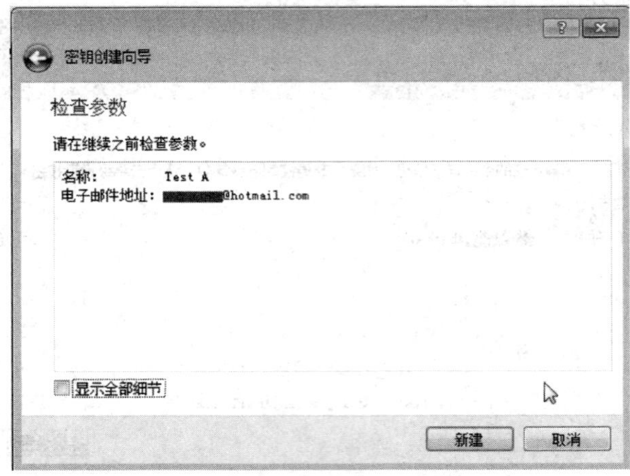

图 4.70　检查参数

图 4.71　输入“通行短语”

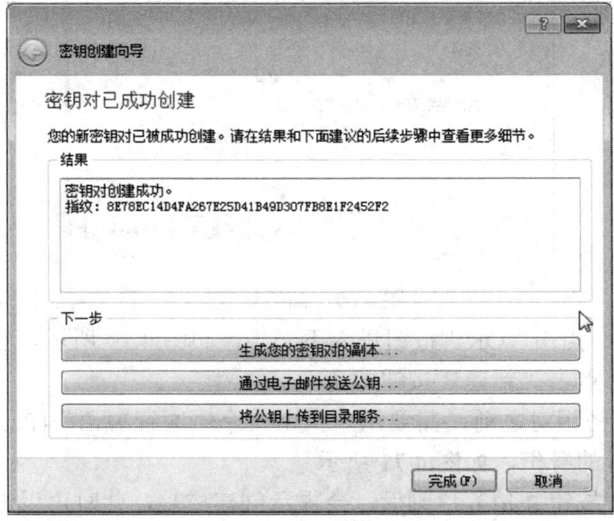

图 4.72　密钥对创建成功

4.2.4　备份密钥

1. 备份私钥

(1) 如图 4.73 所示，点击菜单栏中的“文件”，选择“导出绝密密钥”。这里的绝密密钥就是用户的私钥。

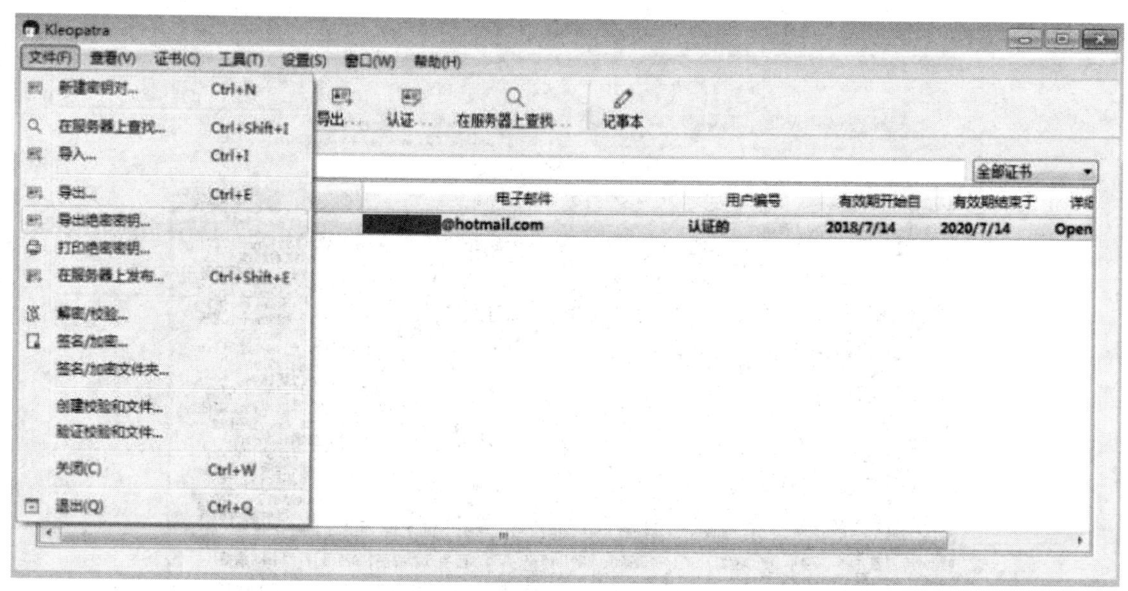

图 4.73　导出私钥(绝密密钥)

(2) 如图 4.74 所示，选择保存位置。建议将该私钥文件存储至 U 盘、光盘等第三方存储介质中。

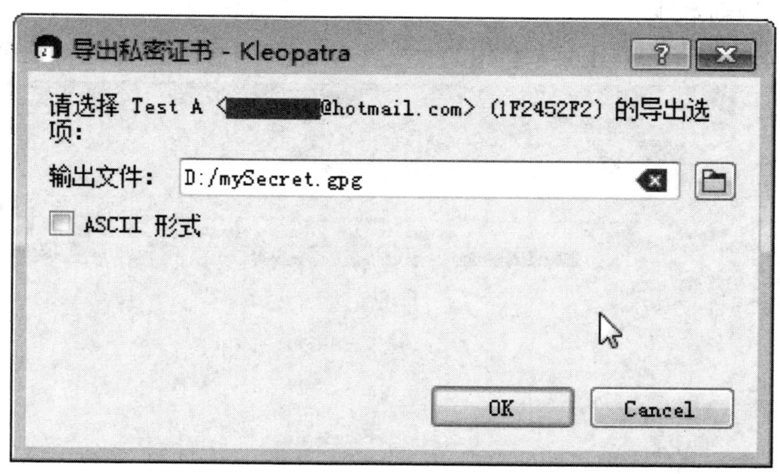

图 4.74　选择保存位置

(3) 如图 4.75 所示，输入口令，以保护私钥，并允许私钥文件导出。

(4) 如图 4.76 所示，私钥导出后，用记事本将其打开，可看到文件内都是乱码字符。

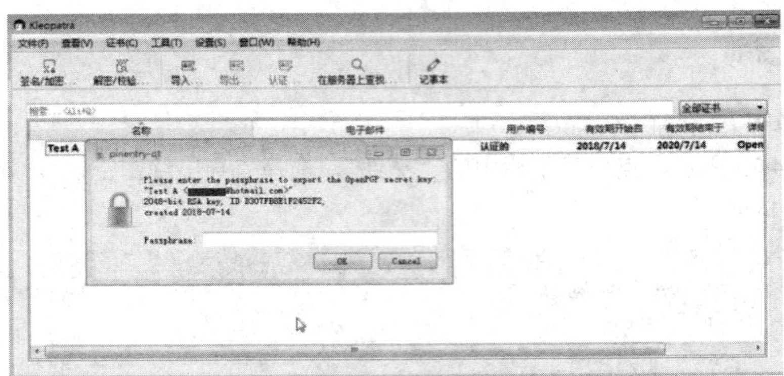

图 4.75　输入口令

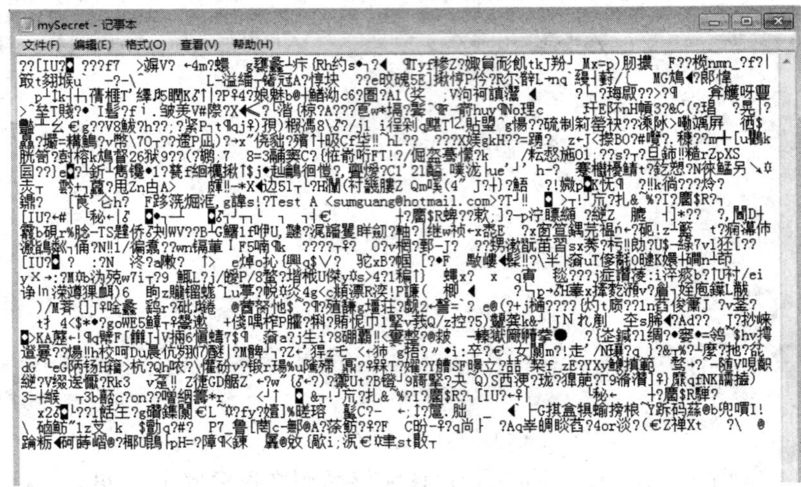

图 4.76　私钥文件内容

2. 导出公钥到本地

(1) 如图 4.77 所示，点击菜单栏中的“文件”，选择“导出”，即可导出公钥。

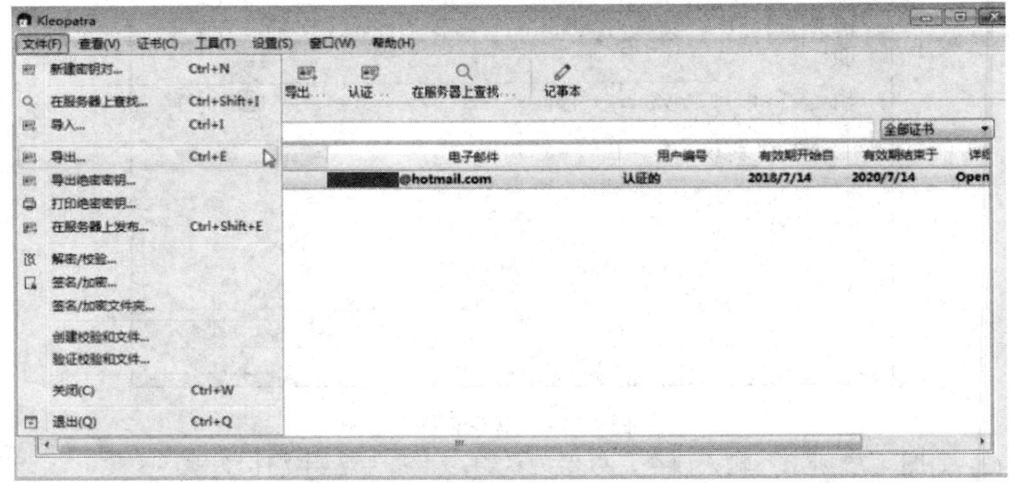

图 4.77　选择“导出”

(2) 如图 4.78 所示，使用记事本打开该文件，显示有“-----BEGIN PGP PUBLIC KEY BLOCK-----”作为开头，“-----END PGP PUBLIC KEY BLOCK-----”作为结尾，中间为公钥内容。

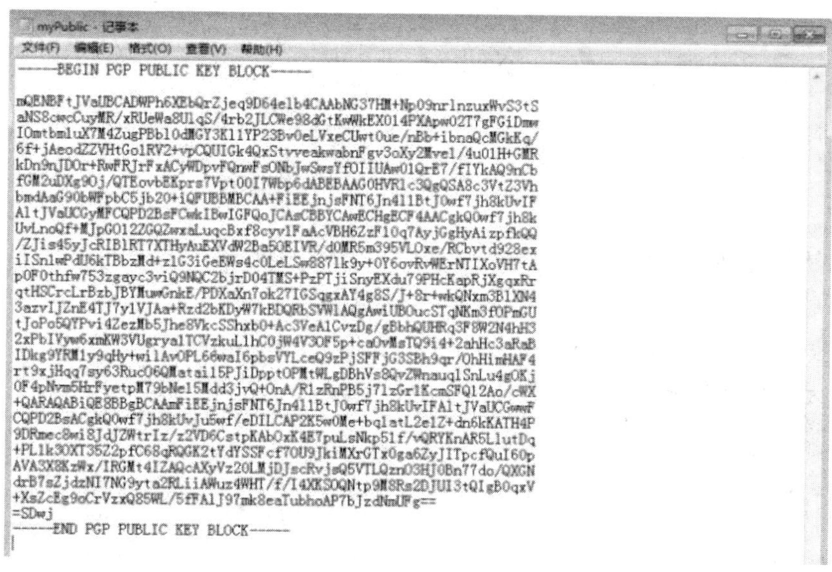

图 4.78　公钥文件内容

3. 导出公钥到在线服务器

(1) 如图 4.79 所示，在证书栏上点击鼠标右键，选择“在服务器上发布”。该证书将会被发布到 OpenPGP 的服务器上。

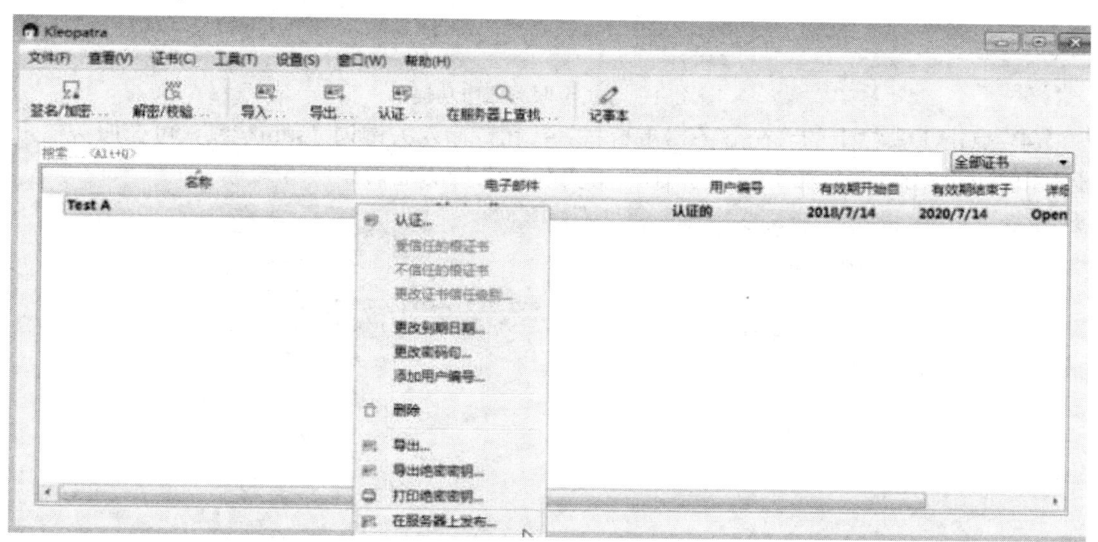

图 4.79　在服务器上发布证书

(2) 如图 4.80 所示，OpenPGP 证书导出提示：当证书被导出至公共服务器上后，它一般无法被移除；因此在导出之前，请确保创建了撤销证书。点击“继续”按钮，进行下一步实验。

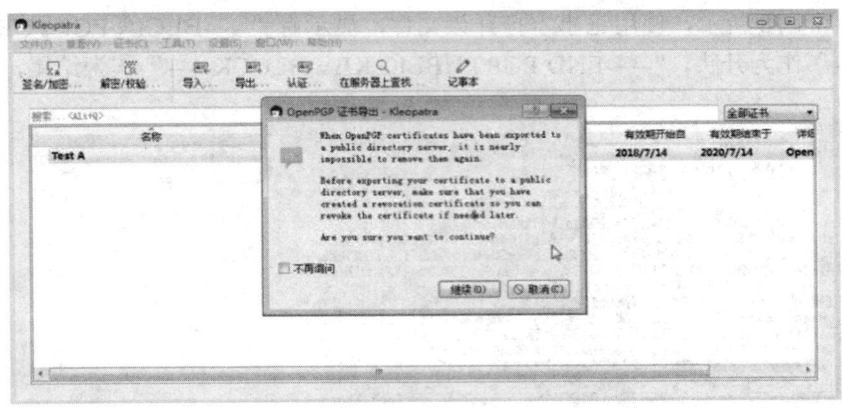

图 4.80　风险提示

(3) 如图 4.81 所示，OpenPGP 证书导出向导提示：OpenPGP 证书导出成功。如果不成功，提示无法连接到服务器，一般是网络连接的问题。

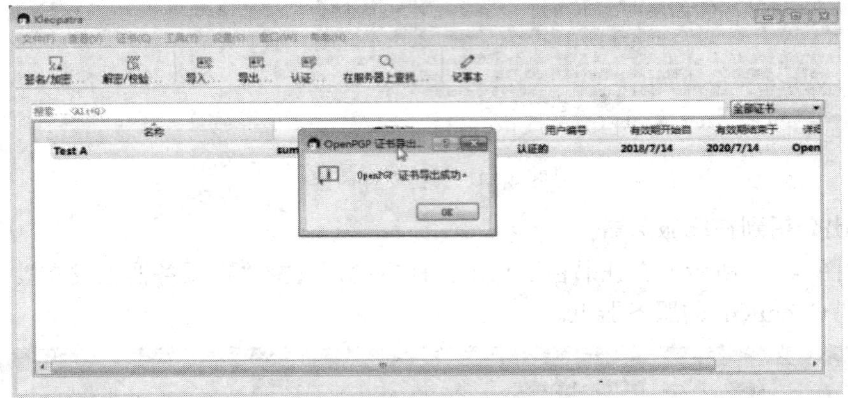

图 4.81　导出至服务器成功提示

(4) 点击工具栏上的“在服务器上查找”按钮，输入关键词“sum***”，可在服务器上搜索相关证书。如图 4.82 所示，弹出了本实践刚上传的证书。

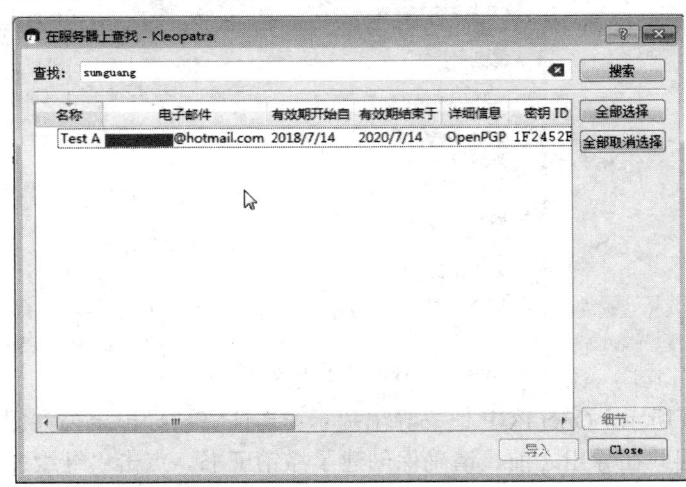

图 4.82　服务器上查找该证书

4.2.5　导入证书

导入证书时，根据证书的获取方式不同，有两种途径：一种是证书导入方直接在服务器上搜索，根据关键词搜索到该证书后，选定并点击“导入”按钮，即可将指定用户公钥导入本地；另一种是公钥证书持有者直接将自己的证书导出在本地，通过电子邮件等方式，直接交送证书给导入方。本实践以第二种方式进行演示。

当 Test B 用户将自己的证书发送给用户 Test A 后，Test A 执行如下操作：

(1) 如图 4.83 所示，点击工具栏上的“导入”按钮，开始导入证书。

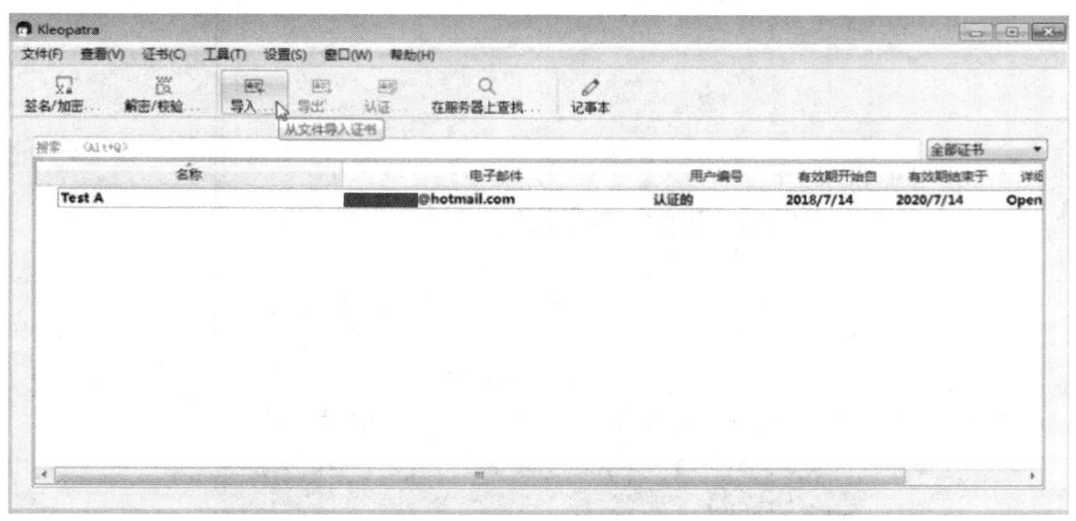

图 4.83　导入证书

(2) 如图 4.84 所示，选定用户 Test B 的证书，而后导入 Kleopatra 管理软件中。不过，现在还不能信任它，还需要对该证书进行验证。

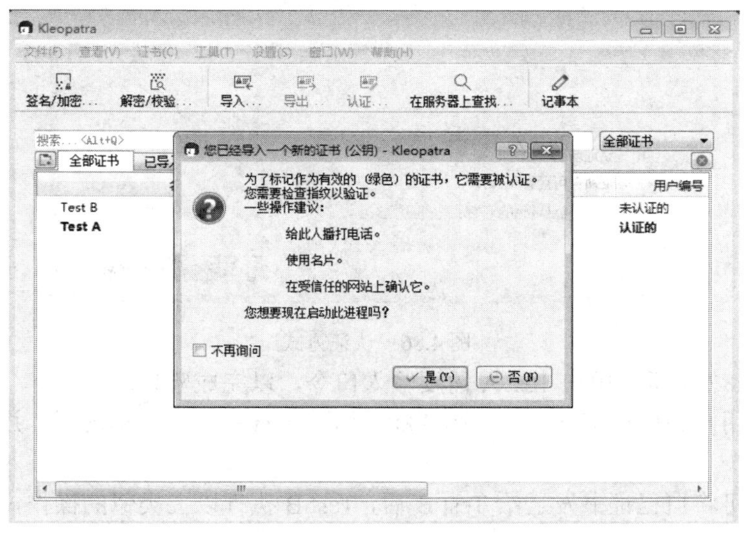

图 4.84　认证提示

(3) 如图 4.85 所示，认证的主要依据是证书的指纹信息。它是唯一的编码信息，每个证书有且只有一个，而且不存在指纹信息相同的两个指纹。用户可以通过电话询问等方式，确定对方的指纹信息，如果确认两者信息一致，则勾选“我已经验证了此指纹”，进行下一步操作。

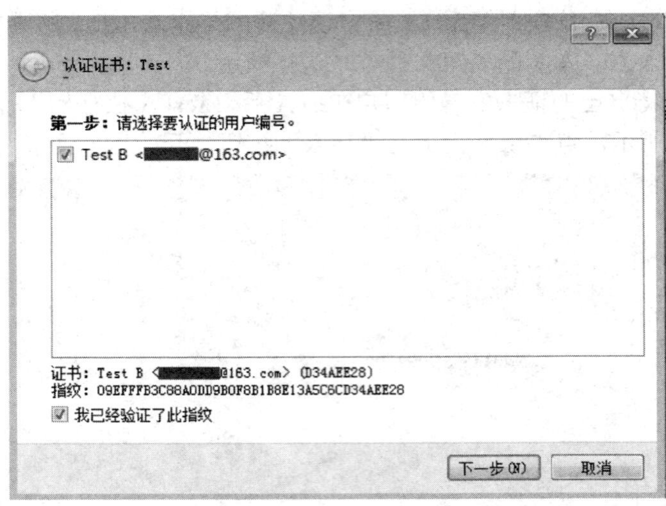

图 4.85　验证指纹

(4) 如图 4.86 所示，选择认证方式，本实践选择“只认证自己”。

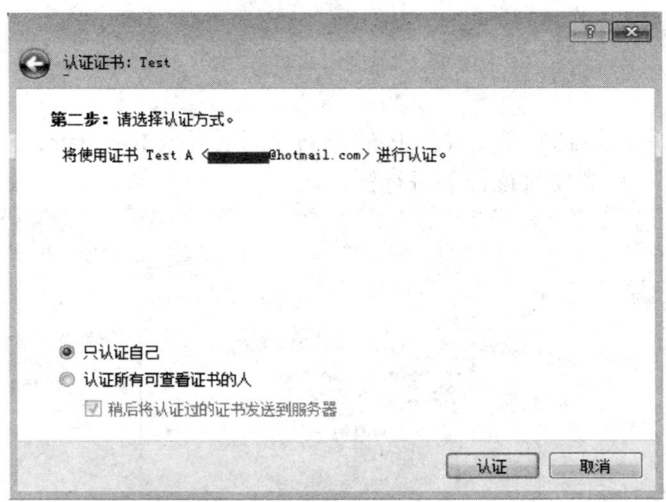

图 4.86　认证方式

(5) 如图 4.87 所示，用户 Test A 需要输入口令，以完成验证。

(6) Test A 用户完成证书导入，如图 4.88 所示，Test B 的证书出现了，并且用户编号显示为“认证的”。

(7) Test A 可将自己证书发送给 Test B 后，Test B 执行以上类似的操作，添加 Test A 的证书。

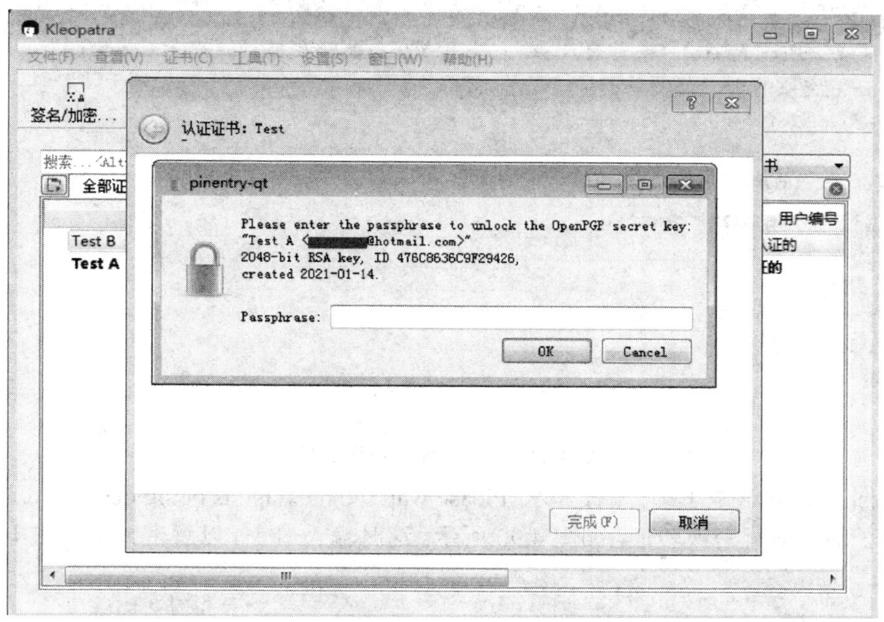

图 4.87　输入口令

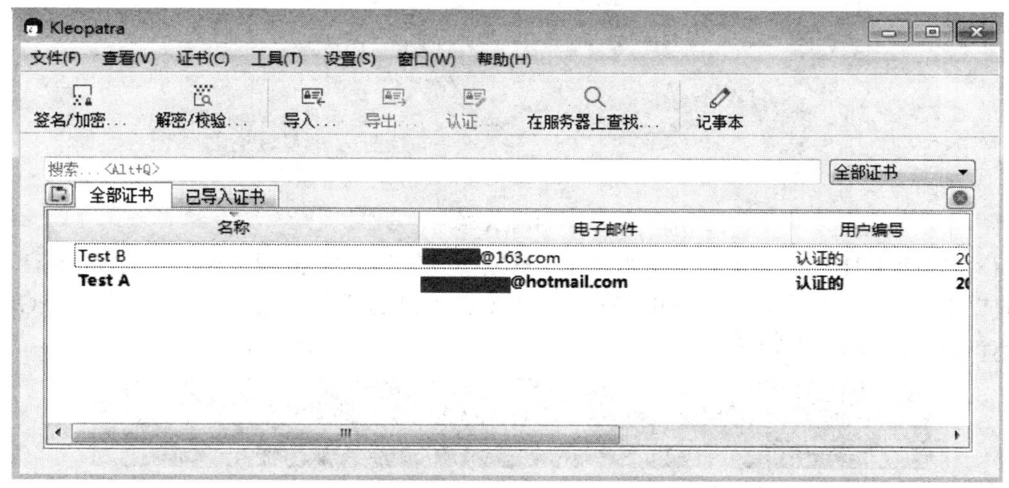

图 4.88　查看所有证书

4.2.6　保护 Outlook 电子邮件

Test A 和 Test B 下载 Outlook 软件并添加各自的账号后，进行电子邮件的安全保护。

(1) Test B 在“开始”面板内，点击“新建电子邮件”，如图 4.89 所示。输入收件人、主题、邮件内容等信息后，点击“邮件”面板内的“Secure”按钮。点击该按钮下方的箭头，有两个选项：Sign 和 Encrypt，其中 Sign 代表签名，Encrypt 代表加密。直接点击“Secure”按钮，表示既签名又加密。完成上述操作后，点击“发送”按钮。

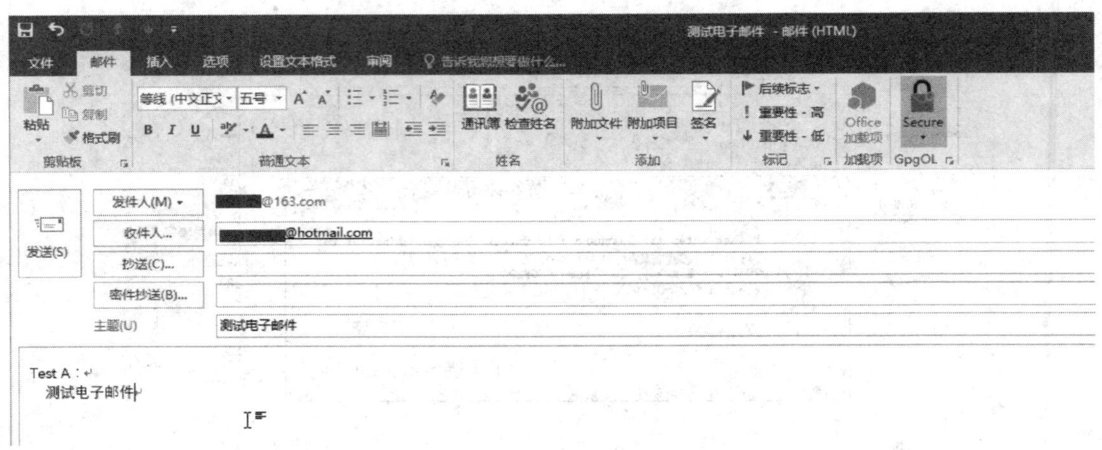

图 4.89　Test B 编辑电子邮件

(2) Test A 收到该电子邮件后，提示“Please wait the message is being decrypted/verified”，即等待电子邮件被解密或验证，如图 4.90 所示。这时输入口令，以解密或验证该电子邮件。

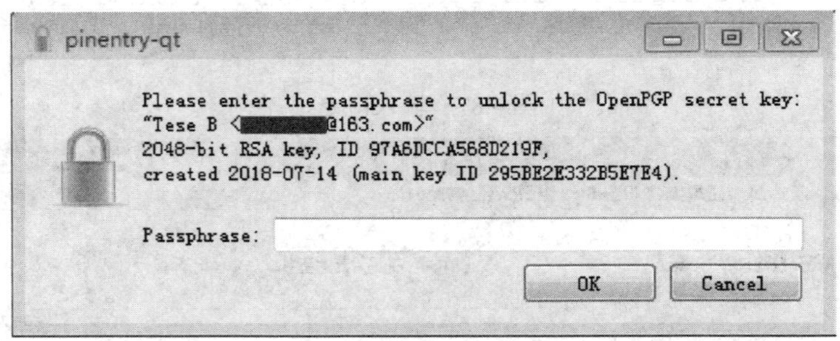

图 4.90　Test A 输入口令

(3) 如图 4.91 所示，电子邮件被验证和解密后，在“邮件”面板，出现了“Security Level 4”的提示，并且邮件显示“GpgOL：Trusted Sender Address”(可信任的发送者)和“GPGOL：Encrypted Message”(加密信息)。

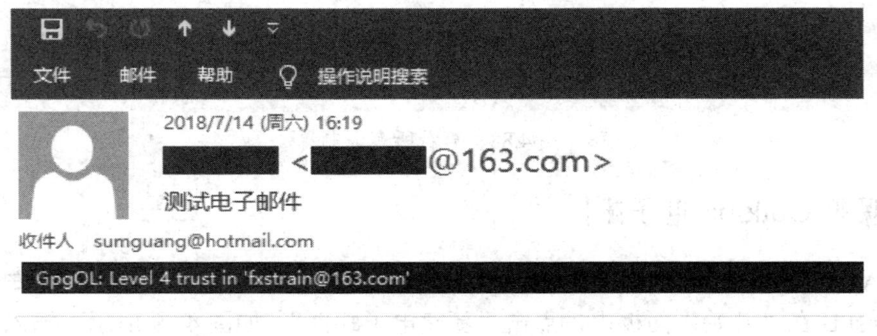

图 4.91　解密、验证后的电子邮件

4.2.7 文件加解密和签名

本节主要演示用户 Test A 加密和签名“测试文本.txt”，并将处理后的文件通过电子邮件发送给用户 Test B。用户 Test B 接收后，对文件进行解密和验证签名。

(1) Test A 加密“测试文本.txt”，内容为“测试文本：来自 A”。

① 如图 4.92 所示，新建测试文本后，选中并点击鼠标右键，选择“Sign and encrypt”。

图 4.92　选择“Sign and encrypt”

② 如图 4.93 所示，签名身份为 Test A；在加密选项内，勾选了“为我加密”，表示 Test A 可以解开加密后的密文；由于 Test A 要给 Test B 发送加密信息，这里需要勾选“为他人加密”，并输入 Test B 的证书；在输出选项里，选择加密后的信息的存放位置。最后点击“签名/加密”按钮。

③ 如图 4.94 所示，Test A 输入口令，进行文件签名和加密操作。

图 4.93　设置加密、签名信息　　　图 4.94　输入口令

④ 如图 4.95 所示，OpenPGP 的全部操作完成，“测试文本.txt”已经被签名和加密成功，输出为“测试文本.txt.gpg”。

(2) Test B 解密并获取文本信息。

① 如图 4.96 所示，Test B 用户收到该密文后，双击该密文，弹出输入口令对话框，输入 Test B 的口令。

② 如图 4.97 所示，软件完成验证和解密操作，显示“测试文本.txt.gpg”被解密为“测试文本.txt”，该文件同时具有有效的签名，由“sum****@hotmail.com”签名，使用的证书为“8E78 EC14 D4FA 267E 25D4 1B49 FB8E 1F24 52F2”。

③ 打开解密后的文件，看到如图 4.98 所示的文本文件。

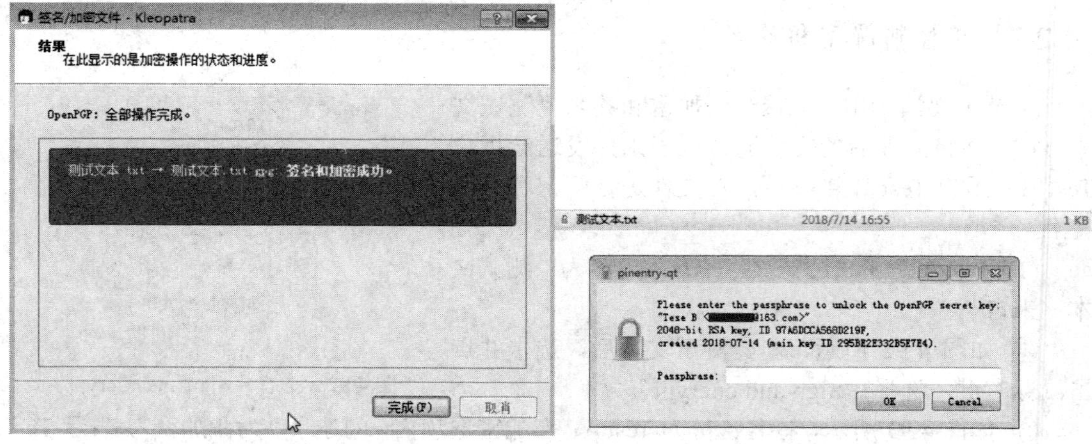

图 4.95　签名和加密成功　　图 4.96　输入口令解密密文

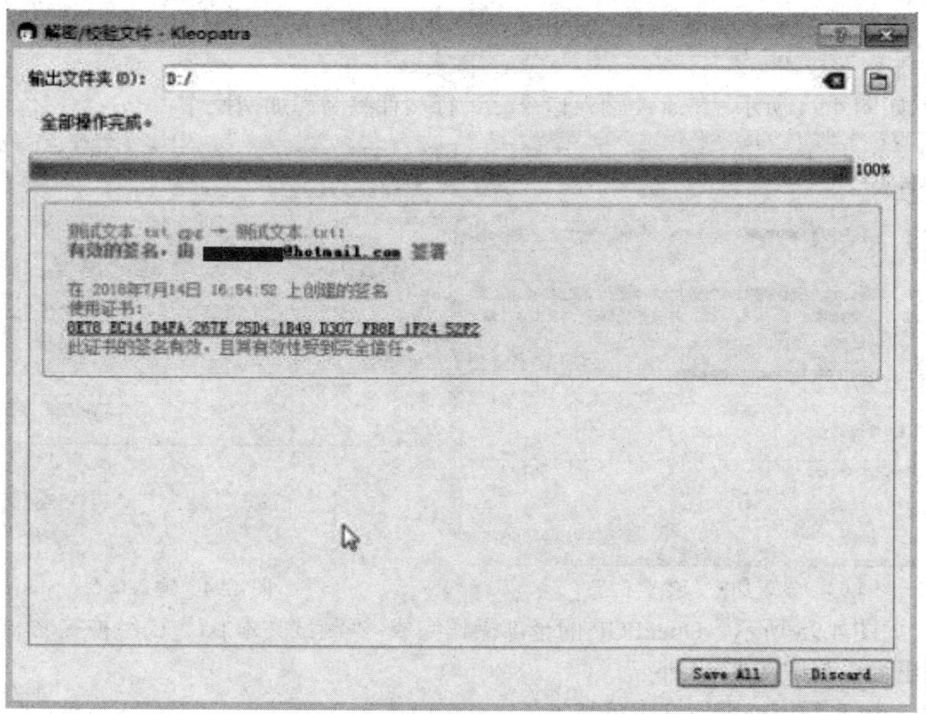

图 4.97　验证签名，并解密文件

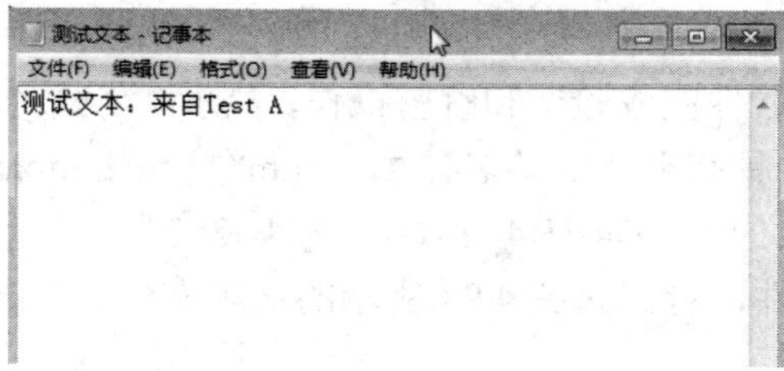

图 4.98　解密、验证后的文本文件

4.3　PGP 应用实践

4.3.1　基础知识

PGP(Pretty Good Privacy)是一款国际上公认的加密/签名工具套件，使用了有商业版权的 IDEA 算法并集成了有商业版权的 PGPdisk 工具，有别于开源的 GPG(GnuPG)。PGP 能够提供独立计算机上的信息保护功能，能够保护电子邮件、存储的文件、即时通信等。

用户可以使用 PGP 的数据加密功能，保护发送的信息。这些信息经过复杂的算法运算后编码，只有它们的接收者才能使用合适的密钥，把这些信息解密。

PGP 加密系统是采用公钥加密与对称加密相结合的混合加密技术。PGP 对称密码技术部分使用的密钥被称为“会话密钥”。每次加密文件时，PGP 会随机产生一个会话密钥，用以加密信息，而使用公钥加密技术，则加密传输该会话密钥。这样的混合加密技术既有加密速度快的优点，又能解决密钥管理问题。PGP 的公钥密码技术部分通常会使用到数字证书，包含以下内容：

(1) 密钥内容(用长达百位的数字表示的密钥)；

(2) 密钥类型(表示该密钥为公钥还是私钥)；

(3) 密钥长度(密钥的长度，以二进制位表示)；

(4) 密钥编号(用以唯一标识该密钥)；

(5) 创建时间；

(6) 用户标识(密钥创建人的信息，如姓名、电子邮件等)；

(7) 密钥指纹(为 128 位的数字，是密钥内容的提要，表示密钥唯一的特征)；

(8) PGP 把公钥和私钥存放在密钥环(KEYR)文件中。

PGP 在多处需要用到口令，它主要起到保护私钥的作用。由于私钥通常太长且无规律，难以记忆，PGP 把它用口令加密后存入密钥环，这样用户可以用易记的口令间接使用私钥。PGP 主要在 3 处需要用户输入口令：① 需要解开受到加密的信息时，PGP 需要用户输入口令，取出私钥解密信息；② 当用户需要为文件或信息签字时，需要用户输入口令，取出私钥，进行后续的签名；③ 对磁盘上的文件进行传统加密时，需要用户输入口令。

4.3.2　创建密钥对

(1) 下载 PGP Desktop 10 到本地主机中，并安装。安装完成后运行 PGP Desktop 软件，如图 4.99 所示。

(2) 点击菜单栏中的“文件“→“新建 PGP 密钥”，启动 PGP 密钥生成助手，如图 4.100 所示。

(3) 点击“下一步”按钮，进入姓名和电子邮件分配界面。输入姓名和一个真实有效的 Email 地址(此邮件地址会在下面的实践中使用到)，如图 4.101 所示。点击左下角的“高级”按钮，查看高级密钥设置，如图 4.102 所示，这里密钥类型为 RSA，密钥长度为 2048，对称密码算法默认是 AES，散列(哈希)函数默认是 SHA-2-256，可以根据需要，自行更改设置。

图 4.99　PGP Desktop 软件　　　　图 4.100　PGP 密钥生成助手

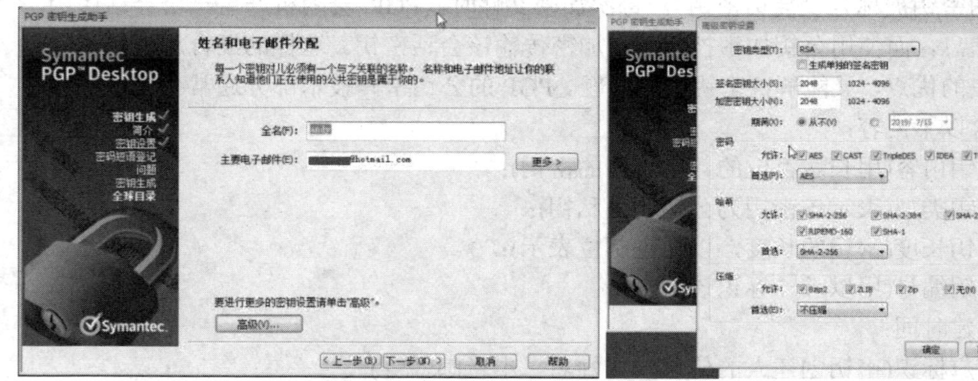

图 4.101　姓名和电子邮件地址　　　　图 4.102　高级密匙设置

(4) 点击“下一步”按钮，进入创建密码短语界面。输入至少 8 位字符长度的口令，如图 4.103 所示。

(5) 点击“下一步”按钮，进入密钥生成进度界面，等密钥生成后点击“下一步”按钮，完成密钥的生成，如图 4.104 所示。

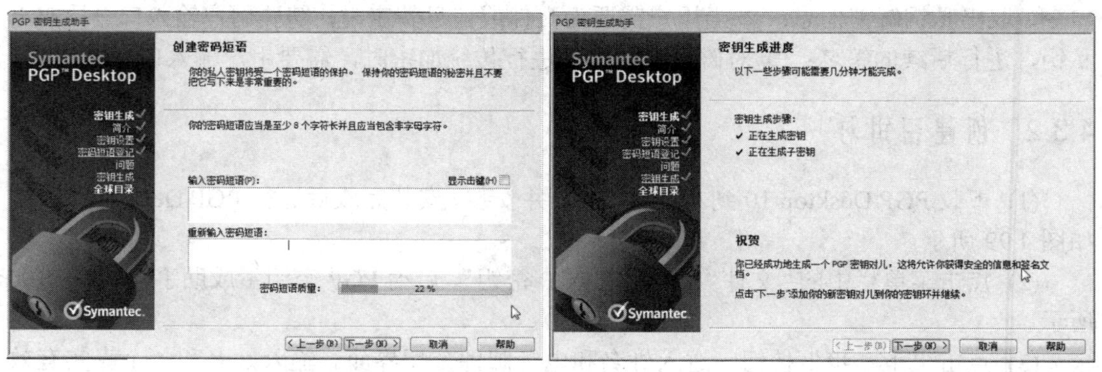

图 4.103　创建密码短语(口令)　　　　图 4.104　密钥生成进度

(6) 打开 PGP Desktop 软件，可以看到刚刚创建的密钥信息，如图 4.105 所示。

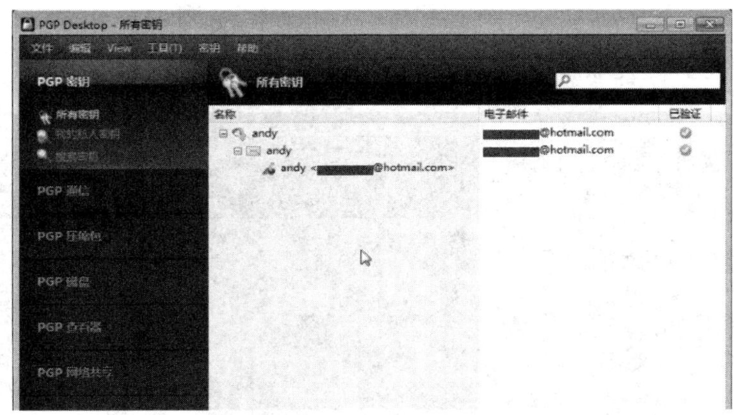

图 4.105　查看创建的密钥信息

4.3.3　文件加解密

本实践中，使用 4.3.2 节创建的密钥对文件进行加密和签名。

(1) 在待加密的文件“测试文本”上单击鼠标右键，选择“PGP Desktop”→“使用密钥保护”，弹出添加用户密钥对话框，如图 4.106 所示。

(2) 选择刚创建的密钥，使用它的公钥作为加密密钥；在签名并保存页面，选择该密钥的私钥作为文件的签名密钥。这样就实现了对文件的加密和签名双重功能。这里也可以输入“密码短语”，作为文件加密的口令，如图 4.107 所示。

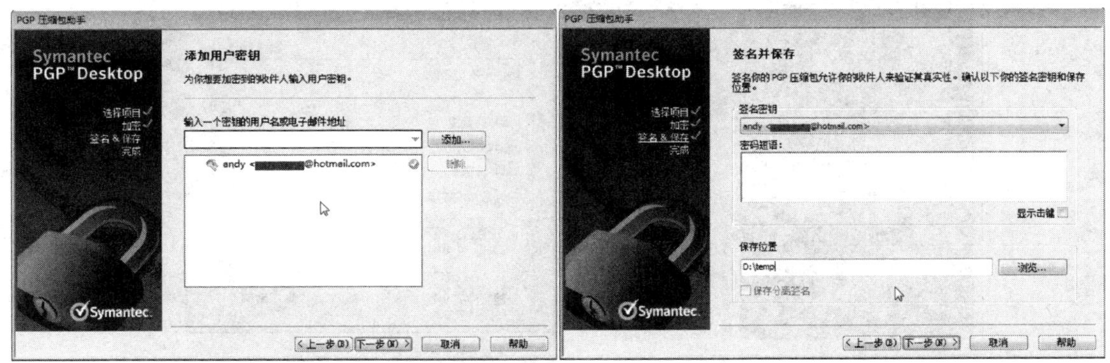

图 4.106　添加用户密钥　　　　图 4.107　选择签名密钥

(3) PGP 会对文件进行加密和签名，并保存为.pgp 的加密文件，如图 4.108 所示。

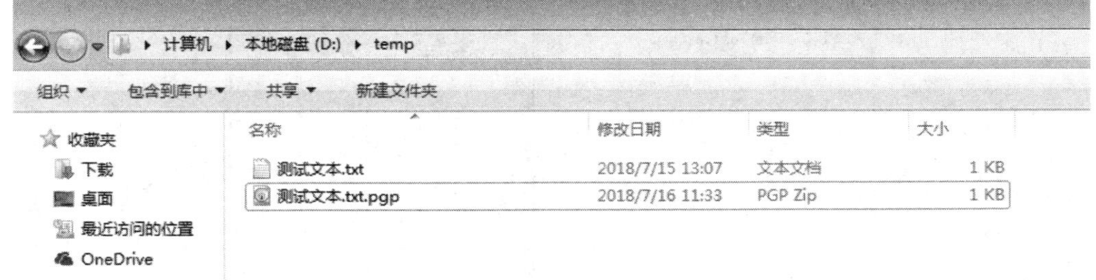

图 4.108　保存加密文件

(4) 若要查看加密后的文件，双击该文件，如图 4.109 所示，在选取区域内，用鼠标右键点击该文件选择“提取”，即可解密该文件。

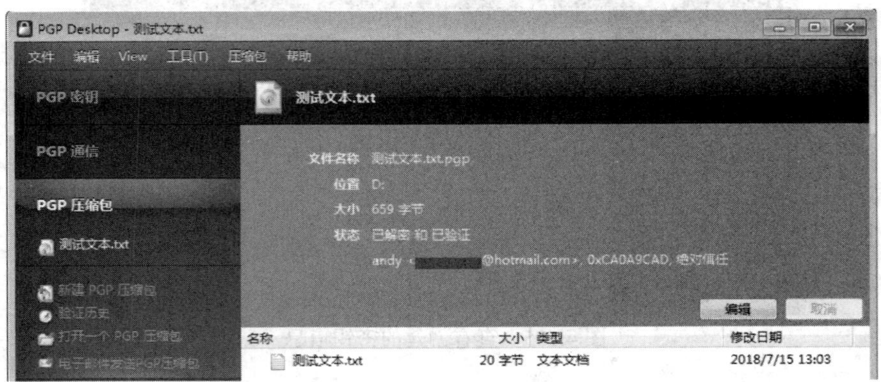

图 4.109　查看 PGP 压缩包

(5) PGP 解密文件前，会提示设置保存解密文件的位置，如图 4.110 所示。

图 4.110　设置保存解密文件的位置

(6) 找到保存好的解密文件后，打开并与原文件比较，如图 4.111 所示。

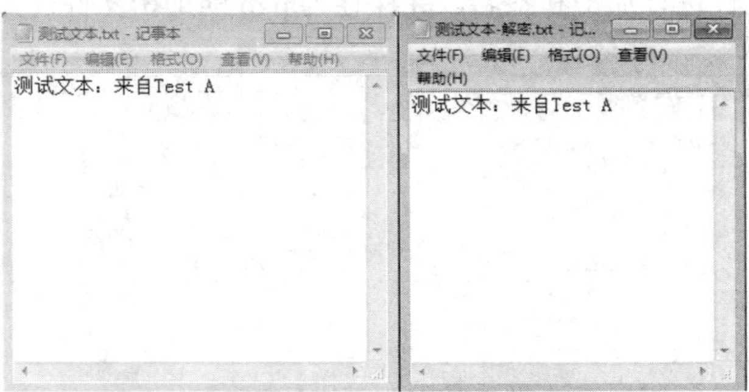

图 4.111　解密后与原文件比较

4.3.4　PGPdisk 的创建与使用

本实践说明 PGPdisk(PGP 磁盘)的创建与使用。

(1) 运行 PGP Desktop，点击左侧的“PGP 磁盘”，然后点击右侧的“新建虚拟磁盘”启动 PGPdisk 创建向导，如图 4.112 所示。

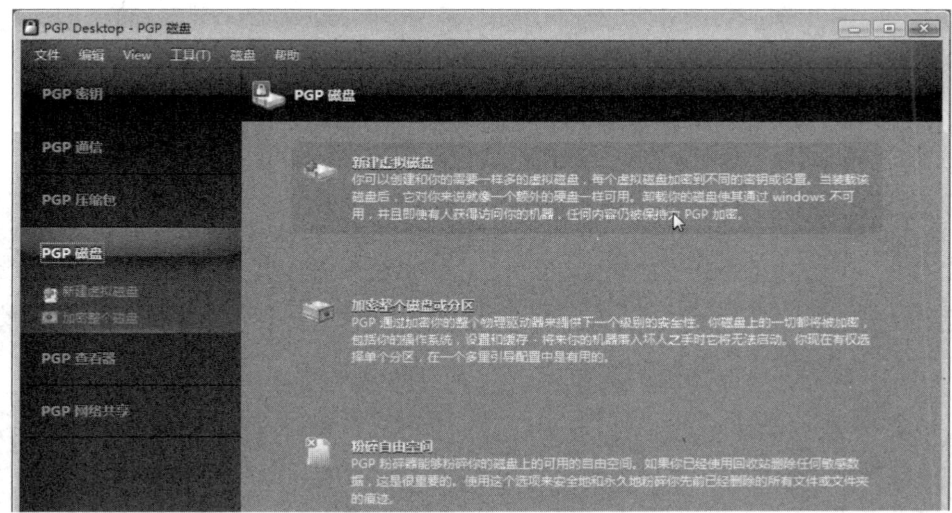

图 4.112　新建虚拟磁盘

(2) 设置虚拟磁盘属性，如图 4.113 所示，其中名称为“TestPGP.pgd”，磁盘文件位置为“D:”，装载为“G:”盘，容量类型为“可扩展的”，格式为“NTFS”，加密选用“AES(256 位)”算法。设置完成后点击“添加用户密钥”，选择刚创建的密钥，并添加到“用户访问”面板内。最后点击“创建”按钮，完成配置。

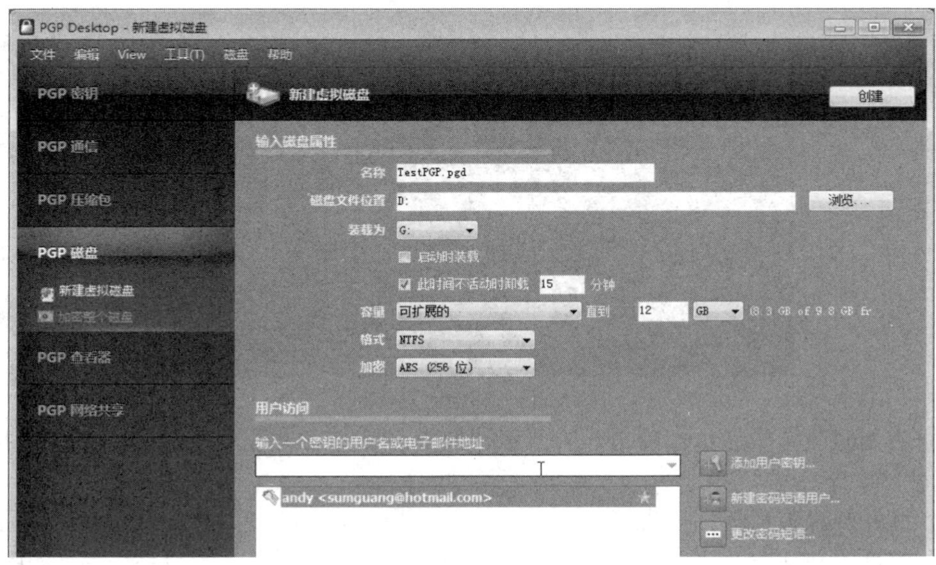

图 4.113　配置磁盘信息

(3) 在弹出的对话框内，输入公钥证书的口令，即图中的“密码短语”，如图 4.114 所示。

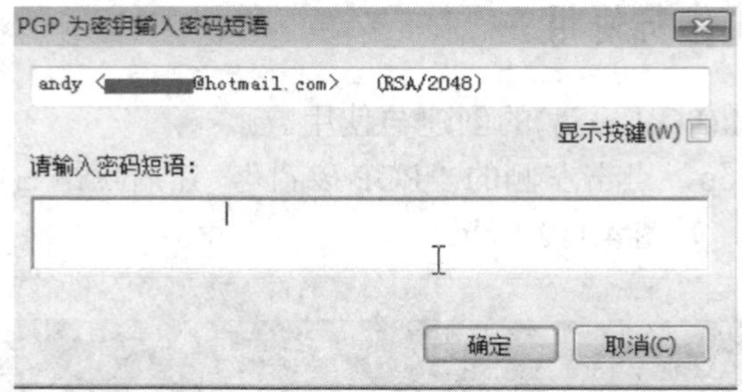

图 4.114　输入口令

(4) 输入口令后，点击“确定”按钮，进行磁盘创建，如图 4.115 所示。

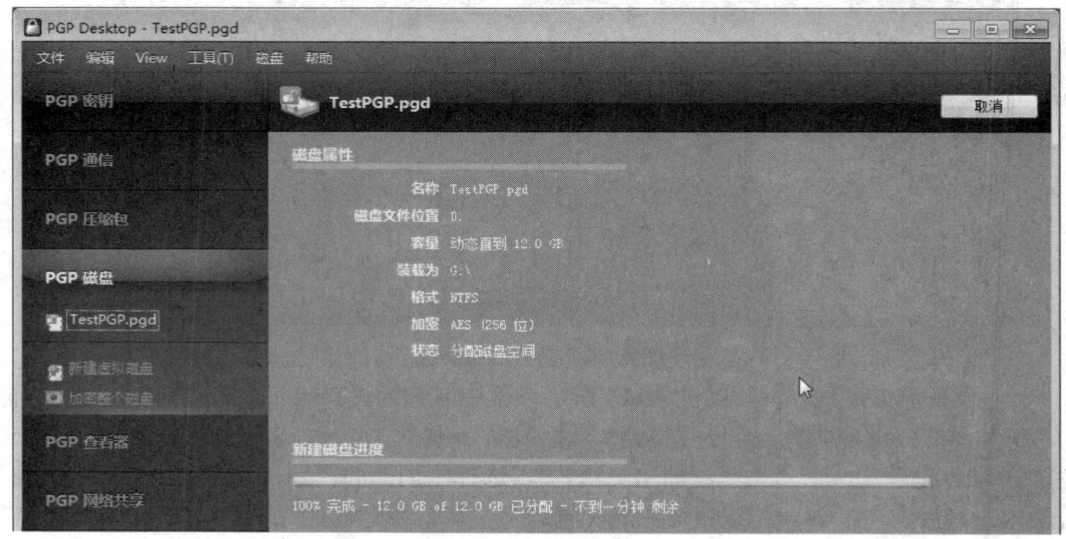

图 4.115　创建虚拟磁盘

(5) 创建过程中，会弹出如图 4.116 所示的 cmd 窗口，显示出虚拟磁盘的信息。

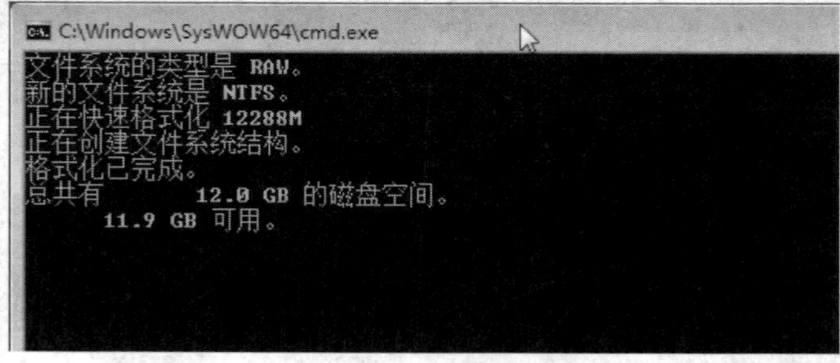

图 4.116　显示磁盘信息

(6) 磁盘创建完毕后，如图 4.117 所示，PGP 磁盘窗口右上角会出现“卸载”按钮，表示磁盘已创建完毕。

(7) 打开资源管理器，出现了“G”盘盘符，如图 4.118 所示。

(8) 磁盘的卸载方法为：点击图 4.117 右上角的“卸载”按钮。卸载完成后，如图 4.119 所示，右上角出现了“装载”按钮。

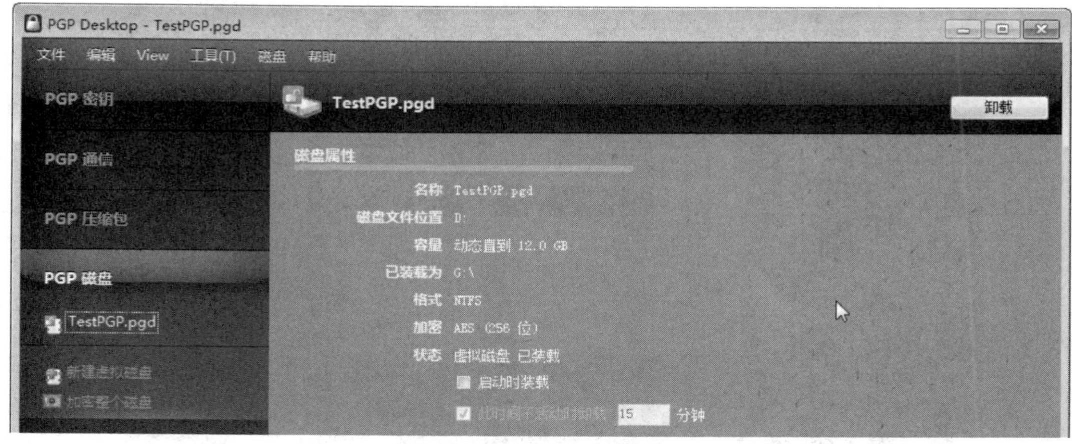

图 4.117　完成加载磁盘

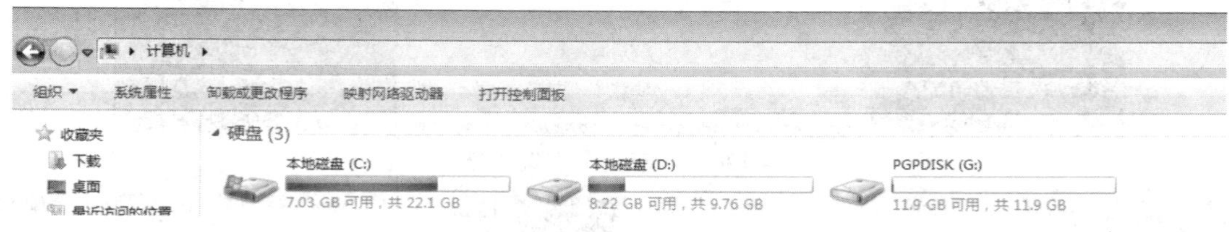

图 4.118　已装载 G 盘

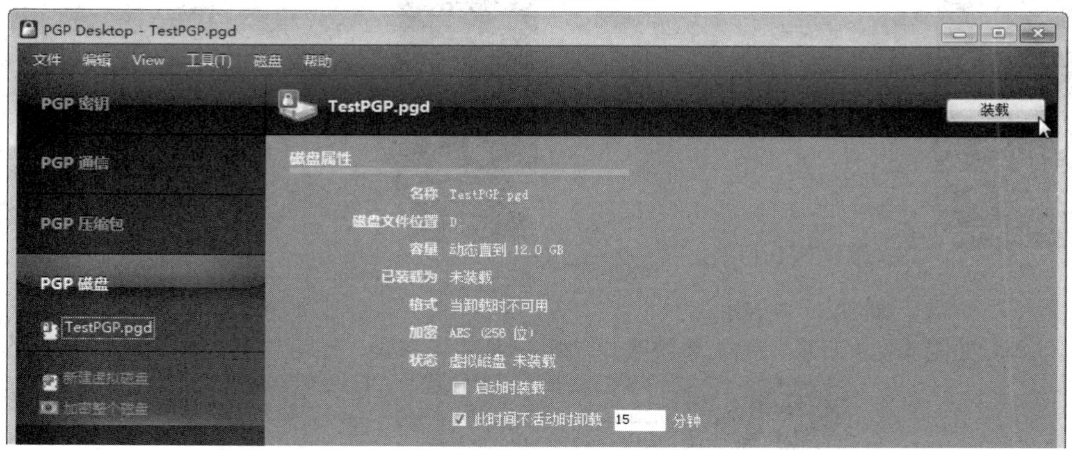

图 4.119　卸载磁盘完成图

4.3.5　PGP 加密操作系统

(1) 在 PGP 磁盘面板下，点击“加密整个磁盘”，而后在“选择要加密磁盘或分区”里选择“C 分区”，如图 4.120 所示。

(2) 在图 4.120 中，点击“新建密码短语用户”，弹出“PGP 磁盘助手”向导，如图 4.121 所示，选择“使用 Windows 密码”。

(3) 如图 4.122 所示，设置双重认证，除了 PGP 密码短语(口令)外，还可以设置一个新的安全选项，如 USB 闪存、TPM 等。本实践直接选择了“仅继续进行密码短语认证”。

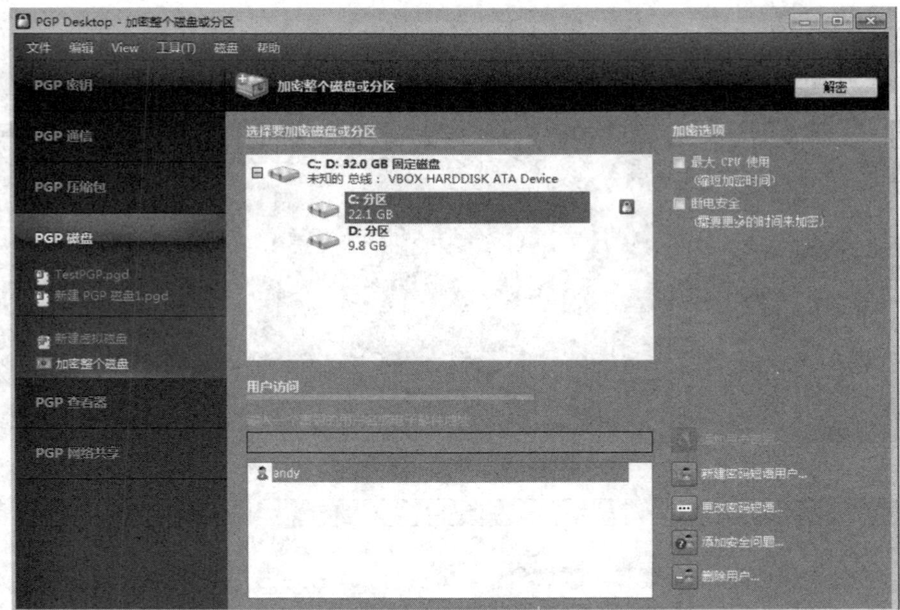

图 4.120　加密整个磁盘或分区

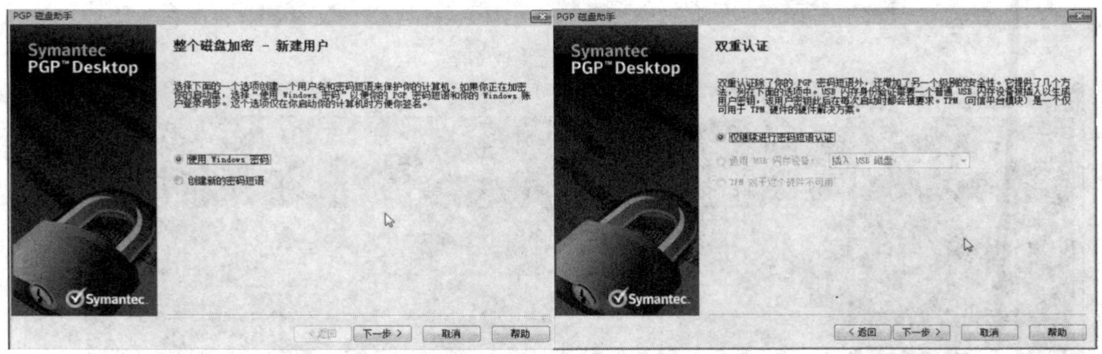

图 4.121　新建用户　　　　图 4.122　双重认证

(4) 如图 4.123 所示，输入系统账户的用户名称和密码，域可设置为空。

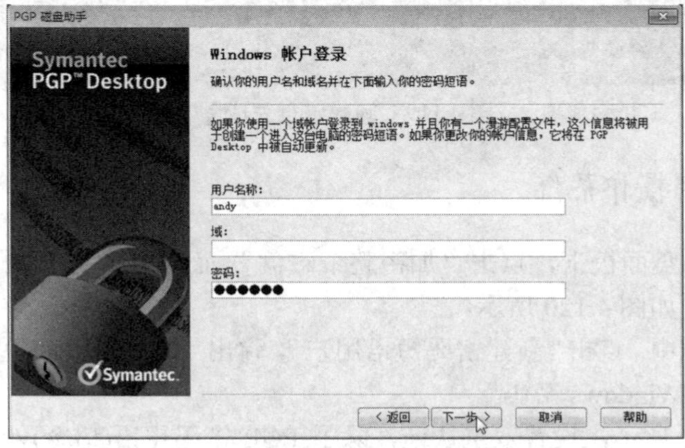

图 4.123 设置 Windows 账户用户名和密码

(5) 如图 4.124 所示，PGP Desktop 正在加密 C 盘。

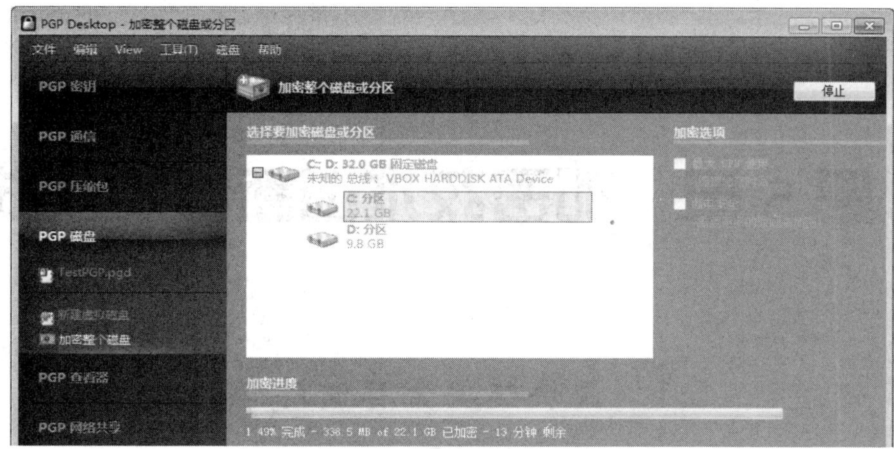

图 4.124　加密分区进度

(6) 如图 4.125 所示，PGP Desktop 加密系统成功后，重启计算机就可出现该画面，输入正确的口令后，才可登录计算机。

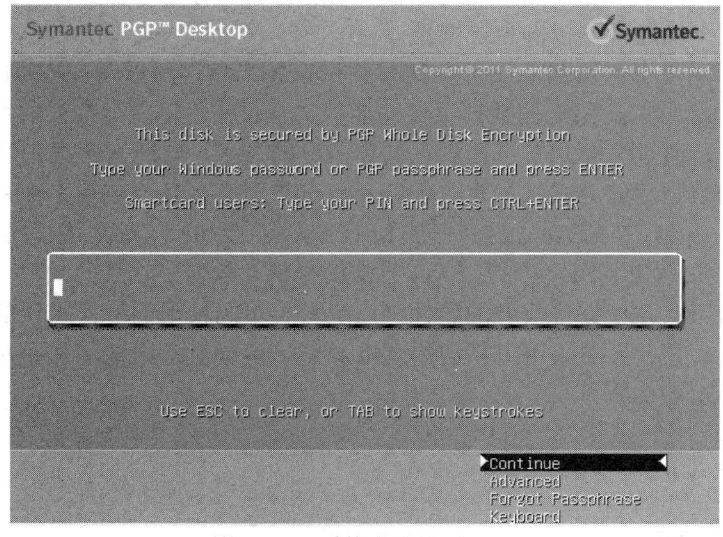

图 4.125　系统登录界面

4.4　思　考　题

(1) 使用 VeraCrypt 软件完成文件、U 盘和操作系统的加解密使用，并撰写实践报告。

(2) 使用 Gnu PG 软件完成密钥对创建、证书交换、电子邮件安全防护和文件安全保护的实践操作，并撰写实践报告。

(3) 使用 PGP 软件完成密钥对创建、证书交换、电子邮件安全防护和文件安全保护的实践操作，并撰写实践报告。

(4) Gnu PG 和 PGP 软件有什么异同点？

(5) Gnu PG 的加密原理是什么？

第 5 章　加密技术创新综合实践

5.1　区块链安全存储综合系统

勒索病毒在全球的爆发和迅速蔓延，致使成千上万的服务器和计算机被攻陷，中心化存储的文件无法正常使用，甚至无法恢复，数据的安全存储再一次引起广泛关注。现行的数据安全存储与共享平台，因其过度依赖中心服务器，存在单点失效、数据可篡改、易受网络攻击等安全问题，难以满足抗毁性。

本章将开发基于区块链的安全存储与共享系统，将区块链与 IPFS(InterPlanetary File System，星际文件传输系统)的数据存储功能相结合，采用智能合约实现系统功能，记录用户的所有操作，通过分布式节点提供存储和服务的技术，对所有数据信息分区块存储，形成不可篡改的数据存储方式，有效防止单个节点数据遭到篡改或遗失；系统采用了基于密文策略的属性加密(CP-ABE)与国密算法 SM4 进行混合加密，对文件数据采用 SM4 对称加密算法进行加密，CP-ABE 仅加密 SM4 算法的密钥，取得了较高的效率，用户通过制定灵活的属性加密策略，根据接收方的属性，控制具有不同权限的解密密钥的获取，实现人员对数据的分级访问；系统采用可拓展的 API 接口，可根据需要灵活拓展和移植，降低了技术准入门槛和运行成本。

5.1.1　基础知识

1. 区块链技术

2008 年，化名为“中本聪”(Satoshi Nakamoto)的学者发表了论文《比特币：一种点对点式的电子现金系统》，促成了区块链技术的起源和发展。狭义来讲，区块链是一种按照时间顺序将数据区块以顺序相连的方式，组合成的一种链式数据结构，并以密码学方式保证的不可篡改和不可伪造的分布式账本。广义来讲，区块链技术是利用块链式数据结构来验证与存储数据，利用分布式节点共识算法来生成和更新数据，利用密码学的方式保证数据传输和访问的安全，利用由自动化脚本代码组成的智能合约来编程和操作数据的一种全新的分布式基础架构与计算范式。

作为时下最具颠覆性的科技，区块链技术已经引起世界范围内的广泛关注。未来，随着移动人工智能、物联网、区块链等新技术的互相结合，区块链的去中心化、可溯源性和不可篡改等特性将发挥更大的作用，必将给很多行业带来变革。

区块链技术的自身特点，有效解决了存储过程中的恶意篡改问题，并实现了数据的分布式存储。但区块链的自身存在的缺陷，即单个区块的存储容量有限，使得单纯依靠区块链技术无法完成对大数据的存储，而 IPFS 就很好地解决了存储大数据的问题。

2. IPFS

星际文件系统(InterPlanetary File System)这个名字出自利克莱德(J.C.R. Licklider)的“星际”(Intergalactic)互联网，是一种新的点对点超媒体协议。IPFS 是通用的，并且存储限制很少。它服务的文件可大可小，会自动将大的文件切割成小块，使节点不仅可以像 HTTP 一样从一台服务器上下载文件，还可以从数百台服务器上进行同步下载。

IPFS 弥补了现有区块链系统在文件存储方面的短板，将 IPFS 的永久文件存储和区块链的不可篡改、时间戳证明特性结合，非常适合在版权保护、身份及来源证明等方面加以应用。

3. 属性加密

属性加密机制(Attribute Based Encryption，ABE)是一种加密访问控制方式：在属性加密系统中，用户的私钥和密文与一个属性集或属性上的策略相关；当且仅当用户的私钥和密文相匹配时，这个用户才可以解密密文，而密文不必以传统的公钥密码体制加密给一个特定的用户。

ABE 具有以下四个特点：

(1) 发送方仅需关注属性加密消息，无需关注群体中成员的数量和身份，降低了数据加密开销并保护了用户隐私；

(2) 只有符合密文属性要求的接收方才能解密消息，从而保证了数据的机密性；

(3) 用户密钥与随机多项式关联，不同用户的密钥无法联合，防止了用户的合谋攻击；

(4) 支持基于属性的访问控制策略，可以实现属性的与、或、非和门限操作。

CP-ABE(Ciphertext Policy Attribute based Encryption，密文策略属性基加密系统)是指，密文对应于一个访问结构，而密钥对应于属性集合，当且仅当属性集合中的属性能够满足此访问结构才能进行解密。这种设计比较接近于现实中的应用场景，每个用户根据自身条件或者属性从属性机构得到密钥，加密者依据用户的属性来制定对消息的访问控制。

CP-ABE 算法的主要步骤如下：

(1) 系统初始化 Setup：生成主密钥 MK 和公开参数 PK。

(2) 加密 CT = enc(PK，M，T)：使用 PK、访问结构(加密策略)T 和加密数据明文 M，加密后的密文为 CT。

(3) 产生私钥 SK = Keygen(MK，A)：使用 MK 和用户属性集 A 生成用户的私钥 SK(Keygen 函数处理时关联存放公钥和私钥的文件，因此传入四个字符串参数)。

(4) 解密 M = dec(CT，SK)：使用私钥解密密文 CT 得到明文 M。

4. 国产加密算法 SM4

SM4 分组密码算法是我国自主设计的分组对称密码算法，是由国家密码管理局于 2006 年 1 月公布的用于无线局域网产品的分组对称密码算法，是我国官方公布的第一个商用密码算法。SM4 密码算法与公钥密码算法相比，具有数据吞吐率高、硬件资源消耗少等优点，非常适合于网络数据的加密保护以及存储数据或文件的加密保护。

5.1.2　系统功能与设计

1. 系统功能

基于区块链的安全存储与共享系统采用区块链和 IPFS 分布式存储技术，使用基于密文策略的属性加密(CP-ABE)和国密 SM4 作为加密机制，实现数据的混合加密、上传下载、分级访问控制和分布式存储，具备抗毁、数据不可篡改、可追踪审计等性质，为数据的安全存储和安全共享提供了解决方案。

主要功能如下：

(1) 加密功能：系统中的所有用户都可以根据实际需要，灵活制定加密策略，对数据进行混合加密。其中，加密的数据分为密钥信息和文件数据两部分。密钥信息用基于属性加密的方法进行加密，文件数据用国产 SM4 对称加密方法进行加密。

(2) 上传/下载功能：客户端将数据通过智能合约，上传至 IPFS 分布式存储系统，得到上传的散列值，结合区块链的 API 将散列值送入区块链中，实现对文件的上传功能。当用户下载文件时，区块链中的智能合约获取存放在区块链中的文件散列值，通过该散列值从 IPFS 下载至本地存储，并验证文件的合法性。整个通信过程中，数据都以密文形式进行传输，确保数据不被非法获取。

(3) 解密功能：系统中用户都可以根据自身的属性，获得相应的属性私钥，访问区块链，获取数据中的密钥信息，通过使用自身的属性私钥对密钥信息进行解密，得到 SM4 对称加密的密钥，接着使用 SM4 对称加密的密钥对文件数据进行解密，获得最终的数据。

(4) 查询功能：根据区块链分布式账本的特点，所有区块链中的交易记录对于所有节点都是透明的、可查询的。利用区块链提供的 API 接口，可以实现对任意区块的详细交易记录的查询。

2. 系统架构

系统的架构包括 6 个层次，即用户层、应用层、智能合约层、共识层、数据层和网络层，如图 5.1 所示。

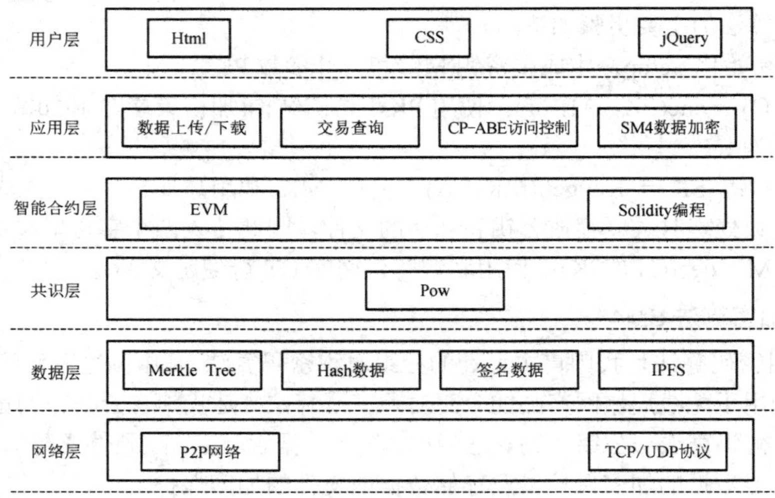

图 5.1　系统架构图

1) 用户层

用户层负责与用户进行交互，开发界面使用 HTML5、CSS 和 jQuery 等技术编写，方便用户进行系统的访问和管理。

2) 应用层

数据上传/下载。用户通过该系统可以上传与下载文件，上传的文件自动采用 CP-ABE 和 SM4 算法进行混合加密，其中 CP-ABE 加密会话密钥，SM4 采用该会话密钥加密真正的文件数据。

CP-ABE 访问控制。采用 CP-ABE 作为权限管理，通过用户注册时的属性分配对应的密钥，实现了只有拥有该属性的用户才能解密得到会话密钥，从而控制了用户的访问权限。

SM4 数据加密保护。用国密 SM4 算法对文件本身进行加密，并和 CP-ABE 形成混合加密，在提高文件加密强度的同时，也提升了加解密速率。

交易查询。文件的上传/下载都是一笔交易，通过交易的查询，能够查看文件操作记录。

3) 智能合约层

智能合约是运行在区块链上的一段无须干预即可自动执行的代码，EVM 是智能合约运行的虚拟机。项目通过采用以太坊的 Solidity 语言进行智能合约的编程，无须任何中介干预的情况下，支撑实现应用层的各种功能。

4) 共识层

共识层能够让高度分散的节点在去中心化的系统中针对区块数据的有效性达成共识。区块链中比较常用的共识机制包括工作量证明(Proof of Work，PoW)、权益证明(Proof of Stake，PoS)和股份授权证明(Delegated Proof of Stake，DPoS)等多种。以太坊用的是 PoW 工作量证明机制，此机制根据算力进行奖励和惩罚，如有节点作弊，那么算力会受到损失。

5) 数据层

数据层的功能为数据存储、账户和交易的实现与安全。数据存储主要基于 Merkle Tree，通过区块的方式和链式结构实现，部分数据量比较小的 Hash 数据、签名数据直接存储于区块链上，而较大的文件加密数据存储于 IPFS 上。

Merkle Tree。Merkle Tree 即梅克尔树，一般意义上来讲，它是哈希大量聚集数据“块”(chunk)的一种方式，它依赖于将这些数据“块”分裂成较小单位(bucket)的数据块，每一个 bucket 块仅包含几个数据“块”，然后取每个 bucket 单位数据块再次进行哈希，重复同样的过程，直至剩余的哈希总数仅变为 1，即根哈希(root hash)。

IPFS。利用 IPFS 分布式存储特点，将文件上传至 IPFS 中存储，将文件所在的地址放在区块链中；同时，使用区块链的分布式账本技术，实现了文件的分布式存储和不可篡改。

6) 网络层

网络层的主要目的是实现区块链网络节点之间的信息交互。区块链的本质是一个点对点(P2P)网络，每一个节点既能够接收信息，也能够生产信息，节点之间通过维护一个共同的区块链来保持通信。

P2P 网络(Peer-to-peer networking)，是没有中心服务器、依靠用户群交换信息的互联网体系。由于服务是分散在各个结点之间进行的，部分结点或网络遭到破坏对其他部分的影响很小，因此 P2P 架构天生具有耐攻击、高容错的优点。

P2P 网络的实现依赖于 TCP/UDP 网络协议。

3. 系统结构

系统的拓扑图如图 5.2 所示，本系统内节点通过有线或无线的方式连接在一起，形成一个 P2P 的区块链网络。系统根据节点的性能，选定部分节点作为 IPFS 节点。这样系统内所有节点就形成了两个系统：

(1) IPFS 系统：一个分布式文件存储管理系统，用于对文件的分布式存储。

(2) 区块链系统：运行智能合约，响应用户的文件请求，将存储地址加入到分布式账本中，实现记录的不可篡改。

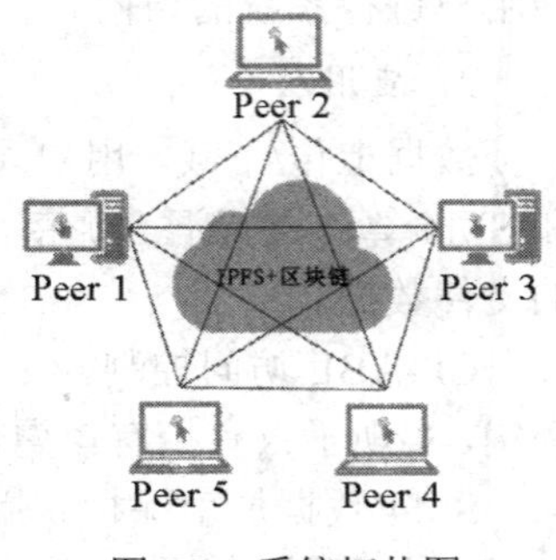

图 5.2　系统拓扑图

4. 系统流程

系统的操作流程图如图 5.3 所示。

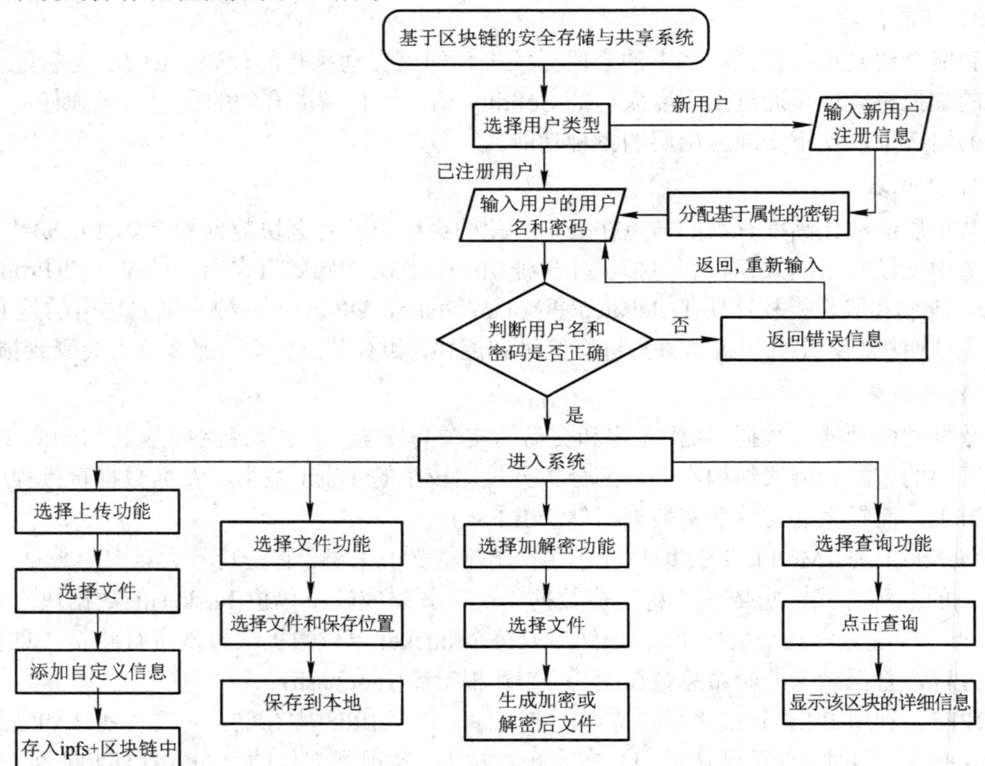

图 5.3　系统流程图

使用本系统前需注册一个账户，在注册后系统会分配基于其属性的密钥，而后利用该账户登录本系统。在进入系统后，根据自身需要选择功能模块。

(1) 如果用户想要上传文件，则选择上传模块，而后为自己的文件添加自定义信息，方便后期的查询管理。此后，文件内容将存储在 IPFS 中，而文件的地址则存储在区块链中。

(2) 如果选择文件功能，则该界面会显示所有存储在区块链和 IPFS 中的文件，而后系统根据用户需要选择下载位置存储到本地。

(3) 如果选择加解密功能，系统则会自动利用用户注册时生成的密钥，对文件进行SM4+CP-ABE 的加密或解密操作。

(4) 如果选择查询功能，系统则根据用户输入想要查询的数据，如区块号或者哈希地址，显示出该区块的详细信息。

5. 系统模块

如图 5.4 所示，根据功能需求，本系统共分为 5 个模块：

(1) 前端 UI 模块：实现用户交互。

(2) 上传模块：实现信息的上传功能。

(3) 下载模块：实现信息的下载功能。

(4) 加密模块：基于 CP-ABE 和 SM4 算法对文件进行加密。

(5) 查询模块：根据需要查询特定区块或地址得到详细信息。

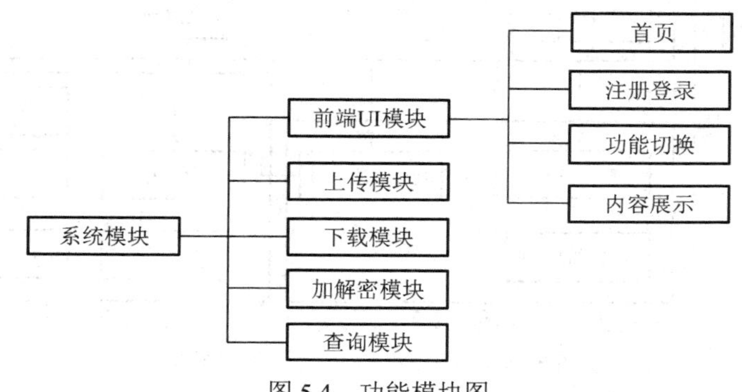

图 5.4　功能模块图

系统模块详细设计为：

(1) 上传功能模块设计：通过 IPFS 上传文件，得到上传的加密散列值，将其通过智能合约和区块链的 API 将加密的散列值送入区块链中，实现对文件的上传功能。

(2) 下载功能模块设计：通过界面获取存放在区块链中的散列值，验证散列值是否合法，如果其长度为 40 位且是 QM 开头，说明其散列值合法。如果合法那么通过 IPFS 下载至本地存储设备。

(3) 加密模块设计：在实际应用中，由于 CP-ABE 算法是非对称算法，加解密效率不高，不适合直接对数据文件进行加密，因此，数据所有者首先使用对称加密算法加密文件，先得到数据密文；然后根据不同的权限的访问结构，使用 CP-ABE 加密对称密钥，从而得到相应的密钥密文，然后把该密钥密文发送给 CSP(Cloud Service Provider)，在本节则是指发送到基于区块链的安全存储与共享系统。共享用户向本系统提出申请访问权限，得到数据密文、密钥密文，向数据所有者发送自己的属性证书，从而得到私钥。利用私钥，解密密钥密文得到对称密钥，再对数据密文进行解密访问数据文件。其基本架构如图 5.5 所示。

(4) 查询模块设计：根据区块链分布式账本的特点，所有的交易记录和信息都是透明的，所以利用区块链提供的 API 接口，实现对特定区块详细信息的查询。

(5) 界面功能设计要求：

① 页面简洁大方，突出主题，整个页面要形成一个整体。

② 各类功能标签居左，实现快速功能切换。

③ 字体大小适中，字迹清晰，不要使用 3 种以上字体。

④ 代码设计要整洁规范，统一使用 CSS+HTML 设计，IE、Firefox、Chrome 等主流浏览器兼容性较好。

⑤ 使用 JAVASCRIPT+CSS 等前端技术设计交互动态效果，改善用户体验。

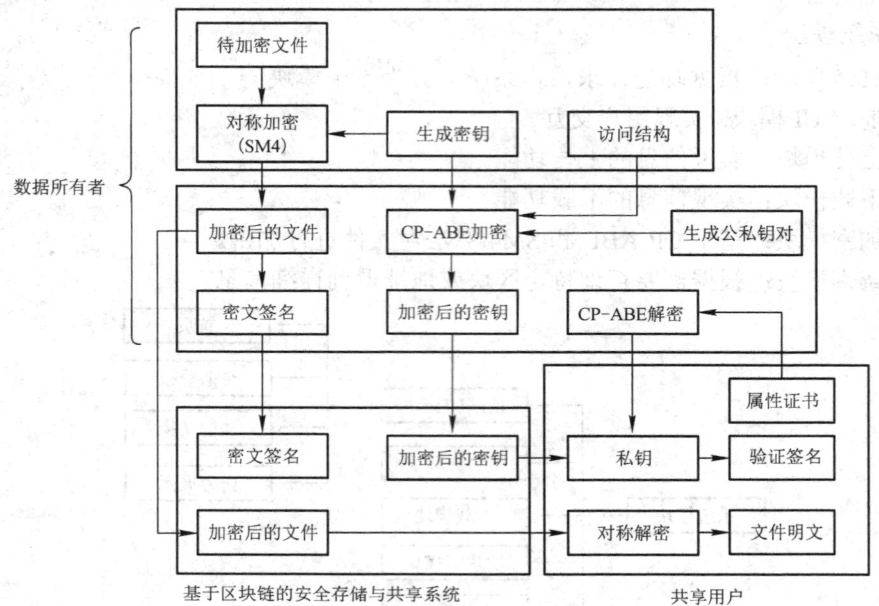

图 5.5　CP-ABE 和 SM4 混合加密架构

5.1.3　系统实现

1. 环境的搭建

1) 配置 IPFS

前往 https://ipfs.io/，下载对应系统的环境配置包。而后在环境配置文件所在路径中，使用命令提示符输入“ipfs init”进行 IPFS 的初始化，随后通过命令“ipfs daemon”启动 IPFS 并保持后台运行，如图 5.6 所示。

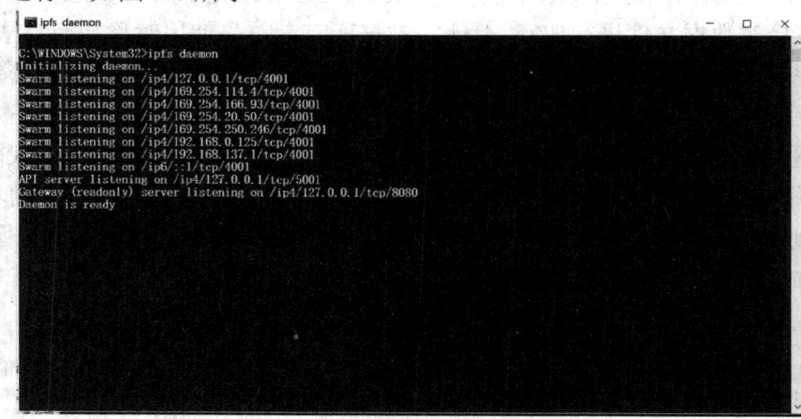

图 5.6　成功后台运行后的画面

2) Geth(以太坊区块链)配置

Geth 的全称是 go-ethereum，是一个以太坊客户端，用 go 语言编写，是目前最常用的客户端。

安装和配置以太坊的过程如下：

(1) 安装 ethereum。在操作系统内安装 ethereum 客户端。

(2) 创建创世区块信息。启动私有链之前，我们需要创建创世区块、创建文件 genesis.json 以及填写创世区块信息。genesis.json 文件内容如下所示：

```
{
  "config": {
    "chainId": 10,
    "homesteadBlock": 0,
    "eip155Block": 0,
    "eip158Block": 0
  },
  "nonce": "0x0000000000000042",
  "timestamp": "0x00",
  "parentHash": "0x0000000000000000000000000000000000000000000000000000000000000000",
  "extraData": "0x00",
  "gasLimit": "0x8000000",
  "difficulty": "0x400",
  "mixhash": "0x0000000000000000000000000000000000000000000000000000000000000000",
  "coinbase": "0x3333333333333333333333333333333333333333",
  "alloc": { }
}
```

然后执行命令“geth --datadir data initgenesis.json”，初始化创世块。这时候会发现指定的目录下多了 geth 和 keystore 两个文件夹，分别为 gen 和 keystore。其中 geth 保存的是该链上的区块数据，keystore 保存的是该链上的用户信息。

(3) 启动私有链。在命令提示符内，输入命令 geth --identity “PICCetherm” --rpc --rpccorsdomain “*” --datadir”%cd%\chain” --port “30303” --rpcapi “db,eth,net,web3” --networkid95518 console，就可以启动私有链，如图 5.7 所示。

(4) 创建用户并挖矿。如图 5.8 所示，在命令提示符内，输入命令 eth.accounts，会发现返回值为[]，这是因为此时虽然以太坊的私有链已经被创造出来，但还没有任何账户。输入命令 personal.newAccount("xxx")，将创造一个新的用户，该用户的密码是 xxx.。当然用户也可以将 xxx 改为 123 或者 123456，或者任意密码。再次输入命令 eth.accounts，则发现一个新的用户被创建了出来。重新输入命令 personal.newAccount() ð.accounts，可以创建若干个账户，使用 miner.start()命令来实现挖矿。至此所需要的环境便配置好了。

需要注意的是：

- 挖矿挖到的以太币会默认保在第一个账户中，即 eth.acccounts[0]中。

• 挖矿是执行智能合约的基础。如果停止挖矿的话，不仅以太币会停止生成，所有智能合约的调用也会不起作用。

• 如果真的要停止挖矿，可以执行命令 miner.stop( )来停止挖矿。

• 按上面的命令，应该是可以实现以太坊挖矿的。如果不行的话，有可能就是之前有存在的链，此时应该删除之前的数据。即删除~/.ethash 文件夹和里面的文件即可。

```
geth --identity "PICCetherum" --rpc --rpccorsdomain "*" --datadir "D:\yitaifang\新建文件夹\chain" --port "30303" --rpcapi "db,eth,net,w...

D:\yitaifang\新建文件夹>geth --identity "PICCetherum" --rpc --rpccorsdomain "*" --datadir "%cd%\chain" --port "30303"
--rpcapi "db,eth,net,web3" --networkid 95518 console
I0525 00:23:28.850469 ethdb/database.go:83] Allotted 128MB cache and 1024 file handles to D:\yitaifang\新建文件夹\chain\
geth\chaindata
I0525 00:23:28.888577 ethdb/database.go:176] closed db:D:\yitaifang\新建文件夹\chain\geth\chaindata
I0525 00:23:28.889550 node/node.go:175] instance: Geth/PICCetherum/v1.5.0-stable-c3c58eb6/windows/go1.7.3
I0525 00:23:28.889550 ethdb/database.go:83] Allotted 128MB cache and 1024 file handles to D:\yitaifang\新建文件夹\chain\
geth\chaindata
I0525 00:23:28.923944 eth/backend.go:193] Protocol Versions: [63 62], Network Id: 95518
I0525 00:23:28.924924 core/blockchain.go:214] Last header: #3361 [8a72173d…] TD=1011689819
I0525 00:23:28.925926 core/blockchain.go:215] Last block: #3361 [8a72173d…] TD=1011689819
I0525 00:23:28.925926 core/blockchain.go:216] Fast block: #3361 [8a72173d…] TD=1011689819
I0525 00:23:28.927955 p2p/server.go:336] Starting Server
I0525 00:23:31.063346 p2p/discover/udp.go:217] Listening, enode://fa552b0d57c5be0e675eefc6b81fa8c0d9f18e3fa5107d2bdd0d88
6208e0433b30f3fb7e573a5b7e88d00e1072c830b68987d38f46ad4e0d1cb71ce47414a7dc@[::]:30303
I0525 00:23:31.064329 p2p/server.go:604] Listening on [::]:30303
I0525 00:23:31.068364 node/node.go:340] IPC endpoint opened: \\.\pipe\geth.ipc
I0525 00:23:31.081368 node/node.go:410] HTTP endpoint opened: http://localhost:8545
Welcome to the Geth JavaScript console!

instance: Geth/PICCetherum/v1.5.0-stable-c3c58eb6/windows/go1.7.3
coinbase: 0x34d9235772c253c8a8a49f8e456cd1c63bf0b77f
at block: 3361 (Thu, 25 May 2017 00:23:06 CST)
 datadir: D:\yitaifang\新建文件夹\chain
 modules: admin:1.0 debug:1.0 eth:1.0 miner:1.0 net:1.0 personal:1.0 rpc:1.0 txpool:1.0 web3:1.0
```

图 5.7　启动成功后的界面

```
instance: Geth/v1.5.0-unstable/windows/go1.6.2
 modules: admin:1.0 debug:1.0 eth:1.0 miner:1.0 net:1.0 personal:1.0 rpc:1.0 txp
ool:1.0 web3:1.0

> personal.newAccount()
Passphrase:
Repeat passphrase:
"0xed2dfc6f076aadbdaff6199631092faaf15a45e4"
> eth.getBalance(eth.accounts[0])
0
>
```

图 5.8　新建一个自己的账户

2. 功能模块的实现

1) 上传模块

如图 5.9 所示，本模块上传文件时，首先计算上传文件的散列值，对其合法性做判断，接着将文件存入区块链之中。本模块主要使用了两个函数："postManifestToIPFS"和"postContentToEthereum"。

"postManifestToIPFS"函数如图 5.10 所示。利用 IPFS 提供的 API，将传入 IPFS 文件的散列值以 JSON 的格式存放在本地。当读取时，首先判断是否为合法的 JSON 文件，若非法，则报错；若合法，则将读取的散列值定义为一个新的变量，为后面的下载提供便利。

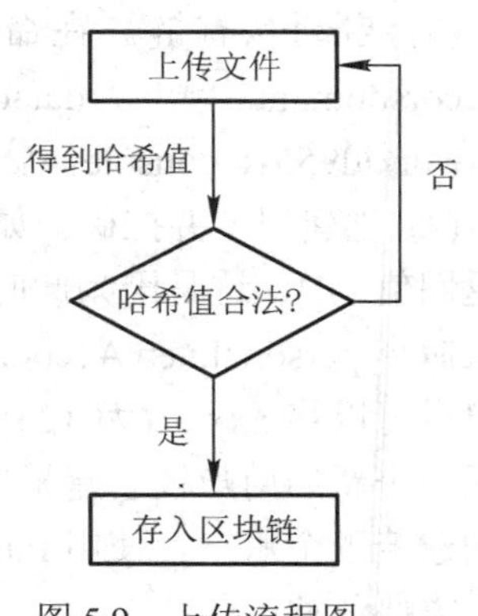

图 5.9　上传流程图

```
function postManifestToIPFS(json) {

    var ipfs = window.ipfsAPI(configIPFSHost, '5001');

    var ipfs_object = {'data': JSON.stringify(json)};

    ipfs.object.put(new ipfs.Buffer(JSON.stringify(ipfs_object)), 'json', function(err, res)
        if(err || !res) return console.error(err)

        var manifest_hash = res.Hash;


        ipfs.pin.add(manifest_hash, null, function(err, res) {


            postContentToEthereum(manifest_hash);
        });
    });
}
```

图 5.10　postManifestToIPFS 函数

postContentToEthereum 函数如图 5.11 所示，它首先判断提交的散列值的长度是否大于 0，如果大于 0，执行下一步。接着使用一个 try-catch 语句，尝试执行 try 内语句，如果散列值合法，通过默认账户提交到区块链中；如果提交的散列值非法，则执行 catch 语句并抛出错误信息。

```
function postContentToEthereum(multihash) {

    if (multihash.length > 0) {
        try {
            var txhash = ipfsContractInstance.SubmitContent(multihash,
                {from: web3.eth.accounts[0]}
            );
        }
        catch (err) {
            bootbox.alert(err.message);
        }


    }
}
```

图 5.11　postContentToEthereum 函数

2) 下载模块

如图 5.12 所示，本模块下载文件时，首先判断散列值是否为 Qm 开头(所有通过 IPFS 上传的文件的散列值均为 Qm 开头)或者长度是否小于 40。如果散列值非法，则利用 console.log 弹出“Invalid multihash”；散列值合法时，利用 IPFS 提供“ipfs get”API，将得到的散列值送至 IPFS 中，将从 IPFS 得到的数据先以 JSON 格式存至本地，并添加到计数器，随后利用一个 for 循环，将 contentDB 中的散列值与要下载的 Multihash 进行比对，若匹配则跳出循环。最后利用“ipfs pin”API，将文件下载至本地。本模块使用的“fetchIPFSMainfest”函数如图 5.13 所示。

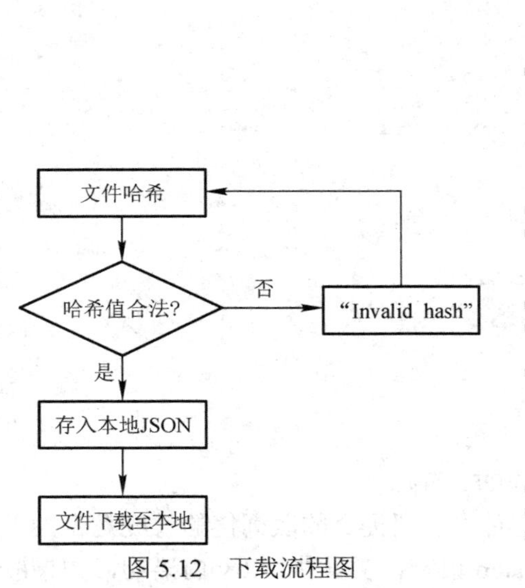

图 5.12　下载流程图

```
function fetchIPFSManifest(multihash) {
    if (multihash.substring(0,2) != "Qm" || multihash.length < 40)
        return console.log('Invalid multihash');

    var ipfs = window.ipfsAPI(configIPFSHost, '5001');
    ipfs.object.get(multihash, function(err, res) {
        if(err || !res) return console.error(err)

        var manifest = res.Data;
        manifest = JSON.parse(manifest);
        //add to contentDB
        for (var a=0;a<contentDB.length;a++) {
            if (contentDB[a].manifest_multihash == multihash) {
                contentDB[a].content = manifest;
                break;
            }
        }

        ipfs.pin.add(multihash, null, function() {
            //console.log("Pinned " + multihash)
            updateTags(manifest.tags);
            content_count++;
            renderWidgets();
        });
    });
}
```

图 5.13　fetchIPFSMainfest 函数

3) 加密模块

本模块中各个实体间的通信通道默认是安全的，其加解密过程分别在用户本地完成。

加密流程包括：

(1) 加密文件：生成并存储 SM4 算法的对称密钥 Key，数据所有者将文件 F 用 Key 进行加密，得到加密后的密文 Cf；数据所有者将 Cf、Key 以及访问结构交给 CP-ABE 算法部分。

(2) 生成密钥密文：CP-ABE 算法初始化，生成主密钥 MK 和公钥 PK，同时生成 RSA 公私钥对 Ksign / KVerify，用于对加密后的数据进行签名/验证。为了控制访问权限，假设只读权限的访问结构为 Tro，则对应密文为 CTro=Encrypt(PK，{Key，KVerify}，Tro)。密钥 SK 与用户属性相关联，当用户属性满足访问结构 Tro 时，才能对密钥密文 CTro 解密，Ksign 对密文 Cf 签名得到 SIGf，并把 Cf、SIGf 与 CTn 上传至本系统。

(3) 访问文件：共享用户首先向本系统发送获取文件 F 读权限的请求，系统返回 Cf、SIGf 以及 CTro，接着向数据所有者发送自己的属性证书 AC。系统动态生成密钥 SK=KeyGen(MK,AC)并返回给共享用户，共享用户通过 SK 解密 CTro 得到 Key 和 KVerify，首先使用 KVerify 验证签名 SIGf 的正确性，最后使用 Key 为 Cf 解密得到文件 F。

(4) 访问权限控制：数据所有者更改访问权限时，只需更改访问结构，并将更改后的访问结构 T 发送到 CP-ABE 部分，及时更新访问结构及 Key，若用户的权限被撤销，则其私钥 SK = KeyGen(MK，AC)将不能再解密 CT 或 CTro，从而保证了文件 F 的安全。

本模块的主要难点，在于 CP-ABE 算法的实现。CP-ABE 的主要函数有 setup()、keygen()、enc()、dec()等。本模块采用 Java 语言，其具体实现如下：

1) public void setup(String pubfile, String mskfile)

该函数将存放公钥和主钥的文件路径命名为 pubfile 和 mskfile，作为 String 变量引入到 setup 函数。Bswabe 类初始化的公钥 pub 和主钥 msk，将格式定义为 byte，通过 spitFile 函数，将处理好的 pub_byte 和 msk_byte 分发到指定存放文件路径。该函数的工作流程如

图 5.14 所示，主要实现代码如图 5.15 所示。

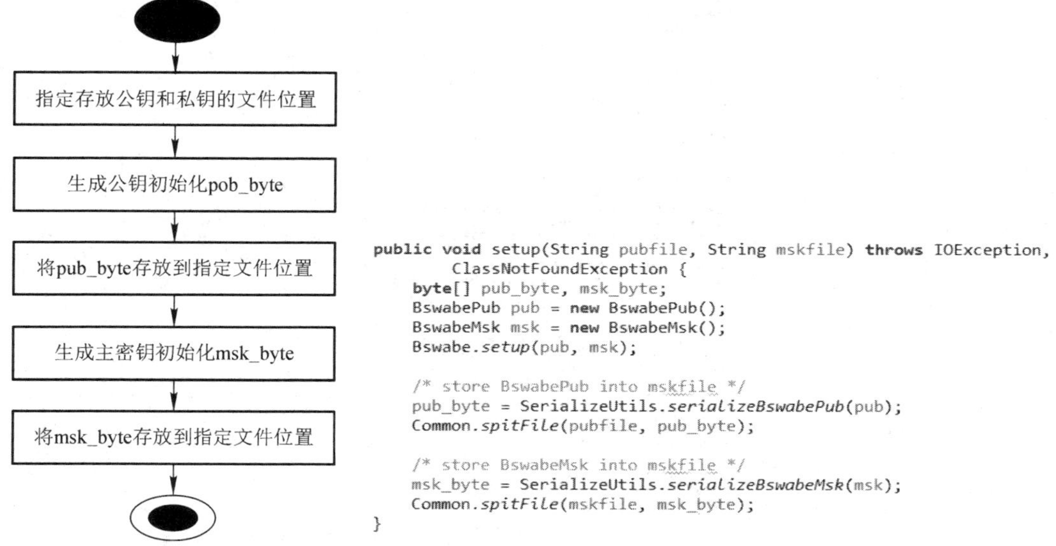


```
public void setup(String pubfile, String mskfile) throws IOException,
        ClassNotFoundException {
    byte[] pub_byte, msk_byte;
    BswabePub pub = new BswabePub();
    BswabeMsk msk = new BswabeMsk();
    Bswabe.setup(pub, msk);

    /* store BswabePub into mskfile */
    pub_byte = SerializeUtils.serializeBswabePub(pub);
    Common.spitFile(pubfile, pub_byte);

    /* store BswabeMsk into mskfile */
    msk_byte = SerializeUtils.serializeBswabeMsk(msk);
    Common.spitFile(mskfile, msk_byte);
}
```

图 5.14　setup 函数流程设计　　　　图 5.15　setup 函数具体实现代码

2) public void enc(String pubfile, String policy, String inputfile,String encfile)

该函数将加密策略 policy、待加密文件路径 inputfile 以及加密后文件存放路径 encfile 传入 enc 函数。用 SM4 算法对 inputfile 进行加密，加密后的文件 ctx 暂存 sm4Buf。然后用 CP-ABE，结合 policy 对密钥进行加密，加密后的密钥 cph 暂存 cphBuf(此处 cph 不能为空)。最后将 sm4Buf 和 cphBuf 写入 encfile 存放(Common.writeCpabeFile(encfile, cphBuf, sm4Buf))，至此混合加密结束。该函数的工作流程如图 5.16 所示，主要实现代码如图 5.17 所示。

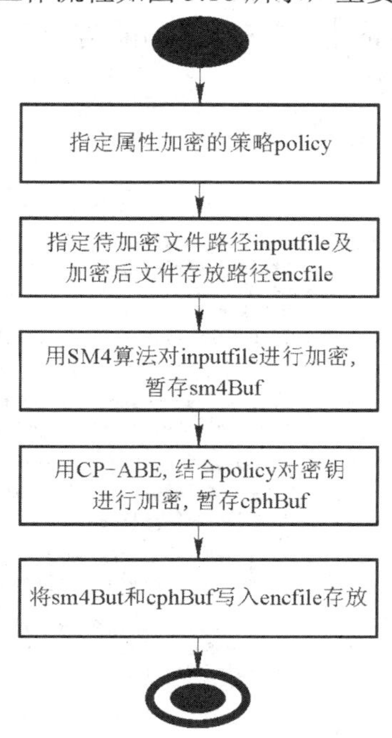

图 5.16　enc 函数流程设计

```
public void enc(String pubfile, String policy, String inputfile,
        String encfile) throws Exception {
    BswabePub pub;
    BswabeCph cph;
    BswabeCphKey keyCph;
    byte[] plt;
    byte[] cphBuf;
    //byte[] aesBuf;
    byte[] sm4Buf;
    byte[] pub_byte;
    Element m;

    /* read file to encrypted */
    plt = Common.suckFile(inputfile);

    SM4_Context ctx = new SM4_Context();
    ctx.isPadding = true;
    ctx.mode = SM4Coder.SM4_ENCRYPT;

    SM4Coder sm4 = new SM4Coder();
    sm4.sm4_setkey_enc(ctx, m.toBytes());


    //System.err.println("ctx.sk = " + ctx.sk);
    sm4Buf=sm4.sm4_crypt_ecb(ctx, plt);
    //aesBuf = AESCoder.encrypt(m.toBytes(), plt);
    // PrintArr("element: ", m.toBytes());

    /* get BswabePub from pubfile */
    pub_byte = Common.suckFile(pubfile);
    pub = SerializeUtils.unserializeBswabePub(pub_byte);

    keyCph = Bswabe.enc(pub, policy);
    cph = keyCph.cph;
    m = keyCph.key;
    //System.err.println(m);
    //System.err.println("m = " + m.toBytes()+"    length="+m.getLengthInBytes());

    if (cph == null) {
        System.out.println("Error happed in enc");
        System.exit(0);
    }

    cphBuf = SerializeUtils.bswabeCphSerialize(cph);
```

图 5.17　enc 函数具体实现代码

3) public void keygen(String pubfile, String prvfile, String mskfile, String attr_str)

该函数将公钥路径 pubfile、存放私钥的路径 prvfile、主钥路径 mskfile 以及共享用户的属性 attr_str 传入 keygen 函数。接着用 CP-ABE，结合公钥 pub、主钥 msk 和属性 attr_str，生成私钥 prv。最后将私钥按 byte 格式，写入 prvfile 存放。该函数的工作流程如图 5.18 所示，主要实现代码如图 5.19 所示。

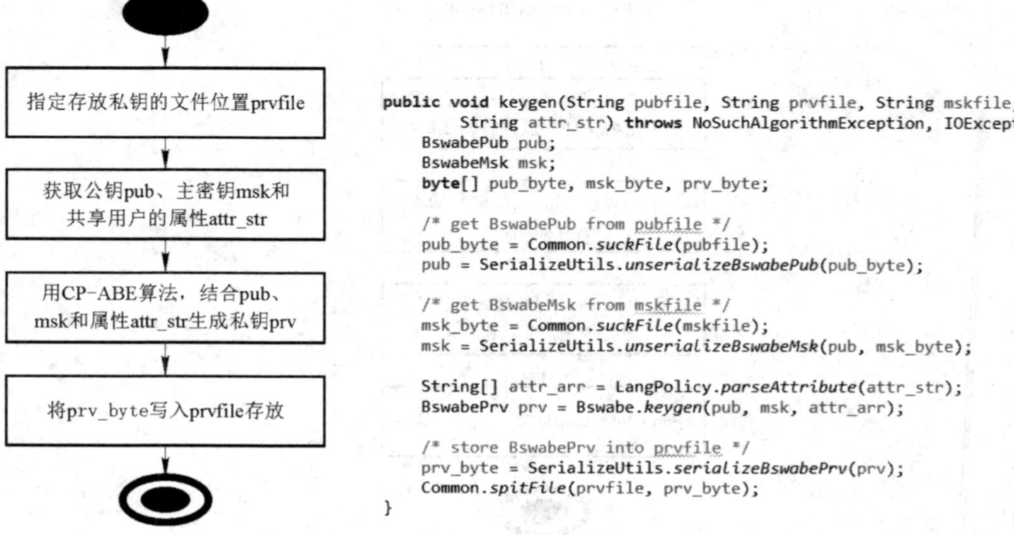


```
public void keygen(String pubfile, String prvfile, String mskfile,
        String attr_str) throws NoSuchAlgorithmException, IOException {
    BswabePub pub;
    BswabeMsk msk;
    byte[] pub_byte, msk_byte, prv_byte;

    /* get BswabePub from pubfile */
    pub_byte = Common.suckFile(pubfile);
    pub = SerializeUtils.unserializeBswabePub(pub_byte);

    /* get BswabeMsk from mskfile */
    msk_byte = Common.suckFile(mskfile);
    msk = SerializeUtils.unserializeBswabeMsk(pub, msk_byte);

    String[] attr_arr = LangPolicy.parseAttribute(attr_str);
    BswabePrv prv = Bswabe.keygen(pub, msk, attr_arr);

    /* store BswabePrv into prvfile */
    prv_byte = SerializeUtils.serializeBswabePrv(prv);
    Common.spitFile(prvfile, prv_byte);
}
```

图 5.18　keygen 函数流程设计

图 5.19　keygen 函数具体实现代码

4) public void dec(String pubfile, String prvfile, String encfile,String decfile)

该函数将公钥路径 pubfile、私钥路径 prvfile、已加密文件路径 encfile 以及存放解密后文件的路径 decfile 传入 dec 函数。先用 CP-ABE 结合用户私钥，对密钥 cph 进行解密；解密后，作为 SM4 的密钥，解密密文 ctx。最后将解密得到的文件 plt 写入 decfile 存放。该函数的工作流程如图 5.20 所示，主要实现代码如图 5.21 所示。

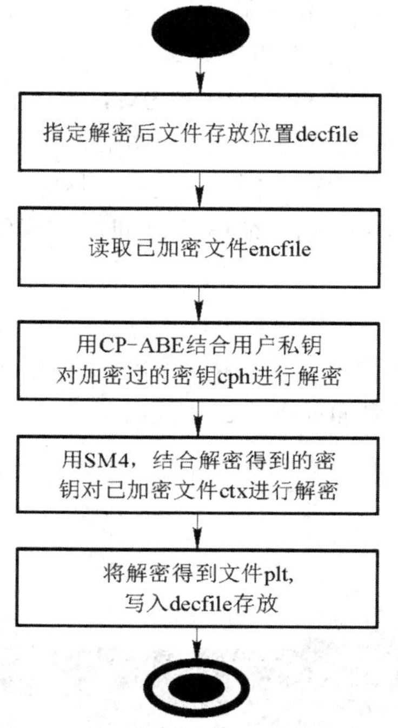

图 5.20　dec 函数流程设计

```
public void dec(String pubfile, String prvfile, String encfile,
        String decfile) throws Exception {
    //byte[] aesBuf, cphBuf;
    byte[] sm4Buf, cphBuf;
    byte[] plt;
    byte[] prv_byte;
    byte[] pub_byte;
    byte[][] tmp;
    BswabeCph cph;
    BswabePrv prv;
    BswabePub pub;
    /* get BswabePrv form prvfile */
    prv_byte = Common.suckFile(prvfile);
    prv = SerializeUtils.unserializeBswabePrv(pub, prv_byte);

    BswabeElementBoolean beb = Bswabe.dec(pub, prv, cph);
    /* read ciphertext */
    tmp = Common.readCpabeFile(encfile);
    sm4Buf = tmp[0];
    cphBuf = tmp[1];
    cph = SerializeUtils.bswabeCphUnserialize(pub, cphBuf);
    if(beb.e != null){
        System.err.println("e = " + beb.e.toString());
    }

    if (beb.b) {
        SM4_Context ctx = new SM4_Context();
        ctx.isPadding = true;
        ctx.mode = SM4Coder.SM4_DECRYPT;

        SM4Coder sm4 = new SM4Coder();
        sm4.sm4_setkey_dec(ctx, beb.e.toBytes());

        //System.err.println("eeeeee = " +beb.e);

        //System.err.println("ctx.sk = " + ctx.sk);

        plt=sm4.sm4_crypt_ecb(ctx, sm4Buf);



        //plt = AESCoder.decrypt(beb.e.toBytes(), aesBuf);
        Common.spitFile(decfile, plt);
        //new Success("success");
    } else {
        System.exit(0);
        //new Fault("fault!");
    }
}
```

图 5.21　dec 函数具体实现代码

3. 运行结果

整个系统运行时 UI 总共包含 5 个界面：

(1) 登录注册界面。该界面将登录与注册整合到同一窗口，通过点击标签切换，实现基本的用户登录注册功能。

(2) 主界面。该界面将系统各个界面整合到同一窗口，同时尽可能减少按钮数量，降低各功能间的耦合度，提高本系统的可操作性和便利性，用户可点击各界面标签切换系统功能。

(3) 上传下载界面。该界面实现本系统基于“IPFS+区块链”的上传下载功能，上传时支持用户对图片或文本文件的预览。在下载界面，将上传后的文件以文件块形式形成列表，并采用标签形式用以区分查找文件，提供下载。

(4) 加密解密界面。该界面基于 CP-ABE 和 SM4 混合加密算法，为用户提供在将共享文件上传前加密，以及下载后解密的功能。包含加密、解密和选择文件三个按钮。

(5) 查询界面。该界面包含查询输入框和详情展示区域，在查询输入框中输入区块号或哈希地址，就能查询到该区块所包含的详细信息。同时，该详细信息显示在详情展示区域内。

各界面运行结果为：

1) 登录注册界面

用 HTML5+CSS 设计主界面，实现了用户的注册与系统登录，并自动分配属性密钥。登录界面如图 5.22 所示，注册界面如图 5.23 所示。

图 5.22　登录界面

图 5.23　注册界面

2) 主界面

系统主界面将功能模块标签统一放在左侧，这样有利于功能切换，如图 5.24 所示。

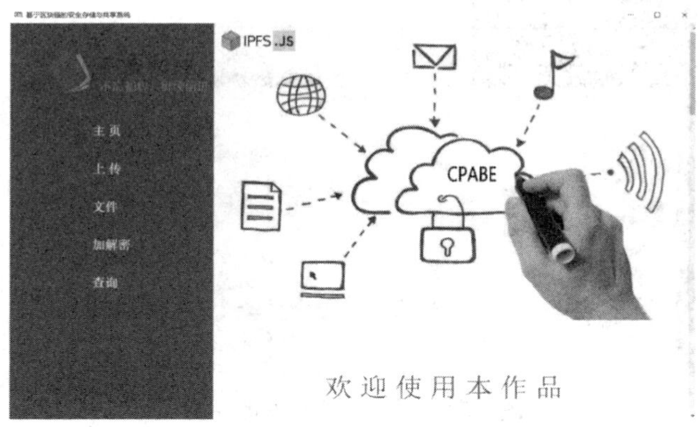

图 5.24　主界面

3) 上传下载界面

上传界面如图 5.25 所示，整体采用了蓝白的配色，可将文件选择上传至 IPFS 并支持上传文件的预览。

图 5.25　文件上传界面

在下载界面将上传后的文件以文件块形式形成列表，并采用标签形式用以区分查找，提供下载，如图 5.26 所示。当文件下载后，可保存于本地，如图 5.27 所示。

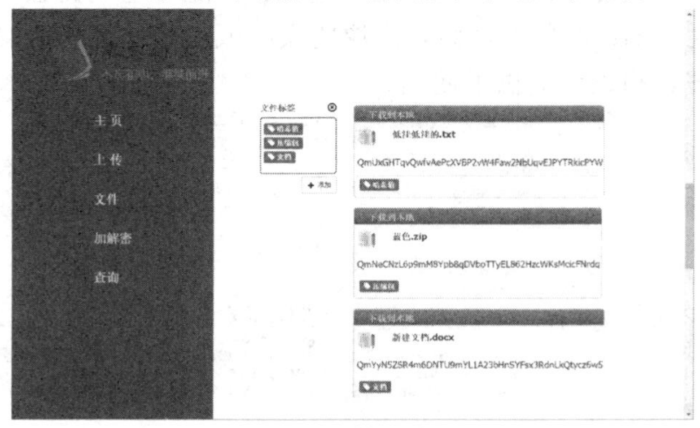

图 5.26　文件列表界面

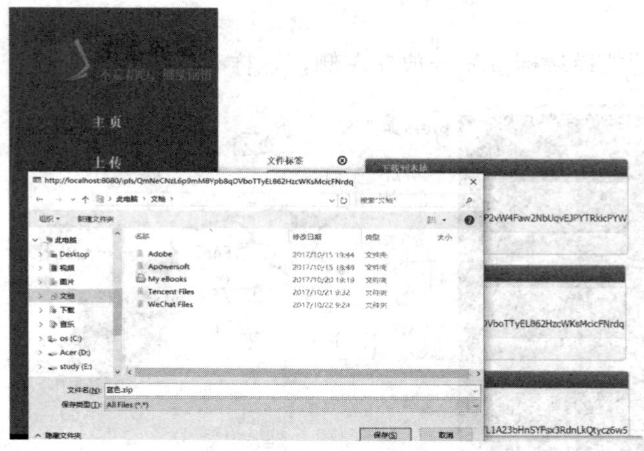

图 5.27　下载文件到本地界面

4) 加解密界面

本系统的加解密界面如图 5.28 所示，包含三个按钮，实现了加解密功能，简洁明了。

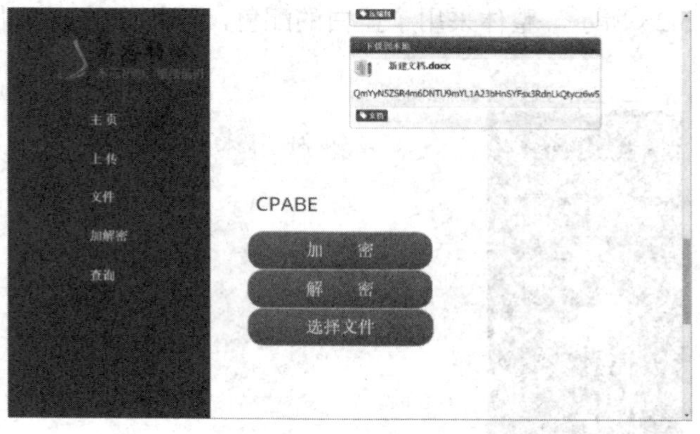

图 5.28　加解密界面

5) 查询界面

如图 5.29 所示，本系统利用区块链提供的 API，设计了一个查询详细区块信息的界面。该查询界面只需输入想查询的区块号或者哈希地址，就能够查询任意一个区块所包含的详细信息。比如这个区块确认时的时间戳、区块的大小或者是与之相连的上个区块的哈希地址等等，为用户的搜索和查询提供了便利。

图 5.29　查询界面

5.1.4　系统测试与结果

1. 测试方案

1) 系统测试环境

本次性能测试模拟真实运行硬件环境和网络环境，具体配置为：

(1) 操作系统：Windows 10(64 bit)。

(2) 网络环境：用一台 TPLink WDR3320 无线路由器搭建无线局域网，所有测试计算机连接至该局域网。

(3) 硬件环境如表 5.1 所示。

表 5.1　硬件环境

测试计算机型号	处 理 器	内存	网　卡
Acer	Intel(R) Core(TM) i5-4210M CPU @ 2.20GHz	4G	标准笔记本无线网卡
Dell	Intel(R) Core(TM) I7-3630QM CPU @ 2.40GHz	8G	标准笔记本无线网卡
ThinkPad	Intel(R) Core(TM) i5-5200U CPU @ 2.20GHz	4G	标准笔记本无线网卡

2)功能测试

功能测试如表 5.2 所示。

表 5.2　功能测试总览

功能序号	测试内容	测试方法	测试结果
1	系统环境的配置及相互之间的连接	按照既定的环境配置方法在不同 PC 上进行配置。通过无线局域网络将各个节点连接	正常配置，成功 正常连接，成功
2	系统的启动	在已配置好环境的各个节点上运行系统	正常启动并运行
3	界面的操作响应	在不同节点运行本系统并点击各个响应模块	界面正常响应对应操作
4	上传模块	在不同节点上均使用上传模块上传数据	上传模块正常运行，返回文件散列值并与各节点之间正常同步
5	加解密模块	选择样本文件进行加密操作得到加密文件，查看加密文件有无对应权限和密钥是否能打开文件 选择已加密样本文件进行解密操作，得到解密文件，查看文件是否能解密且是否丢失信息	加密文件无对应权限和密钥无法打开 文件正常解密并未丢失信息
6	查询模块	选择不同节点，随机输入待查询信息，查看是否能正常查询显示和各个节点所查询到的信息是否一致	输入待查询信息能正常显示查询结果 各个节点所查询到的信息一致

3) 性能测试

本次性能测试包含两个内容：

(1) 传输速度测试。通过记录不同大小文件、不同类型文件的上传和下载速度的时间，计算出对应的平均速度。

(2) SM4 和 CP-ABE 的加解密效率测试。通过测试不同大小文件、不同类型文件的 SM4 加密文件速度、CP-ABE 加密密钥速度、平均总加密速度、SM4 解密文件速度、CP-ABE 解密密钥速度和平均总解密速度。记录对应时间，计算出平均速度。

2. 测试数据与结果

1) 传输速度测试

测得的传输速度如表 5.3 所示。

表 5.3　传 输 速 度

传输文件类型	文件大小/kB	平均上传时间/s	平均上传速度 kB/s	平均下载时间/s	平均下载速度 kB/s
.jpg	249	0.23	1082.6	0.33	754.5
.doc	1057	0.62	1704.8	0.84	887.9
.mp3	9944	2.53	3930.4	2.76	3602.9
.zip	51 186	8.42	6079.0	5.66	9043.5

由表 5.3 可以看出，在传输不同类型、不同大小的文件时，总体传输速度稳定在较快状态。文件增大时，传输的速度也随之提升。体现了本系统服务的文件可大可小，会自动将大的文件切割成小块处理以及分布式的特点。传输文件的上传和下载速度较为对称，平均传输时间总体较短。

2) 加解密效率测试

加解密性能测试如表 5.4 所示。

表 5.4　加解密性能测试表

文件名	文件类型	大小	重复次数	平均总加密速度/ms	SM4 加密文件速度/ms	CP-ABE 加密密钥速度/ms	平均总解密速度/ms	SM4 解密文件速度/ms	CP-ABE 解密密钥速度/ms
样本文件 1	pdf	411 kB	100	351	31	320	61	14	47
样本文件 2	exe	36 MB	100	1230	1047	183	1071	1025	46
样本文件 3	rar	425 kB	100	159	12	147	60	12	48
样本文件 4	rar	32.7 MB	100	1113	956	157	1009	961	48

由表 5.4 可以看出，当文件大小达到数十兆甚至更大时，SM4 加解密速度明显下降，由于 CP-ABE 是对密钥进行加解密，其加解密速度主要与所处理的文件类型有关。CP-ABE 对密钥解密的速度基本稳定在 50 ms 左右。CP-ABE 与 SM4 加解密模块能够很好地处理不同类型、不同大小的文件，能够满足设计初衷。

5.2 基因疾病同态密文检测系统研究与实现

基因疾病同态密文检测系统采用部分同态加密(Somewhat Homomorphic Encryption)算法，对基因变异数据库进行加密，并存放在商业云服务器端。当用户需要对患者进行基因疾病检测时，采用同态加密算法对患者的特定位置基因数据进行加密，然后将密文计算外包给云，由云来完成在基因数据库中的密态查询，最后将密文结果返回给用户，由用户来解密密文数据获得数据库中特定位置处的碱基信息，用户对比数据库中的碱基和患者碱基，从而判断患者是否患有该基因疾病。

本系统由基因数据拥有者、用户端和云端组成，它们的功能分别如下：

基因数据拥有者：基因数据拥有者对基因数据库进行同态加密，并将密文数据库上传到商业云服务器。

用户端：用户对患者特定位置的基因进行同态加密，并完成密文的上传工作；对云端返回的查询结果密文进行解密，得到基因检测的相关信息，判断患者是否患有基因疾病。

云端：接收用户上传的基因询问密文，接收基因数据拥有者上传的基因变异密文数据库；对两者进行同态计算操作，完成在密文数据库中的查询；将计算得到的密文结果返回给用户。

性能说明：

(1) 因为基因数据的查询操作过程只需少量的计算，没有采用臃肿的自举过程，而是使用混合同态加密(TRGSW 和 TRLWE)算法对基因数据进行加密和运算，在保证匹配正确性和隐私性的同时保证了方案的高效性。

(2) 对 100K 条目的密文基因数据库，进行基因疾病的同态密文检测时，其性能可以达到：云端密态计算时间不超过 5 s；一次查询的通信量不超过 30M。系统的运行速度和效率在用户能够接受的范围以内。

(3) 以用户为中心进行软件设计，更加注重用户的实际需求，使其拥有良好的用户体验；操作界面美观大方、简单方便。

5.2.1 基础知识

1. 基因疾病安全匹配挑战

iDASH(Integrating Data for Analysis, Anonymization and Sharing)在 2016 年发布了关于在加密的基因库上，进行基因疾病安全匹配(安全外包)的挑战。挑战要求整个匹配过程需要使用同态加密方案进行运算，从而使得在计算过程中不会对基因隐私进行泄露。具体的应用场景如图 5.30 所示。

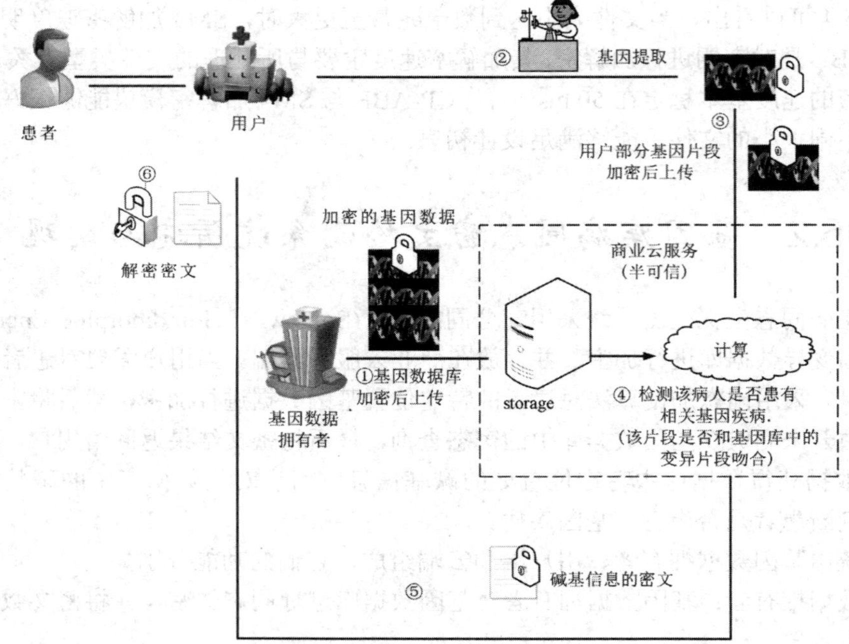

图 5.30　基因疾病检测的应用场景

2. RLWE 同态加密方案和 RGSW 同态加密方案简介

1) RLWE 加密方案

(1) RLWE.ParamsGen(λ)。给定安全参数 λ，选择整数 $M=M(\lambda)$，定义 M 次分圆多项式为 $\Phi_M(X)$。选择密文模数 Q 和明文模数 t，$t\mid Q$，离散高斯分布 x_{err}，令 $N=\phi(M)=\dfrac{M}{2}$，环 $\mathrm{R}=Z[X]/\phi_M(X)$，其中 $\phi_M(X)=X^N+1$，设定 $\mathrm{R}_Q=\mathrm{R}_{\mathrm{mod}}Q$

(2) RLWE.KeyGen(*params*)。选择一个稀疏随机向量 $s\leftarrow\{0,\pm1\}^N$，生成一个 RLWE 实例 $(a,b)\leftarrow\left(a,[-as+e]_Q\right)$，其中 $e\leftarrow x_{err}$。设置私钥 $sk\leftarrow s$，公钥 $pk\leftarrow(a,b)\in\mathrm{R}_Q^2$。

(3) RLWE.Enc(m, pk)。对于明文 $m=\sum_i m_iX^i\in\mathrm{R}_t$，选择一个小的多项式 $v\in\mathrm{R}$，以及两个高斯多项式 $e_0,e_1\leftarrow\mathrm{R}$，输出密文：$ct=(c_0,c_1)=\left(\dfrac{Q}{t}m+bv+e_0,av+e_1\right)\in\mathrm{R}_Q^2$。

(4) RLWE.Dec(ct, sk)。给定密文 $ct=(c_0,c_1)$，解密为 $m\leftarrow\lfloor(t/Q)\cdot[c_0+s\cdot c_1]_Q\rceil$。

本设计运用到了[DM15][7]中的两个技术：Conversion(转换)技术和 Modulus-switching (模数置换)技术。首先利用 Conversion 技术将明文 $m=\sum_{i=1}^{N}m_iX^i\in\mathrm{R}_t$ 的 RLWE 加密转换为对常量 m_0 的 LWE 加密，m_0 是多项式 m 的常数项；其次利用 Modulus-switching 技术将密文的模数 Q

降低至模数 q（$q < Q$），即将密文缩减 $\frac{q}{Q}$ 倍，且保证能够正确解密出原始的明文 m。

(5) RLWE.Conv(ct)。给定密文 $ct=(c_0, c_1)$，其中 $c_0=\sum_{i=1}^{N}c_{0,i}X^i$，$c_1=\sum_{i=1}^{N}c_{1,i}X^i$，输出密文 $ct'=(c_{0,0},c_{1,0},-c_{1,N-1},\dots,-c_{1,1})\in \boldsymbol{Z}_Q^{N+1}$，对应密钥为 $sk'=s'=(1,s_0,\dots,s_{N-1})\in\{0,\pm1\}^{N+1}$，使得 $\langle ct',sk'\rangle=c_{0,0}+c_{1,0}s_0-\sum_{i=1}^{N-1}c_{1,N-i}s_i=(Q/t)\cdot m_0+e$。即将 $m\in\mathrm{R}_t$ 的 RLWE 结果转化为对 m 中的常量 $m_0\in Z_t$ 加密的结果。

(6) LWE.Mod-Switch(ct')。给定密文 $ct'\in\boldsymbol{Z}_Q^{N+1}$，输出密文 $ct''=\lfloor(q/Q)\cdot ct\rceil\in\boldsymbol{Z}_q^{N+1}$。

解密时，给定 $ct''=\lfloor(q/Q)\cdot ct\rceil\in\boldsymbol{Z}_q^{N+1}$，明文为：$m\leftarrow\lfloor(t/q)\cdot[<ct'',sk'>]_q\rceil$。

2) RGSW 加密方案

2013 年，Gentry、Sahai 和 Waters 提出了基于 LWE 的全同态加密方案[GSW13][4]，该方案利用近似特征向量的方法将密文表示为矩阵，使得密文的加法和乘法不再引起维度的扩张。下面给出基于环上 LWE 的 GSW 加密方案。

(1) RGSW.ParamsGen(·)。给定安全参数 λ、密钥 s、模数 Q 和 t(同上)，分解基 B_g 和指数 d_g，且满足 ${B_g}^{d_g}>Q$。小矩阵 $\boldsymbol{G}=\left(\boldsymbol{I}\|B_g\boldsymbol{I}\|\mathrm{K}\|{B_g}^{d_g-1}\boldsymbol{I}\right)\in\mathrm{R}_Q^{2d_g\times2}$，$\boldsymbol{I}$ 为 2×2 的单位矩阵。

(2) RGSW.Enc(m, sk)。给定明文 $m\in\mathrm{R}_t$，均匀随机选取矩阵 $\boldsymbol{a}\leftarrow\mathrm{R}_Q^{2d_g}$，随机选取 $\boldsymbol{e}\leftarrow\chi_\varsigma\left(\boldsymbol{e}\in\mathrm{R}_Q^{2d_g};\ \boldsymbol{Z}^{2d_g\bullet n}\right)$，输出密文：$CT=[\boldsymbol{b},\boldsymbol{a}]+m\boldsymbol{G}\in\mathrm{R}_Q^{2d_g\times2}$（$\boldsymbol{b}=-\boldsymbol{a}\cdot\boldsymbol{s}+\boldsymbol{e}$）。满足条件 $CT\cdot(1,\boldsymbol{s})=m\cdot(1,\boldsymbol{s},\cdots,B_g^{d_g-2}\boldsymbol{s},B_g^{d_g-1}\boldsymbol{s})+\boldsymbol{e}$。$\mathrm{Dec}_{B_g}(\cdot)$ 表示按照基 B_g 对向量进行分解，因此可将 m 看作 $\mathrm{Dec}_{B_g}(CT)$ 的近似特征值，特征向量为 $(1,\boldsymbol{s},\cdots,B_g^{d_g-1},B_g^{d_g-1}\boldsymbol{s})$。

假设 m_{CT} 和 m_{ct} 为 m_{CT} 和 m_{ct} 利用 RGSW 和 RLWE 加密后的密文，在[CGG16][5]中定义了 RLWE 密文和 RGSW 密文的混合乘法，即

$$ct_{H\cdot mult}=\text{Hybrid.Mult}(CT,ct)=CT^T\bullet Dec(ct)\in TLWE(m_{CT}\bullet m_{ct})\in\mathrm{R}_Q^2$$

则 CT 和 ct 的乘积即为 $m\,m'$ 的 RLWE 加密结果。

5.2.2　设计方案

2017 年，Kim M 等人针对 iDASH 基因疾病安全匹配(安全外包)的挑战，提出了一个解决方案([KSC17])。该方案把整个数据库作为一个环上的多项式，对整体进行加密，并利用混合同态加密技术进行密态查询，从而在一定程度上实现了基因疾病安全匹配(安全外包)的挑战。但通过对论文和实际代码的分析研究，我们发现[KSC17][6]方案存在 3 类可能出现的匹配错误，我们称这 3 类错误为哈希碰撞错误(HCE)、系数组合错误(CCE)以及部分系数丢失错误(LPCE)，这 3 类错误会使得方案以不可忽略的概率发生查询错误，并且导致数据库中超过 5%的数据无法进行完整的查询。

我们纠正了[KSC17]方案中的 3 类错误。我们通过多组(3 个多项式为一组)维度和系数都

比较小的多项式表示一个维度和系数比较大的稀疏多项式，纠正了哈希碰撞错误(HCE)；分析了方案中核心参数 l_{snp} (基因变异信息的比特空间)和系数组合错误(CCE)之间的关系，并对参数 l_{snp} 的选取进行了规范，使得系数组合错误(CCE)发生的概率小于 $2^{-37.4}$ ；以 44 比特为基对编码长度较长的变异信息进行分解，并对每个分量添加位置信息后，分别进行匹配查询，从而使得本系统能够实现基因数据库中所有条目的查询，从而纠正了部分系数丢失错误(LPCE)。

1. 实现原理

系统由基因数据拥有者、用户端和服务器端 3 个部分组成。基因数据拥有者主要提供基因数据库加密，并将密文上传到商业云服务器的功能。用户端主要为用户提供基因数据的上传、密文数据解密、基因疾病判定的功能。服务器端是半可信的，主要完成基因询问密文与密文基因数据库的密态计算，并将密文结果反馈到用户端。

基因疾病检测系统中，基因数据拥有者、用户端和服务器端三方需要进行的操作和流程如图 5.31 所示。主要过程包括：用户向云端提交一条包含基因位置信息和碱基变异信息的密文；云端对密文数据库和用户提交的密文进行同态运算，返回给用户数据库中相应位置的碱基变异信息的密文；用户端对密文进行解密，比较在特定基因位置处数据库中的碱基信息和患者自身的碱基信息，并得出数据库中是否有该条目的结论，从而判断患者是否患有基因疾病。

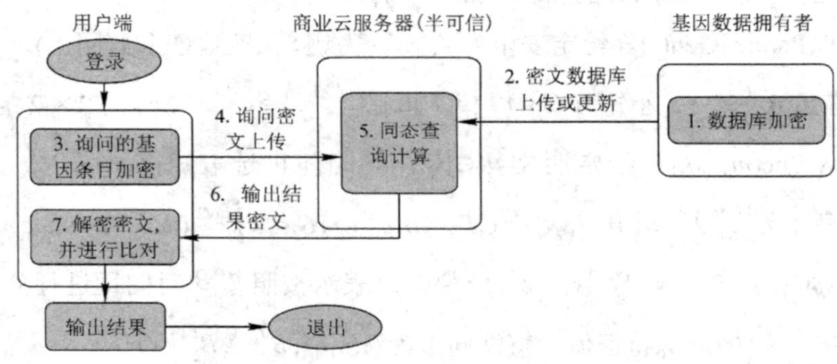

图 5.31　基因疾病检测系统的操作流程

1) 基因数据信息编码

半可信的商业云中存储了基因变异数据 VCF 文件的密文，VCF 文件如表 5.5 所示。数据库 VCF 文件包含 Chrome、Position、Locus、Reference、Alternate、Type 共 6 列基因变异的信息。其中，Chrome 表示基因变异所在的染色体；Position 表示染色体中基因变异的碱基位置。Locus 表示该变异所在的基因位置；Reference 表示该变异发生前的碱基信息；Alternate 表示该变异发生后的碱基信息；Type 表示该变异的类型，包括单碱基变异(SNP)、多碱基变异(SUB)、插入变异(INS)和删除变异(DEL)四种。表中 Chr、Pos、Loc、Ref、Alt 分别表示 Chrome、Position、Locus、Reference、Alternate。

基因变异信息包含位置信息(Chrome，Position，Locus)和碱基变异信息(Reference，Alternate，Type)两个部分。匹配查询是为了查询患者的特定位置基因的碱基变异信息，Chrome 和 Position 唯一确定了碱基变异的具体位置信息，所以 Locus 信息可以不作考虑。变异类型(Type)也可以通过比较参考(Reference)碱基和替换(Alternate)碱基得到，所以 Reference 和 Alternate 就可以确定基因变异的碱基变异信息。因此，实际上我们需要比对的信息，只有 Chrome、Position、Reference、Alternate 这 4 项。为了减少需要比对的数据量和提高方案的效率，我们只在云端比对位置信息 Chrome 和 Position。之后返回数据库中对应位置的碱基变异信息 Reference 和 Alternate。用户在用户端比对返回的数据库中碱基变异信息和患者的碱基变异信息，得到最后的匹配结果。

为了使 Chrome、Position、Reference、Alternate 更加适合同态加密和运算，需要对位置信息和碱基变异信息进行编码处理。编码结果将以两个整数的形式呈现(a_i，d_i)，其中 d_i 表示数据库中第 i 个条目碱基的位置信息，a_i 表示该位置碱基的变异信息($1 \leqslant i \leqslant n$)，$n$ 是数据库中条目的个数。

表 5.5　基因数据格式

Chr	Pos	Loc	Ref	Alt	Type
1	160952708	rs2250304	C	T	SNP
1	160952937	rs71090344		GGAGGTTTCAGTGAGCT	INS
1	160953538	rs59471747		T	INS
1	160953667	rs2988723	G	A	SNP
1	160955055	—	TG	CA	SUB
1	160955067	—	GCA	ACG	SUB
1	160955085	—	CTA	TTG	SUB
1	160955294	rs6427571	A	G	SNP
1	160955725	rs2990700	T	C	SNP
1	160956178	rs3007155	T	C	SNP
1	160956420	rs3007156	G	A	SNP
1	160956744	rs2990701	C	T	SNP
1	160957493	rs3007157	A	G	SNP
1	160957862	—		T	INS
1	160957885	rs2483148	A	C	SNP
1	160958160	rs2481072	G	A	SNP
1	160958212	—	C	T	SNP
1	160959961	rs7530765	C	T	SNP
1	160961448	rs11300130	AG		DEL

1) 位置信息的编码

人类共有 24 对染色体，包括 22 对常染色体和两对性染色体(X 和 Y)，因此染色体的取值可由 1 取到 24。Position 表示该碱基在染色体上的具体位置。对于基因位置信息的编码，定义一个由(chrom，pos)到整数 d_i 的映射 $\theta:(\mathbf{Z},\mathbf{Z}) \to \mathbf{Z}$，即

$$\theta:(\text{chrom},\text{pos}) \to d_i = \text{chrom} + 24 \cdot \text{pos}$$

2) 碱基变异信息的编码

在对碱基变异信息进行编码时，用前缀码对常见的四种碱基进行表示：$A \to 00$，$T \to 01$，$G \to 10$，$C \to 110$，并根据碱基出现的次序依次对其进行编码，并使用“111”对 Ref 碱基

和 Alt 碱基编码结果进行连接。为了防止碱基位置空缺时和碱基 A 产生混淆，且避免在碱基第一位为 A 时发生译码遗漏错误，需要在编码结果后的最高位添补一个“1”，用于表示编码的开始，即 $\alpha_i = 1\left|\alpha_i^{\text{ref}}\right|111\left|\alpha_i^{\text{alt}}\right.$。其中，$\alpha_i$ 表示数据库中第 i 个条目中碱基变异信息的编码结果，α_i^{ref} 和 α_i^{alt} 表示对第 i 个条目 Ref 碱基和 Alt 碱基的编码结果。n_{SNP} 表示单次基因匹配的最多碱基变异个数，l_{SNP} 表示 n_{SNP} 编码后的比特数，则 $l_{\text{SNP}} = 2 \cdot n_{\text{SNP}} + 4$。设置 $l_{\text{SNP}} = 44$，其目的是将基因出错的概率降低至 $2^{-37.4}$ 以下。当长度小于 44 时，在左侧添加 0 使之达到 44 位。

例如，表 5.5 中第二个条目(第二行信息)可以被编码为 00001111101000101001010111000100110001011001，编码方式如图 5.32 所示：

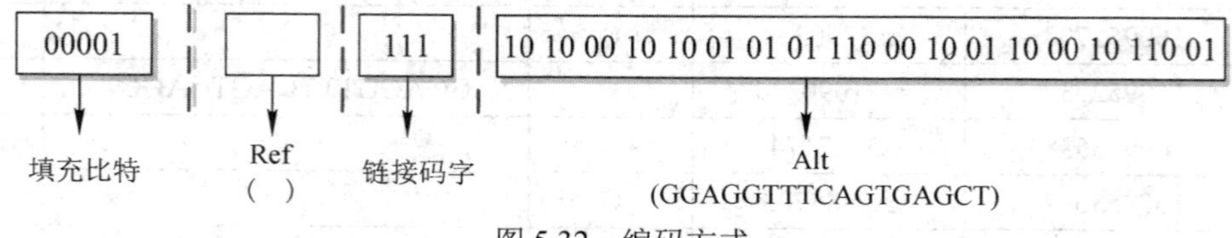

图 5.32　编码方式

按照以上编码方式，可以将数据库中的基因条目编码为 (d_i, α_i) 的形式($i = 1, 2, \ldots, n$)，如表 5.6 所示。

表 5.6　编码后的基因数据

Chr	Pos	d	Ref	Alt	α
1	160952708	3862864993	C	T	477
1	160952937	3862870489		GGAGGTTTCAGTGAGCT	1074435738713
1	160953538	3862884913		T	61
1	160953667	3862888009	G	A	220
1	160955055	3862921321	TG	CA	5880
1	160955067	3862921609	GCA	ACG	222106
1	160955085	3862922041	CTA	TTG	117206
1	160955294	3862927057	A	G	158
1	160955725	3862937401	T	C	382
1	160956178	3862948273	T	C	382
1	160956420	3862954081	G	A	220
1	160956744	3862961857	C	T	477
1	160957493	3862979833	A	G	158
1	160957862	3862988689		T	61
1	160957885	3862989241	A	C	318
1	160958160	3862995841	G	A	220
1	160958212	3862997089	C	T	477
1	160959961	3863039065	C	T	477
1	160961448	3863074753	AG		151

为了使用同态加密，本系统将整数对 (d_i, α_i) 表示为多项式 $DB(X)=\sum_{i=0}^{N} c_i X^i \in \overline{\mathrm{R}}$，其中：

$$c_i=\begin{cases}\alpha_i, & \text{if } i=d_i,\\ \alpha_i \leftarrow \mathrm{Z}_t, & \text{else}\end{cases}$$

2) 基因数据安全匹配

本系统设计了高效的基因数据安全检测算法。

由于 VCF 文件中 d_i 的比特长度为 32，设置 $\overline{\mathrm{R}} @ (\mathrm{Z}[X]/[X^{\overline{N}}+1])$，$\overline{N}=2^{33}$。考虑到同态加密的安全性和效率，$N$ 的维度大小应该为 $2^{11}<N<2^{16}$ 较合适。所以，本系统以 $N=2^{11}$ 为基分解索引 d_i，可以表示为 $d_i=N^2\cdot d_i^*+N\cdot d_i^\dagger+d_i^\perp$，即 $d_i=d_i^*|d_i^\dagger|d_i^\perp$。定义映射 Ψ 为：

$$\Psi:\overline{\mathrm{R}}_t\to R_t^{k\times 3}\quad DB(X)\to(DB^*{}_j(X),DB^\dagger{}_j(X),DB^\perp{}_j(X))_{j\in\{1,\cdots,k\}}$$

其中 k 为多项式组的数目，$DB^*{}_j(X)=\sum_{i=0}^{n} c^*_{j,d_i^*}X^{d_i^*}$，$DB^\dagger{}_j(X)=\sum_{i=0}^{n} c^\dagger_{j,d_i^\dagger}X^{d_i^\dagger}$，$DB^\perp{}_j(X)=\sum_{i=0}^{n} c^\perp_{j,d_i^\perp}X^{d_i^\perp}$，$\alpha_i=c^*_{j,d_i^*}+c^\dagger_{j,d_i^\dagger}+c^\perp_{j,d_i^\perp}$。定义映射 ψ 为：

$$\psi:\overline{\mathrm{R}}_t\to\mathrm{R}_t^3\quad \alpha_i X^{d_i}\to(c^*_{j,d_i^*}X^{d_i^*},c^\dagger_{j,d_i^\dagger}X^{d_i^\dagger},c^\perp_{j,d_i^\perp}X^{d_i^\perp})\qquad (\text{对于某个 } j\in\{1,\cdots,k\})$$

本系统利用多项式 $DB(X)=\sum_{i=0}^{2^{32}-1}\alpha_i X^i$ 表达基因数据库。因为绝大部分的变异信息 α_i 比特长度较短，所以本系统设定 α_i 的比特长度不超过 44。但是对于某些变异信息特别大的条目，44 bit 仍不能有效表示所有的输入。因此，需要对多项式 $DB(X)$ 的系数进行优化缩减。设置 $\bar{t}$ 为比 α 长的，最小的 44 bit 长度的倍数。数据库中 α 的编码长度不超过 272 bit，可以设置 $\bar{t}=2^{308}$。采用一种平凡的缩减方法，将 $\alpha_i\in\boldsymbol{Z}_{\bar{t}}$ 分解为 $\alpha_i=t^{m-1}\cdot\alpha_{i,m}+t^{m-2}\cdot\alpha_{i,m-1}\cdots+\alpha_{i,1}\in\boldsymbol{Z}_t^m$，其中 $m=\lceil\bar{t}/t\rceil$，设置 $t=2^{11}$，因此 $m=28$。具体算法如下：

Algorithm 1　Encoding genomic data --coefficient optimization

input: $(\alpha_i,d_i)\in\boldsymbol{Z}_{\bar{t}}\times\boldsymbol{Z}_{2^{33}}, 1\le i\le n. m=\lceil\bar{t}/t\rceil$

for $i\in\{1,\cdots,n\}$ do
　$\alpha_i\in\mathbb{Z}_{\bar{t}}\to(\alpha_{i,m},\cdots,\alpha_{i,1})\in\boldsymbol{Z}_t^m$, where $\alpha_i=t^{m-1}\bullet\alpha_{i,m}+t^{m-2}\bullet\alpha_{i,m-1}\cdots+\alpha_{i,1}$
　set $o=0$
　for $j\in\{m/4,\cdots,1\}$ do
　　if $\alpha_{i,4j}=0,\alpha_{i,4j-1}=0,\alpha_{i,4j-2}=0,\alpha_{i,4j-3}=0$
　　　$o=o+1$
　　else break
output $\{((\alpha_{i,m-4o},d_i),\cdots,(\alpha_{i,m-4o-3},d_i))\in(\boldsymbol{Z}_t\times\boldsymbol{Z}_{2^{33}})^4,\cdots,((\alpha_{i,4},d_i),\cdots,(\alpha_{i,1},d_i))\}$

VCF 文件中整数 d_i 的长度大致为 32，现再对其进行优化，设置 $DB^*{}_j(X),DB^\dagger{}_j(X),DB^\perp{}_j(X)$ 的组数为 k 个($j\in\{1,\cdots,k\}$)，具体算法如下：

Algorithm 2　Encoding genomic data--dimension optimization

input:$(\alpha_{i,l}, d_i) \in \boldsymbol{Z}_t \times \boldsymbol{Z}_{2^{33}}, 1 \le i \le n, 1 \le l \le 4, N = 2^{11}$.

$d_i \to (d_i^*, d_i^\dagger, d_i^\perp) \in \boldsymbol{Z}_t^3, d_i = N^2 \bullet d_i^* + N^1 \bullet d_i^\dagger + d_i^\perp$

$c_{1,d_1^*}^* \xleftarrow{R} \boldsymbol{Z}_t, c_{1,d_1^\dagger}^\dagger \xleftarrow{R} \boldsymbol{Z}_t, c_{1,d_1^\perp}^\perp \leftarrow \alpha_{1,j} - c_{1,d_1^*}^* - c_{1,d_1^\dagger}^\dagger \in \boldsymbol{Z}_t$

$\mathrm{D}_1^* = \{\}, \mathrm{D}_1^\dagger = \{\}, \mathrm{D}_1^\perp = \{\}; d_1^* \in \mathrm{D}_1^*, d_1^\dagger \in \mathrm{D}_1^\dagger, d_1^\perp \in \mathrm{D}_1^\perp$

for $i \in \{2, \cdots, n\}$ do

　for $j \in \{1, \cdots, k\}$ do

　　if $d_i^* \notin \mathrm{D}_j^*, d_i^\dagger \notin \mathrm{D}_j^\dagger, d_i^\perp \notin \mathrm{D}_j^\perp$ then

　　　$c_{j,d_i^*}^* \xleftarrow{R} \boldsymbol{Z}_t, c_{j,d_i^\dagger}^\dagger \xleftarrow{R} \boldsymbol{Z}_t, c_{j,d_i^\perp}^\perp \leftarrow \alpha_{i,l} - c_{j,d_i^*}^* - c_{j,d_i^\dagger}^\dagger \in \boldsymbol{Z}_t$

　　else if $d_i^* \in \mathrm{D}_j^*, d_i^\dagger \notin \mathrm{D}_j^\dagger, d_i^\perp \notin \mathrm{D}_j^\perp$ then

　　　$c_{j,d_i^\dagger}^\dagger \xleftarrow{R} \boldsymbol{Z}_t, c_{j,d_i^\perp}^\perp \leftarrow \alpha_{i,l} - c_{j,d_i^*}^* - c_{j,d_i^\dagger}^\dagger \in \boldsymbol{Z}_t$

　　...

　　else if $d_i^* \in \mathrm{D}_j^*, d_i^\dagger \in \mathrm{D}_j^\dagger, d_i^\perp \notin \mathrm{D}_j^\perp$ then

　　　$c_{j,d_i^\perp}^\perp \leftarrow \alpha_{i,l} - c_{j,d_i^*}^* - c_{j,d_i^\dagger}^\dagger \in \boldsymbol{Z}_t$

　　...

　　else if $d_i^* \in \mathrm{D}_j^*, d_i^\dagger \in \mathrm{D}_j^\dagger, d_i^\perp \in \mathrm{D}_j^\perp$ then

　　break

　　output $(c_j^*, c_j^\dagger, c_j^\perp) \in \mathcal{R}_t^3, (\mathrm{D}_j^*, \mathrm{D}_j^\dagger, \mathrm{D}_j^\perp)$ where $j \in \{1, \cdots, k\}$

2. 实现步骤

基因数据拥有者采用 RLWE 公钥加密算法对 $DB(X)$ 进行加密，当用户用待检测基因数据 (d, α) 对密文数据库进行询问时，采用 RGSW 对称加密方案加密单项式 X^{-d} 即可。现介绍其基本构架和安全搜索的完整过程：

(1) 数据库加密：科研机构将基因信息编码为 $DB^*(X)$、$DB^\dagger(X)$ 和 $DB^\perp(X)$，然后对其进行加密，得到密文 $(ct_{DB}^*, ct_{DB}^\dagger, ct_{DB}^\perp)$，然后将密文提交给商业云服务器。加密算法如下：

Algorithm 3 *Datebase encode and encryption*

Input:$(\alpha_i, d_i) \in \boldsymbol{Z}_{2^{32}} \times \boldsymbol{Z}_t^m, 1 \le i \le n, k \in \boldsymbol{Z}$.

$DB' @ ((\alpha_{i,4}, d_i), \cdots, (\alpha_{i,1}, d_i))_{1 \le i \le n} \leftarrow$ **Algorithm** $1((\alpha_i, d_i)_{1 \le i \le n})$

$(DB_{l,j}^*, DB_{l,j}^\dagger, DB_{l,j}^\perp)_{l \in \{1,\cdots,4\}, j \in \{1,\cdots,k\}} @ (c_{l,j}^*, c_{l,j}^\dagger, c_{l,j}^\perp)_{l \in \{1,\cdots,4\}, j \in \{1,\cdots,k\}} \leftarrow$ **Algorithm** $2(DB')$

for $l \in \{1, \cdots, 4\}$ do

　for $j \in \{1, \cdots, k\}$ do

　　$ct_{DB_{l,j}}^* = \text{RLWE.Enc}(DB_{l,j}^*(X), pk);$

　　$ct_{DB_{l,j}}^\dagger = \text{RLWE.Enc}(DB_{l,j}^\dagger(X), pk);$

　　$ct_{DB_{l,j}}^\perp = \text{RLWE.Enc}(DB_{l,j}^\perp(X), pk).$

Output $(ct_{DB}^*, ct_{DB}^\dagger, ct_{DB}^\perp) = (ct_{DB_{l,j}}^*, ct_{DB_{l,j}}^\dagger, ct_{DB_{l,j}}^\perp)_{l \in \{1,\cdots,4\}, j \in \{1,\cdots,k\}}$

(2) 询问加密：用户将询问信息 (α, d) 编码为 X^{-d^*}、$X^{-d^\dagger}$ 和 $X^{-d^\perp}$，其中 $d = d^* \mid d^\dagger \mid d^\perp$。然后将密文 CT_Q^*，$CT_Q^\dagger$，$CT_Q^\perp$ 发送给服务器，其中：$CT_Q^* = \text{RGSW.Enc}(X^{-d^*}, pk)$，$CT_Q^\dagger = \text{RGSW.Enc}(X^{-d^\dagger}, pk)$，$CT_Q^\perp = \text{RGSW.Enc}(X^{-d^\perp}, pk)$。

(3) 计算阶段：云服务器计算出 ct_{mult}^*、$ct_{mult}^\dagger$ 和 $ct_{mult}^\perp$。令 $ct = ct_{mult}^* + ct_{mult}^\dagger + ct_{mult}^\perp$，服务

器再将其转化为 LWE 密文，再进行模数转化操作，返回密文结果 ct_{res} 给用户。其中：

$$ct_{mult}^{*} \leftarrow CT_{Q}^{*} \boxdot ct_{DB}^{*}, ct_{mult}^{\dagger} \leftarrow CT_{Q}^{\dagger} * ct_{DB}^{\dagger}, ct_{mult}^{\perp} \leftarrow CT_{Q}^{\perp} * ct_{DB}^{\perp} \in \mathrm{R}_{Q}^{2}$$

$$ct = \text{RLWE.Add}(ct_{DB}^{*}, ct_{DB}^{\dagger}, ct_{DB}^{\perp}) \in \mathrm{R}_{Q}^{2}$$

$$ct_{conv} \in \boldsymbol{Z}_{Q}^{N+1} \leftarrow \text{RLWE.Conv}(ct_{mult} \in \mathrm{R}_{Q}^{2})$$

$$ct_{res} \in \boldsymbol{Z}_{q}^{N+1} \leftarrow \text{LWE.ModSwitch}(ct_{conv} \in \boldsymbol{Z}_{Q}^{N+1})$$

(4) 解密阶段：用户用私钥解密密文 ct_{res} 得到相应位置的 α'。并与患者的变异信息 α 进行比对。如果相同，则判定患者患有该基因疾病，否者判定患者没有患该基因疾病，即：

$$\alpha' \leftarrow \text{LWE.Dec}(ct_{res} \in \boldsymbol{Z}_{q}^{N+1}, sk \in \{-1,0,1\}^{N+1})$$

5.2.3 项目实现

1. 开发环境及插件

1) 开发软件安装与配置

本项目使用 Qt 作为开发环境，它是跨平台的图形开发库，官方网址为 http://www.qt.io/。Qt 本身支持众多操作系统，包括通用操作系统 Linux、Windows 和手机系统 Android、iOS、WinPhone，嵌入式系统支持 QNX、VxWorks，应用非常广泛。

本项目的 Qt 为 qt-opensource-windows-x86-5.9 的 64 位版本。下载程序软件后，进行默认安装；在选择路径时，注意路径中不要出现中文字符；同时，在如图 5.33 所示的组件选择界面中，要注意这里只勾选了 QT 内的 MinGw 5.3.0 32 bit 和 Tools(Tools 内插件全部勾选)。后面没有特别需要注意的步骤，不再一一赘述。

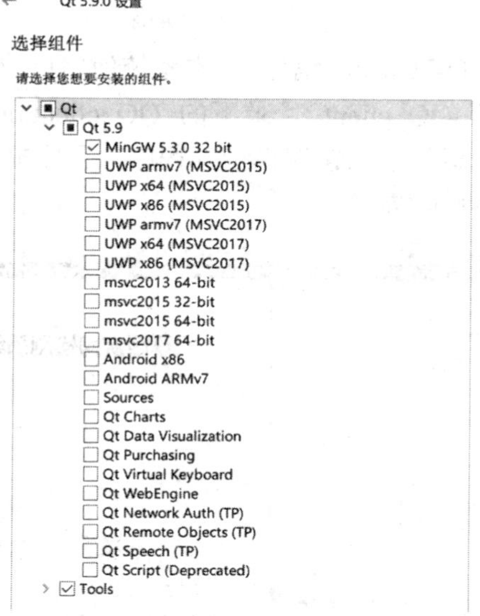

图 5.33　安装组件选择

2) QT 的使用

安装完毕后，找到 Qt Creator 的程序图标，双击打开 Qt，进入如图 5.34 所示的界面。

点击 Open Project 按钮，选择*.pro 文件，打开项目。

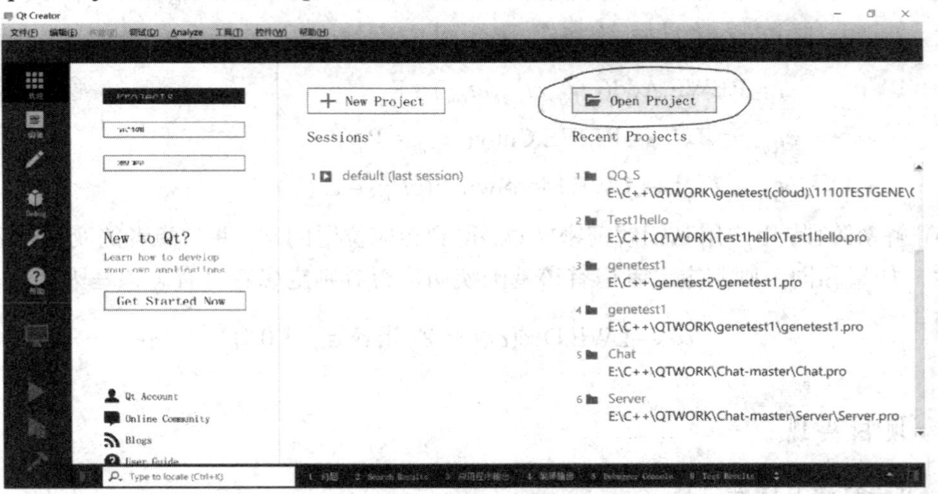

图 5.34　Qt Creator 开始界面

2. 代码结构及安装插件

代码共包含 5 个部分，如图 5.35 所示。其中 QQ_client 与 Research 为用户端和科研机构端，QQ_server 为云端。运行该项目软件需要两种插件：libidash2016.a、fftw-3.3.5-dll32(文件夹)。这里在 C 盘新建一个 QTWORK 文件夹，并将 libidash2016.a 拷贝至该文件夹内。将 fftw-3.3.5-dll32 文件夹直接复制到 C 盘。

Research	2019/3/22/周五 ...	文件夹
fftw-3.3.5-dll32	2019/3/22/周五 ...	文件夹
QTWORK	2019/3/22/周五 ...	文件夹
QQ_server	2019/3/22/周五 ...	文件夹
QQ_client	2019/3/22/周五 ...	文件夹

图 5.35　项目结构图

编译运行程序需要使用QT Creator编译器，本系统使用QT Creator 5.9.7进行编译调试。使用 QT Creator 分别打开 QQ_client 目录下的 QQ_client.pro 和 QQ_server 目录下的 QQ_S.pro，点击左下方的“运行”按钮编译运行程序。程序最终运行效果如图 5.36 所示，左侧为云端界面，右侧为用户端界面。

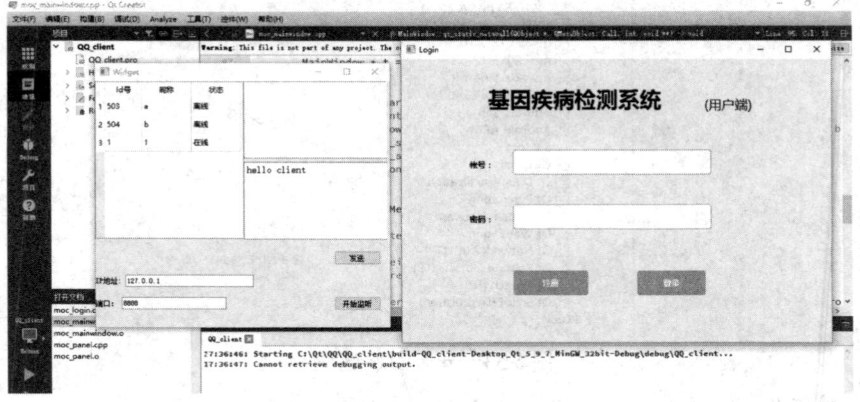

图 5.36　系统运行主界面

3. 客户端实现

用户端整体工程文件如图 5.37 所示，其中核心窗体为 login.ui(登录窗体)和 panel.ui(检测系统窗体)。

此处主要对项目工程文件、登录窗体和检测系统窗体三个模块进行说明。

1) 项目工程文件模块

在 QQ_client.pro 文件中，主要为整体项目工程文件，包含资源文件、头文件、窗体文件和.cpp 文件。在最下方可通过命令加入其他路径信息，以便于用户端能够寻找到上述的两个插件库，如图 5.38 所示。

这两个路径为：

LIBS += -LC:\fftw-3.3.5-dll32 -llibfftw3-3

LIBS += -LC:\QTWORK -llibidash2016

如果用户把上述两个插件放到其他位置，则可根据实际情况在此修改路径。

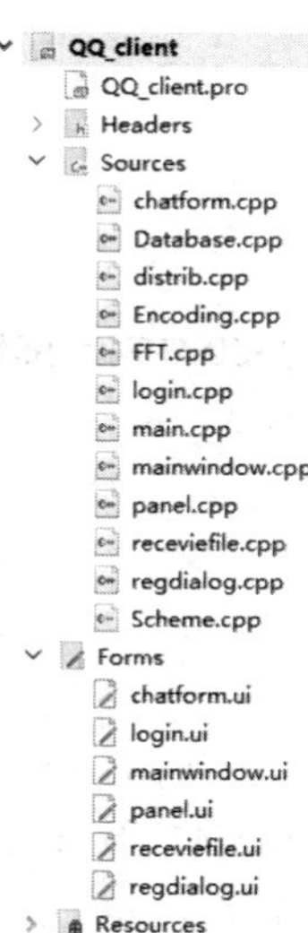

图 5.37　用户端整体工文件

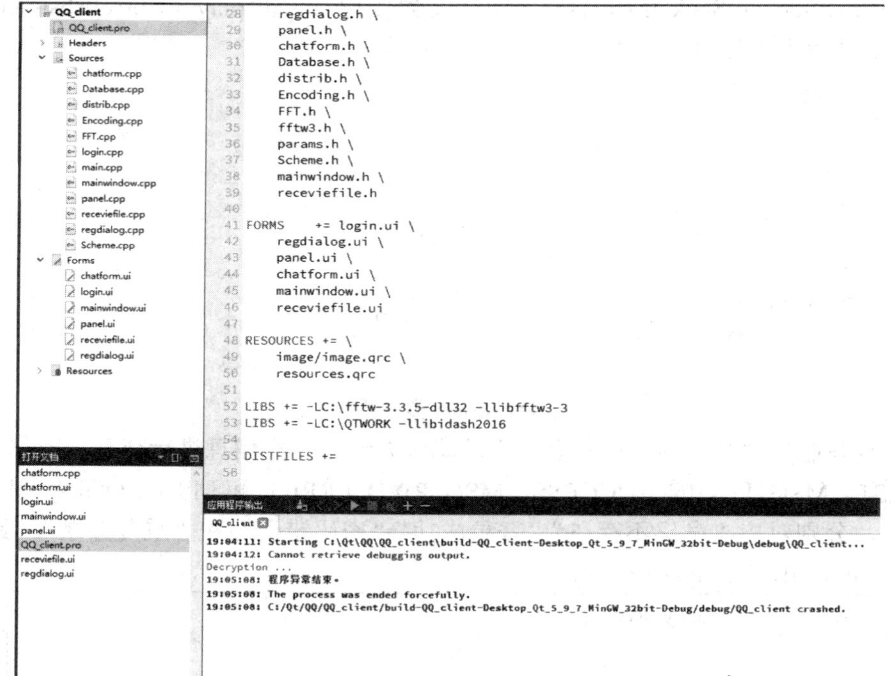

图 5.38　基因疾病检测系统的操作流程

2) 登录窗体模块

登录窗体与服务端进行通信，主要用于用户的注册和登录信息判断，如图 5.39 所示。

登录窗体的代码实现主要为 login.cpp 和 login.h 文件，主要定义了 TcpSocket 连接、用户名、服务端 IP、服务端端口等信息，同时实现了“注册”“登录”“准备连接”和“断开连接”等功能。如图 5.40 所示。

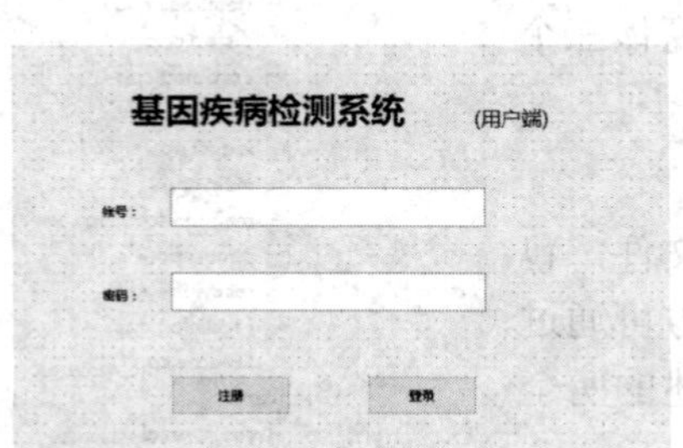

图 5.39　登录窗体

```
private:
    Ui::Login *ui;

    QTcpSocket *tcpSocket;
    QString ip;
    QString port;
    QString id;
    QString password;
    bool setFlag;
    Panel *panel;

    RegDialog *regdialog;

private slots:
    void on_regButton_clicked();
    void on_findPwButton_clicked();

    void on_okButton_clicked();
    void on_cancleButton_clicked();
    void on_setButton_clicked();
    void on_loginButton_clicked();

    void on_ready_Ready();
    void on_disconnected();
    void on_display_Error(QAbstractSocket::SocketError socketError);

};
```

图 5.40　Login.h 主要代码

如图 5.41 所示，在 Login 类的构建方法中，用户对 TcpSocket 的 IP 和端口号进行设置，然后通过 readyRead 信号、disconnected 信号和 error 信号与服务端进行交互。当接收到 readyRead 信号后，Login 类会转到 on_ready_Ready()函数中具体处理登录信息；当接收到 disconnected 信号后会，Login 类转到 on_disconnected()函数中处理断开连接；如果接收到 error(QAbstractSocket::SocketError)信号后，该类使用 on_display_Error(QAbstractSocket::SocketError)将错误信息呈现出来。

```
Login::Login(QWidget *parent) :
    QMainWindow(parent),
    ui(new Ui::Login)
{
    ip.clear();
    port.clear();
    ip = "127.0.0.1";
    port = "8888";
    tcpSocket =new QTcpSocket(this);
    setFlag=true;

    ui->setupUi(this);

    connect(tcpSocket,SIGNAL(readyRead()),this,SLOT(on_ready_Ready()));
    connect(tcpSocket,SIGNAL(disconnected()),this,SLOT(on_disconnected()));
    connect(tcpSocket,SIGNAL(error(QAbstractSocket::SocketError)),this,SLOT(on_display_Error(QAbstractSocket::SocketError)));

}
```

图 5.41　Login 类主要实现

用户端与服务端之间的“用户登录”功能主要通过四类信息进行交互，即 MSG_ID_NOTEXIST、MSG_LOGIN_SUCCESS、MSG_PWD_ERROR 和 MSG_LOGIN_ALREADY 四种类型，分别对应“号码不存在”“登录成功”“密码错误”和“重复登录”。具体实现在下述的 on_ready_Ready()函数中。

```
void Login::on_ready_Ready()
{


    QByteArray block=tcpSocket->readAll();
    QDataStream in(&block,QIODevice::ReadOnly);
    quint16 dataGramSize;
    QString msgType;
    in>>dataGramSize>>msgType;
    //号码不存在
```

```
    if("MSG_ID_NOTEXIST"==msgType)
    {
        QMessageBox::warning(NULL,tr("提示"),tr("该号码不存在，请先注册"));
}
//登录成功
    else if("MSG_LOGIN_SUCCESS"==msgType)
    {
        panel = new Panel(id,ip,port);
        panel->setWindowTitle(tr("基因检测系统"));
        panel->show();
        this->close();
}
//密码错误
    else if("MSG_PWD_ERROR"==msgType)
    {
        QMessageBox::information(NULL,tr("提示"),tr("密码错误"));
}
//重复登录
    else if("MSG_LOGIN_ALREADY"==msgType)
    {
        QMessageBox::information(NULL,tr("提示"),tr("不要重复登录"));
    }
}
```

3)检测系统窗体模块

如图 5.42 所示，当用户登录成功后，会进入检测系统主窗体，它为用户提供基因数据的上传、密文数据解密、基因疾病判定的功能。用户根据不同的基因疾病填写染色体位置、碱基位置等信息，然后点击“发送”按钮，系统会在后台进行大量计算，然后发送到服务端。而后再次点击“验证”按键，进行数据的匹配验证。

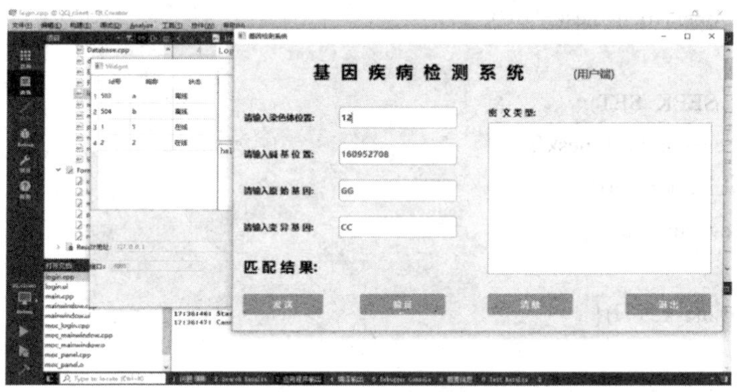

图 5.42　检测系统主窗体

Panel::on_pushButton_2_clicked()函数为“发送”按钮的具体实现，主要通过 FFT 的初始化、使用 RLWE 加密、通过 Scheme 类中的 Scheme::RLWE_Cipher()函数和 Scheme::GSW_enc()函数实现。代码如下：

```
void Panel::on_pushButton_2_clicked()
{
……
    ZmodQ deg0, deg1, deg2;
    Encode_deg(deg0, deg1, deg2, QueryCh, QueryPOS);
    deg0 = N - deg0;
    deg1 = N - deg1;
    deg2 = N - deg2;
Encode_coef(QuerySNP, QueryREF, QueryALT);

……
    //FFT 初始化及操作
    cout << "--------------------------------------------------" << endl;
    cout << "FFT Setup ... " << endl;
    gettimeofday(&startTime, 0);
    FFTsetup();
    gettimeofday(&stopTime, 0);
    timeElapsed = (stopTime.tv_sec - startTime.tv_sec) * 1000.0;
    timeElapsed += (stopTime.tv_usec - startTime.tv_usec) / 1000.0;
    cout << "FFT Setup Time: " << timeElapsed / 1000 << " s" << endl;

    //密钥存入到 sk.txt 中
    char* filenamesk = "sk.txt";
    int nLinesk = 2048;
    char chsk;
    FILE * fpsk = fopen(filenamesk, "rb");

    fseek(fpsk, 0L, SEEK_SET);
    char ** tsk = new char*[nLinesk];
    for(i = 0; i < nLinesk ; ++i){
        tsk[i] = new char[15];
    }
    for(i = 0; i < nLinesk; ++i){

        for(int j = 0; j < 15; ++j){
            chsk = fgetc(fpsk);
```

```
                if(chsk == 0x09){ tsk[i][j] = '\0'; break; }
                tsk[i][j] = chsk;
            }
            do { chsk = fgetc(fpsk); } while(chsk != 0x0a);
        }
        fclose(fpsk);
        for(int i=0;i < 2048;i++){
            skk[i]=atoi(tsk[i]);
}
        cout << "Keygen Time: " << timeElapsed / 1000 << " s" << endl;

……
        //开始 Database 加密操作
        cout << "--------------------------------------------------------" << endl;
        cout << "Database (public key RLWE) Encryption ... " << endl;
        Scheme::RLWE_Cipher* Query_CT0 = new Scheme::RLWE_Cipher[d2];
        Scheme::RLWE_Cipher* Query_CT1 = new Scheme::RLWE_Cipher[d2];
        Scheme::RLWE_Cipher* Query_CT2 = new Scheme::RLWE_Cipher[d2];

        Scheme::RLWE_Cipher* Query_CTT0 = new Scheme::RLWE_Cipher[d2];
        Scheme::RLWE_Cipher* Query_CTT1 = new Scheme::RLWE_Cipher[d2];
        Scheme::RLWE_Cipher* Query_CTT2 = new Scheme::RLWE_Cipher[d2];

        gettimeofday(&startTime, 0);
        Scheme::GSW_enc(Query_CT0, skk, deg0);
        Scheme::GSW_enc(Query_CT1, skk, deg1);
        Scheme::GSW_enc(Query_CT2, skk, deg2);

        ofstream in2;
        in2.open("QCT.txt",ios::trunc);
        for(int j=0; j < 2048; ++j){
            for(int i =0; i<10;i++){
                in2<<Query_CT0[i].a[j]<<'\t';
            }
            for(int i =0; i<10;i++){
                in2<<Query_CT0[i].b[j]<<'\t';
            }
            for(int i =0; i<10;i++){
                in2<<Query_CT1[i].a[j]<<'\t';
```

```
            }
            for(int i =0; i<10;i++){
                in2<<Query_CT1[i].b[j]<<'\t';
            }
            for(int i =0; i<10;i++){
                in2<<Query_CT2[i].a[j]<<'\t';
            }
            for(int i =0; i<10;i++){
                in2<<Query_CT2[i].b[j]<<'\t';
            }
            in2<<'\n';
        }
            in2.close();

……
//与服务端的交互
        send = new QTcpSocket(this);
        fileBytes = sentBytes = restBytes = 0;
        loadBytes = LOADBYTES;
        file = Q_NULLPTR;
        connect(send, SIGNAL(connected()),
                this, SLOT(start_transfer()));
        /* 数据已发出，继续发送*/
        connect(send, SIGNAL(bytesWritten(qint64)),
                this, SLOT(continue_transfer(qint64)));
        /* socket 出错，错误处理 */
        connect(send, SIGNAL(error(QAbstractSocket::SocketError)),
                this, SLOT(show_error(QAbstractSocket::SocketError)));
        file2Name = QString("QCT.txt");
        send->connectToHost(QHostAddress(ippP), PORT);
        sentBytes = 0;
}

/* 在上述过程中，主要使用到 Scheme.cpp 文件中的类，具体代码为实现 LWE 的几种操作：*/
namespace Scheme {
        //sk 生成操作
         void skGen(PolyModQ& sk) {
             int i, hw = 0;
             for(i = 0; i < N; ++i) sk[i] = 0;
```

```
        while(hw < 64){
            i = unif_N(gen);
            if(sk[i] == 0){
                sk[i] = (unif2(gen) << 1) - 1;
                hw++;
            }
        }
    }
    //pk 生成操作
    void pkGen(RLWE_Cipher& pk, PolyModQ& sk){
        for (int i = 0; i < N; ++i) { pk.a[i] = unif(gen); }
        PolyMult(pk.b, pk.a, sk);
        for(int i = 0; i < N; ++i){ pk.b[i] = Sample(Chi1) - pk.b[i]; }
    }
    // RLWE 加密操作
    void RLWE_enc(RLWE_Cipher& RLWEct, RLWE_Cipher& pk, PolyModQ& m) {
        PolyModQ v;
        for (int i = 0; i < N; ++i) { v[i] = (vi(gen) - 1) >> 1; }

        PolyMult(RLWEct.a, pk.a, v);
        PolyMult(RLWEct.b, pk.b, v);
        for(int i = 0; i < N; ++i){
            RLWEct.a[i] += Sample(Chi1);
            RLWEct.b[i] += (Sample(Chi1) + (m[i] << logu));
        }
    }
    // GSW 加密操作
    void GSW_enc(RLWE_Cipher* GSWct, PolyModQ& sk, int deg){
        for(int i = 0; i < d2; ++i){
            for(int j=0; j < N; ++j){ GSWct[i].a[j] = unif(gen); }
            PolyMult(GSWct[i].b, GSWct[i].a, sk);
            for(int j = 0; j < N; ++j){ GSWct[i].b[j] = Sample(Chi1) - GSWct[i].b[j]; }
        }

        ZmodQ pow_B = 1;
        for(int i = 0; i < d11; ++i){
            GSWct[2 * i].b[deg] -= pow_B;
            GSWct[2 * i + 1].a[deg] -= pow_B;
```

```
            pow_B <<= logB;
        }
    }
// AddAndEqual 操作
void AddAndEqual(RLWE_Cipher& res, RLWE_Cipher& RLWEct) {
        for (int i = 0; i < N; ++i) {
            res.a[i] += RLWEct.a[i];
            res.b[i] += RLWEct.b[i];
        }
    }
// 乘法操作
void mult(RLWE_Cipher& res, RLWE_Cipher& RLWEct, RLWE_Cipher* GSWct) {
        int i, j;
        PolyModQ a, b, poly;
        ZmodQ tmp;

        for(i = 0; i < N; ++i){
            b[i] = RLWEct.b[i];
            a[i] = RLWEct.a[i];
            res.a[i] = 0;
            res.b[i] = 0;
        }

        PolyModQ decomp_a, decomp_b;
      for(j = 0; j < d11; ++j){
            for(i = 0; i < N; ++i){
                tmp = b[i] & B1;
                if(tmp >= B2){ tmp -= Bg; }
                b[i] = (b[i] - tmp) >> logB;
                decomp_b[i] = tmp;

                tmp = a[i] & B1;
                if(tmp >= B2){ tmp -= Bg; }
                a[i] = (a[i] - tmp) >> logB;
                decomp_a[i] = tmp;
            }

            PolyMult(poly, decomp_b, GSWct[2 * j].b);
            PolyAddAndEqual(res.b, poly);
```

```
            PolyMult(poly, decomp_b, GSWct[2 * j].a);
            PolyAddAndEqual(res.a, poly);

            PolyMult(poly, decomp_a, GSWct[2 * j + 1].b);
            PolyAddAndEqual(res.b, poly);
            PolyMult(poly, decomp_a, GSWct[2 * j + 1].a);
            PolyAddAndEqual(res.a, poly);
        }
    }
    // ModSwitch 操作
    ZmodQ ModSwitch(ZmodQ a){
        ZmodQ tmp = a & MS;
        if(tmp > MS2) tmp -= MS;
        return (a - tmp);
    }
    // RLWEtoLWE 操作
    void RLWEtoLWE(LWE_Cipher& LWEct, RLWE_Cipher& RLWEct) {
        LWEct.b = ModSwitch(RLWEct.b[0]);
        LWEct.a[0] = ModSwitch(RLWEct.a[0]);
        for (int i = 1; i < N; ++i) { LWEct.a[i] = - ModSwitch(RLWEct.a[N - i]); }
    }
    // LWE 解密操作
    void LWE_dec(ZmodQ& m, PolyModQ& sk, LWE_Cipher& LWEct) {
        ZmodQ tmp = LWEct.b;
        for (int i = 0; i < N; ++i) { tmp += LWEct.a[i] * sk[i]; }
        m = (tmp + u2) >> logu;
       if(m < 0) m += TT;
    }
}
```

4. 服务器端实现

服务器端是半可信的，主要完成基因询问密文与密文基因数据库的密态计算，并返回给用户数据库中相应位置的碱基变异信息的密文。如图 5.43 所示，服务端的窗体为 widget.ui，对应的为 widget.cpp 源文件和 widget.h 头文件；tcpconthread.cpp 文件实现的 tcpconthread 类与用户端进行交互；sqlitedb.cpp 中的 SqliteDB 类负责将结果更新到数据库中。

1) 监听用户状态

在服务端窗体左上角会显示在线/离线状态的用户情况，例如，这里 503、504 用户为离线状态，1、2 用户为在线状态。如图 5.44 所示。与客户端之间的“用户登录”模块主要通过使用 TcpConThread 类进行连接交互，并将交互的结果使用 SqliteDB 类中的 getUserInfo()、updateUserLogStat()、insertNewUser()、getUserAllOnline()实时获取或更新到数据库中。下面给出 TcpConThread 类中主要的 TcpConThread()函数和 on_Ready_Read()函数的具体实现代码。

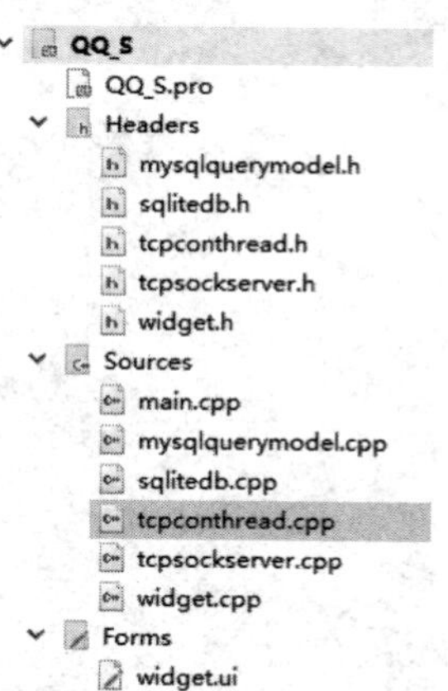

图 5.43　服务器端代码结构

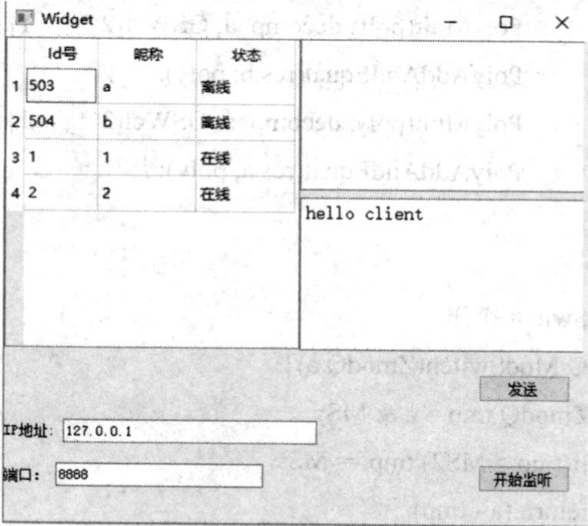

图 5.44　用户状态图

```
TcpConThread::TcpConThread(int socketDescriptor, QObject *parent) :
    QThread(parent),socketDescriptor(socketDescriptor)
{
// TcpConThread 的构建函数，当接收到 readyRead 信号后，转到 on_Ready_Read()
函数进行具体处理
    tcpSocket=new QTcpSocket;
qDebug()<<"tcpconthead 13";
// readyRead 信号交互
    connect(tcpSocket,SIGNAL(readyRead()),this,SLOT(on_Ready_Read()));
    if(!tcpSocket->setSocketDescriptor(socketDescriptor))
    {
        emit error(tcpSocket->error());
        return;
    }
    exec();
}

/* on_Ready_Read()函数为具体处理“用户登录”模块的函数，包括
MSG_CLIENT_USER_REGISTER、MSG_USER_LOGIN 等消息类型*/
void TcpConThread::on_Ready_Read()
{
    //这里使用"|"作为分隔符
    QString strLogin=tcpSocket->readAll();
```

```
    QStringList strListUser=strLogin.split("|");
    QString id=strListUser.at(0);
    QString password=strListUser.at(1);

    qDebug()<<"tcpconthead 32";
    db=new SqliteDB; //使用 SqliteDB 进行数据库操作

    QString ip=tcpSocket->peerAddress().toString();
    int port=tcpSocket->peerPort();

    qDebug()<<"ip"<<tcpSocket->peerAddress().toString();
    qDebug()<<"port"<<tcpSocket->peerPort()<<port;

    QByteArray block =tcpSocket->readAll();
    QDataStream in(&block,QIODevice::ReadOnly);
    quint16 dataGramSize;
    QString msgType;
    in>>dataGramSize>>msgType;

    //如果接收到 MSG_CLIENT_USER_REGISTER 类型的消息
    if("MSG_CLIENT_USER_REGISTER"==msgType)
    {
        QString id;
        QString password;
        QString name;
        QString msg = "null";

        qDebug()<<"tcpconthead 52";
        in>>id>>password>>name;

if(0==db->insertNewUser(id,password,name,ip,QString::number(port),msg))
        {
            qDebug()<<"kkkkkkkkkkkkkkkkkkkk";
            //如果接收到 MSG_ID_ALREADY_EXIST 类型的消息
             QString msgType="MSG_ID_ALREADY_EXIST";
             QByteArray block;
             QDataStream out(&block,QIODevice::WriteOnly);
             out.setVersion(QDataStream::Qt_4_6);
             out<<(quint16)0<<msgType;
```

```
            out.device()->seek(0);
            out<<(quint16)(block.size()-sizeof(quint16));
            tcpSocket->write(block);
        }
        else
        {
            //输出调试信息
            qDebug()<<"wwwwwwwwwwwwwwwww";
            QByteArray block;
            QDataStream out(&block,QIODevice::WriteOnly);
            out.setVersion(QDataStream::Qt_4_6);
            QString msgType="MSG_CLIENT_REGISTER_SUCCESS";
            out<<(quint16)0<<msgType;
            out.device()->seek(0);
            out<<(quint16)(block.size()-sizeof(quint16));
            tcpSocket->write(block);
        }
    }
    //如果接收到 MSG_USER_LOGIN 类型的消息
    else if("MSG_USER_LOGIN"==msgType)
    {
        QString id;
        QString password;
        in>>id>>password;
        db->getUserInfo(id);

        if(db->strListUser.isEmpty())
        {
            QByteArray block;
            QDataStream out(&block,QIODevice::WriteOnly);
            out.setVersion(QDataStream::Qt_4_6);
            QString msgType="MSG_ID_NOTEXIST";
            out<<(quint16)0<<msgType;
            out.device()->seek(0);
            out<<(quint16)(block.size()-sizeof(quint16));
            tcpSocket->write(block);
        }
        else if(db->strListUser.at(1)!=password)
        {
```

```
        QByteArray block;
        QDataStream out(&block,QIODevice::WriteOnly);
        out.setVersion(QDataStream::Qt_4_6);
        QString msgType="MSG_PWD_ERROR";
        out<<(quint16)0<<msgType;
        out.device()->seek(0);
        out<<(quint16)(block.size()-sizeof(quint16));
        tcpSocket->write(block);
    }
    else if(db->strListUser.at(1)==password)
    {

        if(db->strListUser.at(3)=="1")
        {
            QByteArray block;
            QDataStream out(&block,QIODevice::WriteOnly);
            out.setVersion(QDataStream::Qt_4_6);
            QString msgType="MSG_LOGIN_ALREADY";
            out<<(quint16)0<<msgType;
            out.device()->seek(0);
            out<<(quint16)(block.size()-sizeof(quint16));
            tcpSocket->write(block);
        }
        else
        {
            QByteArray block;
            QDataStream out(&block,QIODevice::WriteOnly);
            out.setVersion(QDataStream::Qt_4_6);
            QString msgType="MSG_LOGIN_SUCCESS";
            out<<(quint16)0<<msgType;
            out.device()->seek(0);
            out<<(quint16)(block.size()-sizeof(quint16));
            tcpSocket->write(block);
            db->updateUserLogStat(id,"1");
            db->updateUserIp(id,tcpSocket->peerAddress().toString());
        }

        QString msgType="MSG_SYSTEM_UPDATE_LOGSTAT";
        QByteArray block;
```

```
                QDataStream out(&block,QIODevice::WriteOnly);
                out.setVersion(QDataStream::Qt_4_6);
                QString endMsg="END";
                out<<(quint16)0<<msgType<<id<<endMsg;
                out.device()->seek(0);
                out<<(quint16)(block.size()-sizeof(quint16));

                QUdpSocket *udpSocket=new QUdpSocket(this);

if(!udpSocket->writeDatagram(block.data(),block.size(),QHostAddress(ip),port+1))
                {
                  QMessageBox::critical(NULL,tr("提示"),tr("服务器内部通信错误"));
                }
            }
        }

}
```

2) 开始监听

在启动服务端后，需要先点击“开始监听”按钮。然后，服务端开始监听默认为 8888 的端口，并与用户端进行基因检测和处理图表等交互。用户也可根据自己的机器设置其他端口。具体实现为下面的 on_startListButton_clicked()函数。

```
void Widget::on_startListButton_clicked()
{
    ip.clear();
    port.clear();
    ip=ui->ipLineEdit->text().trimmed();
    port=ui->portLineEdit->text().trimmed();

    if(ui->startListButton->text()=="开始监听")
    {
        server.close();

        QRegExp rxIp("\\d+\\.\\d+\\.\\d+\\.\\d+");
        QRegExp rxPort(("[1-9]\\d{3,4}"));
        rxIp.setPatternSyntax(QRegExp::RegExp);
        rxPort.setPatternSyntax(QRegExp::RegExp);
```

```
        //输入 IP 和端口错误
        if(!rxPort.exactMatch(port)||!rxIp.exactMatch(ip))
        {
            QMessageBox::critical(NULL,tr("提示"),tr("请输入正确的 IP 和端
口"));
        }
        else
        {
            if(!server.listen(QHostAddress(ip),(quint16)port.toUInt()))
            {
                QMessageBox::critical(NULL,tr("提示"),tr("TCP 监听失
败：%1.").arg(server.errorString()));
            }
            else
            {
                udpSocket=new QUdpSocket(this);

if(!udpSocket->bind(QHostAddress(ip),(quint16)port.toUInt()+1))
                {
                    QMessageBox::critical(NULL,tr("提示"),tr("TCP 监听失
败：%1.").arg(server.errorString()));
                }

    /* readyRead 信号交互此处会跳转到 on_read_Datagrams()函数，在 on_read_
Datagrams()函数中包含核心的 processDatagram()函数*/

connect(udpSocket,SIGNAL(readyRead()),this,SLOT(on_read_Datagrams()));
                ui->startListButton->setText("断开监听");
                ui->ipLineEdit->setEnabled(false);
                ui->portLineEdit->setEnabled(false);
            }
        }
    }
    else if("断开监听"==ui->startListButton->text())
    {
        server.close();
        udpSocket->close();
        ui->startListButton->setText("开始监听");
        ui->ipLineEdit->setEnabled(true);
```

```
        ui->portLineEdit->setEnabled(true);
    }
}
```

3) 处理数据

在上述监听函数完成后会跳转到 processDatagram()函数，处理用户数据并进行分发，并使用 tableViewRefresh()函数对数据表进行刷新操作。

```
void Widget::processDatagram(QByteArray block)
{
    QDataStream in(&block,QIODevice::ReadOnly);
    quint16 dataGramSize;
    QString msgType;
    in>>dataGramSize>>msgType;
    // MSG_CLIENT_NEW_CONN 类型的消息
    if("MSG_CLIENT_NEW_CONN"==msgType)
    {
        QString id;
        in>>id;
        if(!id.isEmpty())
        {
            qDebug()<<"ddddd"<<senderPort;
            //Table 数据表做刷新操作
            tableViewRefresh();
        }
        Sqdb->getUserAllOnline();
        QStringList idList=Sqdb->strListId;
        QStringList nameList=Sqdb->strListName;
        QString msgType="MSG_ALL_USER_ONLINE";
        QByteArray block;
        QDataStream out(&block,QIODevice::WriteOnly);
        out.setVersion(QDataStream::Qt_4_6);
        out<<(quint16)0<<msgType<<idList<<nameList;
        out.device()->seek(0);
        out<<(quint16)(block.size()-sizeof(quint16));

    if(!udpSocket->writeDatagram(block.data(),block.size(),this->senderIp,this->senderPort))
        {
            QMessageBox::critical(NULL,tr("提示"),tr("!udpSocket->writeDatagram."));
        }
```

```
            msgType="MSG_NEW_USER_LOGIN";
            block.clear();
            out.device()->seek(0);
            Sqdb->getUserInfo(id);

            out<<(quint16)0<<msgType<<id<<Sqdb->strListUser.at(2);
            out.device()->seek(0);
            out<<(quint16)(block.size()-sizeof(quint16));

        if(!udpSocket->writeDatagram(block.data(),block.size(),QHostAddress("255.255.255.255
"),this->senderPort))
            {
                QMessageBox::critical(NULL,tr("提示"),tr("!udpSocket->writeDatagram."));
            }
}
// MSG_CLIENT_REGISTER_SUCCESS 用户注册成功
    else if("MSG_CLIENT_REGISTER_SUCCESS"==msgType)
    {
        qDebug()<<"ooooooooooooo"<<senderPort;
        tableViewRefresh();

}
// MSG_USER_LOGOUT 用户退出消息
    else if("MSG_USER_LOGOUT"==msgType)
    {
        QString id;
        in>>id;
        if(id.isEmpty())
        {
            qDebug()<<"empty";;
        }
        else
        {
            Sqdb->updateUserLogStat(id,"0");
            this->tableViewRefresh();
            msgType="MSG_CLIENT_LOGOUT";
            block.clear();
            QDataStream out(&block,QIODevice::WriteOnly);
```

```
            out.device()->seek(0);
            Sqdb->getUserInfo(id);
            out<<(quint16)0<<msgType<<id<<Sqdb->strListUser.at(0);
            out.device()->seek(0);
            out<<(quint16)(block.size()-sizeof(quint16));

if(!udpSocket->writeDatagram(block.data(),block.size(),QHostAddress("255.255.255.255"),
6666))
            {
                QMessageBox::critical(NULL,tr("提示
"),tr("!udpSocket->writeDatagram."));
            }
        }
    }
    // MSG_CLIENT_CHAT 消息类型
    else if("MSG_CLIENT_CHAT"==msgType)
    {
        QString toid,fromId,fromName,toIp,buffer;
        in>>fromId>>toid>>buffer;
        Sqdb->getUserInfo(toid);
        toIp=Sqdb->strListUser.at(4);
        Sqdb->getUserInfo(fromId);
        fromName=Sqdb->strListUser.at(2);
        QByteArray blockTosend;
        QDataStream tosend(&blockTosend,QIODevice::WriteOnly);
        QString mytype="MSG_CLIENT_CHAT";
        tosend<<(quint16)0<<mytype<<fromName<<fromId<<buffer;
        tosend.device()->seek(0);
        tosend<<(quint16)(blockTosend.size()-sizeof(quint16));

if(!udpSocket->writeDatagram(blockTosend.data(),blockTosend.size(),QHostAddress(toIp),
6666))
            QMessageBox::warning(NULL,"meaaage sending","error");
    }
    else if("TEST-SQL"==msgType)    //测试消息
    {
        QString id;
        //QString password;
        QString msg;
```

```
                qDebug()<<"sqllllllllllllllllltest";


            in>>id>>msg;
            Sqdb->updatemsg(id,msg);
        }
}
```

5. 运行结果

系统运行的结果为：注册用户登录以后，将患者的待检测基因数据输入到系统用户端对话框内的相应位置；点击“发送”按钮，将该基因条目的密文发送给云端；云端完成与密文数据库的计算；用户端接收云端返回的密文结果，点击“验证”按钮，可以得到匹配结果。该结果表示基因变异数据库中是否存在该询问的条目，如图 5.45 所示。

图 5.45　运行结果呈现

6. 技术指标

人类的生物标记，尤其是基因，涉及个人隐私和道德伦理，当患者需要对基因进行疾病检测时，需要保证待检测基因数据的安全性与隐私性，同时还要以较高的正确率和时间效率获得检测结果。

(1) 基因数据安全性。系统底层数据处理采用基于格的、可证明安全的同态加密算法 RLWE 和 RGSW，安全性较高。

(2) 时间效率。由于用户端加密时采用部分同态加密算法，其时间效率较高，对于 102 400 个条目的数据库，云端密态计算时间不超过 5 s。

(3) 查询能力。本系统能够对任意长度的基因进行查询。

(4) 正确率。本系统查询出错的概率小于 $2^{-37.4}$。

5.2.4　系统测试与结果

1. 测试方案

(1) 利用不同规模的基因数据库，对方案进行测试。

利用条目数量分别为 428、10 240、102 400 的数据库，对系统各阶段的运行时间和存储量进行测试。系统性能能够达到：云端密态计算时间不超过 5s；一次查询的通信量不超过 30M。这反映出本系统的高效性。

(2) 利用多次基因询问，对方案进行测试。

在 100K 的数据库中，重复进行 200 次匹配查询(100 次查询条目在数据库中，100 次条目不在数据库中)，方案对于所有查询都能正确得出结果。实践表明了本系统的正确性和稳定性。

2. 功能测试

以“酒精性脸红”为例，这是指饮酒后出现的脸红现象。接近半数的亚洲人种在饮酒后会出现这种脸红现象，而其他人种发生的概率较低，这是基因的作用，部分亚洲人种乙醛脱氢酶基因出现变异，导致体内乙醛脱氢酶不足。“酒精性脸红”生物特征是由 12 号染色体上的 ALDH2 基因来决定的，其基因位点为 rs671，基因型为 GG(不脸红)。ALDH2 基因的变异对乙醛的催化活性的影响是影响饮酒人群肿瘤发生的重要因素。相关链接为 https://www.wegene. com/demo/male/report/detail/1。

现假定具体的变异碱基位置为 160952708，变异后碱基为 CC(因为基因数据的隐私性，确切的数据我们无法公开获得)。现假定患者对应位置的基因型为 GG(没有发生基因变异)，经过测试，发现与基因变异数据库不匹配，说明患者该性状决定基因没有发生病变。

3. 性能测试

系统云端配置为：HP 笔记本电脑、Intel Core TM i7-6700HQ CPU @2.60GHz、8GB 内存、Windows 10 操作系统；用户端和基因数据拥有者配置为：联想 ThinkPad S5 笔记本电脑、Intel Core TM i7-7700HQ CPU @2.80GHz、16GB 内存、Windows 10 操作系统。系统运行情况良好，计算效率较高，运行速度达到系统设计目标。

4. 测试数据与结果

我们利用条目数量分别为 428、10 240、102 400 的数据库，对系统各阶段的运行时间和存储量进行测试。实验结果如表 5.7 和表 5.8 所示。

如表 5.7 所示，当数据库的条目数量分别为 428、10 240、102 400 时，测试患者特定位置的基因数据加密(询问加密)、数据库加密、商业云服务器密文计算(密态计算)以及用户解密(解密)的时间开销，发现患者基因的加密时间大致都在 20 ms 左右，用户解密时间都为 1 ms，云端密态计算时间不超过 5 s，系统运行速度快。

表 5.7　基因疾病同态密文检测系统的时间开销(ms)

数据库中条目的个数	询问加密	数据库加密	密态计算	解密
428	22	25	128	1
10 240	21	124	634	1
102 400	20	857	3247	1

本系统还考虑到基因数据的存储开销和通信开销问题，如表 5.8 所示。患者基因的询问密文大小为 160 kB，密文数据库存储量小于 100 MB，反馈密文大小小于 25 MB。一次查询的通信量(询问密文大小+反馈密文大小)不超过 30 M，系统的通信开销较小。

表 5.8　基因疾病同态密文检测系统的存储开销

数据库中条目的个数	询问密文/kB	密文数据库/MB	反馈密文/MB
428	160	4	1
10 240	160	23	5.6
102 400	160	99	24.7

5.2.5　应用前景

基因是影响人类健康的内在本质。人类的一切生命活动和生理现象都与基因直接相关。基因测序技术是人类基因组计划的核心，基因组的序列有助于人类更好地理解细胞和生物体的整个生命活动，同时对于一些疾患的预防和治疗也有着重大意义，如癌症、遗传疾病等(这些疾病都是由于基因中发生的一些恶性突变造成的)。随着生物医学的不断发展，基因组测序的成本不断下降，扩大了能够负担基因测序成本的人群，也引发了人们对基因隐私保护的关注。

本系统设计的目的，是为了防止用户的基因数据被未经授权的用户或机构窃取，从而保护个人和种群的基因隐私。本方案可以安全高效地进行基因疾病的在线检测。该系统大范围推广使用后，可以大幅降低基因数据被泄露的风险，大幅减少健康医疗企业和综合性医院研发机构用于维护基因数据的费用，为“人工智能+医疗”企业的敏感数据的操作提供安全保障。

5.2.6　结论

本系统设计了基因数据安全检测的算法，编写程序进行了具体实现，并搭建了三方参与的实验平台进行演示验证。该系统能够在保护患者基因隐私的前提下进行基因疾病检测。从运行结果来看，该系统存储量和通信量开销小，实用性较强，可以为用户提供安全实时的在线基因检测服务。

5.3　基于机器学习的手机消息自适应加密系统

在“互联网+”的大背景下，云计算、大数据和认知计算等新兴技术的发展给人们的生活带来了转型与创新，但随着系统和网络复杂性的日益增加，个人隐私安全形势日趋严峻，尤其是在用户层面，保护用户信息安全问题迫在眉睫。如何构建以用户需求为导向，在日常生活中不露痕迹地保护数据安全和个人隐私的加密通信系统，成为新兴的研究课题。

区别于底层加密和全文加密的传统加密程序，本系统是基于国产加密算法 SM4 和 NLP(自然语言处理)，对手机敏感信息实现选择性加解密，并进行低信息量伪装处理的系统。本系统使用的机器学习算法在测试中很好地完成了对较小规模文字的学习、理解和处理。相比于阿尔法狗或阿尔法元，本系统在运算和架构层面完全无法与之匹敌，但是在结合使用场景和现实实际需求，尤其是在不打开数据连接而单纯收发消息的情况下，它无疑满足了我们的要求。本系统的另一突出特点就是自适应加密和主动加密，即自我识别、自我学习、主动加密“三位一体”。本系统通过用户收发消息的日常行为，对本地的数据库中的文本信息通过自然语言处理中的分词功能，根据可自我学习的分类器，对敏感词汇进行分类，然后将已经确定为敏感信息的文本，根据不同的级别由相对应级别的密钥进行SM4加密。通过对文本信息的不断积累学习，本系统会增强对敏感信息判断的精准度，形成对信息中敏感信息的自动识别、加密，并利用自然语言处理技术对被加密文字进行低信息量替换，最终实现消息的伪装，以此来保证信息的安全性。

5.3.1　基础知识

1. NLP 技术

自然语言处理(Natural Language Processing，NLP) 是研究人与计算机交互的语言问题的一门学科。处理自然语言的关键是要让计算机“理解”自然语言，所以自然语言处理又叫作自然语言理解(Natural Language Understanding，NLU)，也称为计算语言学(Computational Linguistics)。一方面它是语言信息处理的一个分支，另一方面它是人工智能(Artificial Intelligence，AI)的核心课题之一。

2. 机器学习

机器学习(Machine Learning, ML)是一门多领域交叉学科，涉及概率论、统计学、逼近论、凸分析、算法复杂度理论等多门学科，专门研究计算机怎样模拟或实现人类的学习行为，以获取新的知识或技能，重新组织已有的知识结构使之不断改善自身的性能。

机器学习是人工智能的核心，是使计算机具有智能的根本途径，其应用遍及人工智能的各个领域，它主要使用归纳、综合而不是演绎。

5.3.2　系统功能与设计

1. 系统功能

本系统是基于国产加密算法SM4，对手机敏感信息实现主动加解密，并利用自然语言处理技术进行低信息量伪装的系统。

本系统设计思路和功能如下：首先，通过用户收发消息的日常行为，对本地的词汇数据库进行分词标记，将敏感字、词、段落划分为低、中、高三类；而后，将标记好的词汇根据不同的级别由相对应的密钥进行加密；最后，通过对文本信息的学习，不断更新词汇标记，逐渐提高敏感分词的准确度。系统的主要功能如下：

(1) 学习功能。学习功能是指系统根据用户输入词汇实时建立学习样本，对本地的词汇库完成部分抽样覆盖，并进行敏感度分词标记，通过用户持续的词汇输入，学习样本得到不断更新，并建立动态的词汇标记结果。

(2) 加密功能。加密功能是指将已经确定为敏感信息的文本根据不同的级别由相对应级别的密钥进行SM4加密，其中密钥对应三个独立加密算法。

(3) 解密功能。解密功能是指接收到密文后，本系统首先对消息进行处理，还原加密过后的密文，而后用户输入口令解密，输出解密结果，用户获得明文。

(4) 伪装功能。伪装功能是指对加密后的消息实现与加密结果的等长度文本替换，从而实现消息的外观与普通消息一致。

2. 系统模块构成

系统模块由发送端、接收端和服务器端构成，如图 5.46 所示。在实现上，发送端和接收端集成在用户端。

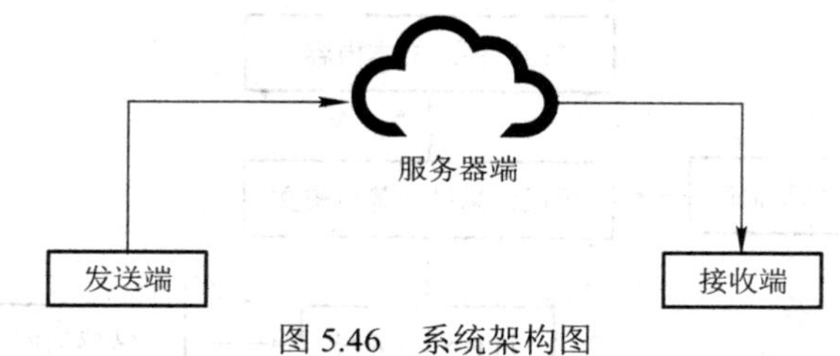

图 5.46　系统架构图

1) 用户端

用户端使用安卓手机应用作为载体，设计了接收词汇输入、样本产生、短消息加密、短消息组合和短消息发送等功能。用国密 SM4 算法对文件本身进行加密，采用了对称算法，并使用 SM2 进行密钥分发和交换。同时，也包含了图形界面，便于用户进行系统的访问和管理，使用 Java 脚本编写。

2) 服务器端

短消息的服务器负责短消息发送的用户接入、任务调度、寻址、认证和密钥协商功能。同时，服务器端负责将部分词汇标记任务合理分配到 Client 端和 Server 端来实现，以利于降低系统的通信开销。

Client/Server 支持包括 TCP、SCTP、UDP 在内的多种协议。

3. 系统流程

如图 5.47 所示，系统的加密流程为：首先，用户输入需要处理的短消息，系统读取该消息，并作为样本输入机器学习模块，根据敏感词汇分类标记结果，更新敏感词库；然后，对输入的短消息进行加密和低敏感性替换伪装处理；最后，将处理好的新短消息发送到服务器端。本系统在对用户行为和本地数据进行实时的学习后会自动增加新的敏感词并按敏感级别添加到已有的敏感词库中，这个过程是动态更新的。在用户输入明文及口令后，系统一方面生成密钥，一方面对输入的内容进行识别，并开始加密和伪装，而后输出加密结果。

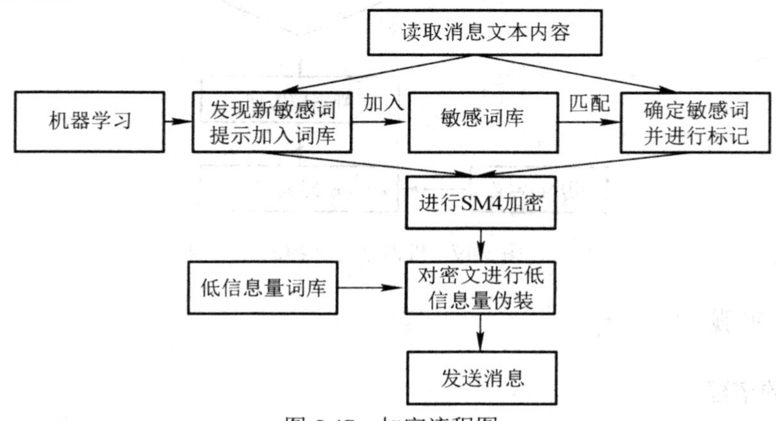

图 5.47　加密流程图

解密流程如图 5.48 所示，接收到短消息后，系统首先对该消息进行逆向低信息量词汇处理，还原 SM4 加密过后的密文，而后用户输入口令解密，输出解密结果，用户获得明文。

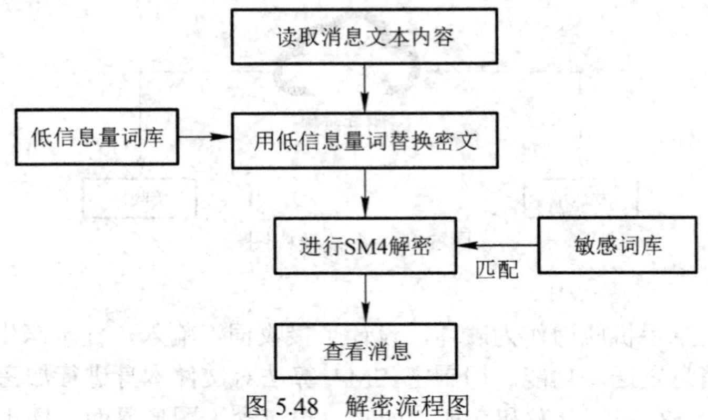

图 5.48　解密流程图

5.3.3　机器学习流程

如图 5.49 所示，本系统使用的机器学习算法通过分类器、感知器和用户收发消息的行为、内容来筛选出第一批待定敏感词汇，称之为初始敏感词。用户添加输入和读取本地数据自我学习掌握到的敏感词和初始敏感词一同关联到敏感词库来对新信息进行敏感词汇的提取，而新获取的敏感词汇又会作为下一批敏感词汇获取的依据，如此，形成了本系统内部具有两个输入(用户添加和机器学习)、一个输出(就是敏感词的确定)的对敏感词汇感知学习的循环。

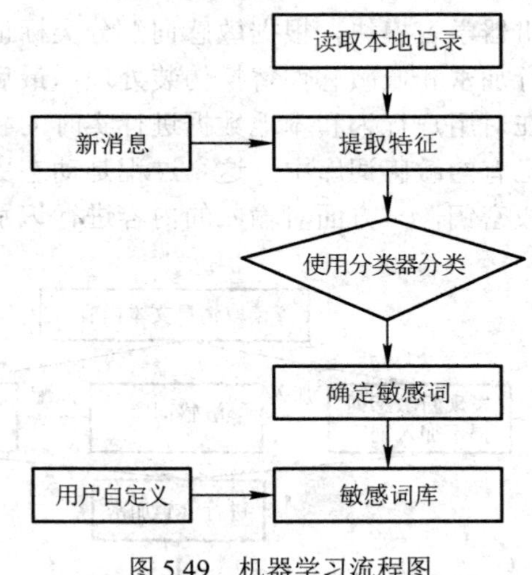

图 5.49　机器学习流程图

5.3.4　系统实现

1. 环境的搭建

(1) 安装配置 IntelliJ IDEA。打开 IntelliJ IDEA 的官网 https://www.jetbrains.com/idea/

download/#section=windows，下载 Windows 版本的安装程序，并按照默认方式安装。

(2) Android Studio 安装配置。打开 Android Studio 官网 https://developer.android.google.cn/，下载 Windows 版本的安装包，按照默认的方式进行安装。

2. 功能模块的实现

1) 加密模块

本模块是手机应用端运行的主要安全依赖模块，通过调用 SM4 和 SM2 实现短消息的选择性加密。同时，实现输入短消息中的预定义敏感词组，并进行替换，生成待加密的最终消息。主要利用了两个加密算法，SM4 的调用和 SM2 的密钥协商模块。当消息处理完后，程序返回可用于发送的短消息，并调用 sendForNet 接口发送短消息。

加密模块代码如下：

```
/**
 * 加密信息，服务器识别应用端回传的信息是否加密
 */
private void encrpty() {
    //如果已经加密了，则还原原始值
    if (isEncrypt) {
        isEncrypt = false;
        editMsg.setText(orignMsg);
        txtEncrypt.setText("");
    } else {
        orignMsg = editMsg.getText().toString();

        //实际要发送的信息
        String sendWord = orignMsg;
        //实际要同步在服务器的信息
        String saveWord = orignMsg;
        for (Word item : listWords)
        {
            if (sendWord.contains(item.getWord()))
            {
                //分类器主动替换加密词条
                sendWord = sendWord.replace(item.getWord(), "&");
            }
            if (saveWord.contains(item.getWord()))
            {
                saveWord = saveWord.replace(item.getWord(),
sm4Utils.encryptData_ECB(item.getWord()));
```

```
                }
            }
            editMsg.setText(String.format("%s", sendWord));
            txtEncrypt.setText(saveWord);
            isEncrypt = true;
        }

        if (isEncrypt) {
            btnEncrypt.setText("还原");
        } else {
            btnEncrypt.setText("加密");
        }
    }


    /**
     * 发送短信
     */
    private void sendSms() {
        if (TextUtils.isEmpty(editPhone.getText().toString()))
        {
            showToastShort("收件人不能为空");
            return;
        }
        if (TextUtils.isEmpty(editMsg.getText().toString()))
        {
            showToastShort("发送内容不能为空");
            return;
        }
        //如果联系人输入框不是数字的话说明是联系人列表取得的联系人，则在 map
里取出联系人对应的手机号
        if (TextUtils.isDigitsOnly(editPhone.getText().toString())) {
            phone = editPhone.getText().toString();
        } else {
            phone = contact.get(editPhone.getText().toString());
        }
        sendForNet();
    }
```

本模块利用 Java 提供的 API，将输入明文的数据存放在数据库，同时后台分类器始终运行，进行敏感词分析。当加密时，首先判断是否为敏感词，若不是，则不进行加密。如果是敏感词，则将识别的敏感词数据传回服务器端，进行标记和加密，而后使用低信息量词进行替换。

2) 解密模块

在解密模块中，主要利用了一个函数“msgencrypt.activity”。系统首先提取标记词汇，被加密部分合法时，则利用 SM4 提供的 API，将得到的密文提取并解密，还原成明文。解密模块中的 decryptSms 方法实现所收到的短消息解密功能，以加密词汇的位置作为参数，重复调用该方法，顺序完成整个短消息的解密。同时，该方法实现了短消息各种状态的检测和异常处理。然后通过 SendSmsActivity 类调用解密方法实现上层的短消息处理的封装。当应用端查看短消息时，系统实例化一个 SendSmsActivity 类进行短消息的解密与查看。

解密模块代码如下：

```
private void decryptSms(final int position) {
            /**
        调用 SM4 解密 API，与服务器通信验证是否加密
        */
         if (!smsDatas.get(position).getBody().contains("&"))
          {
                showToastShort("该信息未加密");
                return;
            }
            if (null == dialog)
            {
                dialog = new ProgressDialog(this);
                dialog.setMessage("正在解密，请稍后...");
            }
            dialog.show();
            Log.d(TAG, "解密中...");
            ServiceApi serviceApi = new BaseRetrofit().createService(ServiceApi.class);
            Map<String, String> params = new HashMap<>(2);
            params.put("body2", smsDatas.get(position).getBody());
            params.put("date", smsDatas.get(position).getDate());
            encryptStr = smsDatas.get(position).getBody();
            serviceApi.getSmsMsg(params)
                    .observeOn(Schedulers.io())
                    .subscribeOn(Schedulers.newThread())
                    .subscribe(new Subscriber<Result>() {
                        @Override
                        public void onCompleted() {
```

```
                if (null != dialog && dialog.isShowing()) {
                    dialog.dismiss();
                }
            }

            @Override
            public void onError(Throwable e) {
                Log.d(TAG, "decryptSms onError:" + e.getMessage());
                sendMsg(e.getMessage(), 0x125, handler);
            }

            @Override
            public void onNext(Result result) {
                Log.d(TAG, "result=" + result.toString());
                switch (result.getCode()) {
                    case 200:
                        if (null != result.getData()) {
                            String smsMsg = result.getData().toString();
                            Log.d(TAG, "smsMsg=" + smsMsg);
                            String msg =
decrypt(encryptStr.replace(Comm.WORD_ADDR, ""), smsMsg);
                            Log.d(TAG, "result=" +
decrypt(encryptStr.replace(Comm.WORD_ADDR, ""), smsMsg));
                            sendMsg(msg, 0x124, handler);
                        }
                        break;
                    default:
                        sendMsg(result.getMessage(), 0x125, handler);
                        break;
                }
            }
        });
    }
    /**
     * 删除短信
     *
     * @param position  短信 ID
     */
    private void deleteSms(int position) {
```

```
            //删除本地
            smsDatas.get(position).setIsDel(true);
            appConfig.getDaoSession().getSmsMsgDao().update(smsDatas.get(position));
            initDatas();
        }

    /**
     * 解密
     *
     * @param oldStr  本地字符串
     * @param model   网络存储的加密后的值 //需回传到服务器端验证
     * @return 解密结果
     */
    private String decrypt(String oldStr, String model) {
        String result = "";
        if (oldStr.contains("&")) {
            String en1 = model.substring(oldStr.indexOf("&"), model.indexOf("==") + 2);
            result = oldStr.replaceFirst("&", sm4Utils.decryptData_ECB(en1));
            if (result.contains("&")) {
                result = decrypt(result, model.replaceFirst(en1.replace("+", "\\+"),
sm4Utils.decryptData_ECB(en1)));
            }
        }
        return result;
    }

    /**
     * 弹框展示解密结果
     */
    private void showDecResult(String msg) {

        messageDiaolg = new MessageDiaolg(this);
        messageDiaolg.setContentView(R.layout.view_msg_dialog);
        TextView txtMsg = messageDiaolg.findViewById(R.id.txt_msg);
        txtMsg.setText(msg);
        messageDiaolg.findViewById(R.id.txt_close).setOnClickListener(new
View.OnClickListener() {
            @Override
            public void onClick(View view) {
```

```
                if (null != messageDiaolg && messageDiaolg.isShowing()) {
                    messageDiaolg.dismiss();
                }
            }
        });
        messageDiaolg.show();
    }
}
public class SendSmsActivity extends BaseActivity {
    /**
     * 识别信息是否被加密  true:是  false:否
     */
    private boolean isEncrypt = false;
    private List<Word> listWords;
    private SM4Utils sm4Utils;
    private String phone;
    /**
     * 原始未加密数据
     */
    private String orignMsg;
    /**
     * Key:联系人姓名
     * value:联系人电话
     */
    private Map<String, String> contact;
    @Override
    public void findViews() {
        setContentView(R.layout.activity_send);
    }
    @Override
    public void initViews() {
        listWords = new ArrayList<>();
        listWords = mWordDao.loadAll();
        contact = new HashMap<>(1);
    }
```

3) 主界面各功能的实现

系统主界面运行在手机应用端上，主要完成短信管理、编辑、收发短信、设置词库等功能，主界面部分代码如下：

```
package com.ks.msgencrypt.activity;
import android.view.KeyEvent;
import android.view.View;
import android.widget.Toast;
import com.ks.msgencrypt.R;
import butterknife.OnClick;
/**
 * @title：LoginActivity
 * @description： 主界面
  */
public class MainActivity extends BaseActivity {
    @Override
    public void findViews() {
        setContentView(R.layout.activity_main);
    }
    @Override
    public void initViews() {
    }
    @Override
    public void initDatas() {
    }
    @OnClick({R.id.line_receive, R.id.line_send, R.id.line_setting})
    public void onClick(View view) {
        switch (view.getId()) {
            case R.id.line_receive:
                openActivity(SmsListActivity.class);
                break;
            case R.id.line_send:
                openActivity(SendSmsActivity.class);
                break;
            case R.id.line_setting:
                openActivity(SettingActivity.class);
                break;
            default:
                break;
        }
    }
    long exitTime = 0;
    @Override
```

```
    public boolean onKeyDown(int keyCode, KeyEvent event) {
        if (keyCode == KeyEvent.KEYCODE_BACK) {
            if ((System.currentTimeMillis() - exitTime) > 2000) {
                Toast.makeText(getApplicationContext(), "再按一次退出程序",
                        Toast.LENGTH_SHORT).show();
                exitTime = System.currentTimeMillis();
            } else {
                //获取 PID
                android.os.Process.killProcess(android.os.Process.myPid());
                System.exit(0);
                finish();
            }
        }
        return true;
    }
}
```

4) 服务器端实现

服务器端的实现主要包含服务器架构和数据库管理两个基本部分，基于 IP 地址的用户认证方法实现。服务器的主要作用是实现并发的多对多发送/接收短消息，并可以一定程度上提高系统整体的性能和消息分发可靠性。服务器使用了免费的阿里云寄存式服务器；部分数据和库依赖(maven)存储在云服务器端。服务器端的业务逻辑设计运用了 springframework boot 架构。对于服务器上转发的每个短消息都调用一次 addInterceptors，对地址信息进行认证和 SM4 密钥的协商，由 validateSign 方法完成认证逻辑。

服务器端部分代码如下：

```
package com.msgdb.configurer;
import com.alibaba.fastjson.JSON;
import com.alibaba.fastjson.serializer.SerializerFeature;
import com.alibaba.fastjson.support.config.FastJsonConfig;
import com.alibaba.fastjson.support.spring.FastJsonHttpMessageConverter4;
import com.msgdb.core.*;
import org.apache.commons.codec.digest.DigestUtils;
import org.apache.commons.lang3.StringUtils;
import org.slf4j.Logger;
import org.slf4j.LoggerFactory;
import org.springframework.beans.factory.annotation.Value;
import org.springframework.context.annotation.Configuration;
import org.springframework.http.converter.HttpMessageConverter;
```

```
import org.springframework.web.method.HandlerMethod;
import org.springframework.web.servlet.HandlerExceptionResolver;
import org.springframework.web.servlet.ModelAndView;
import org.springframework.web.servlet.NoHandlerFoundException;
import org.springframework.web.servlet.config.annotation.CorsRegistry;
import org.springframework.web.servlet.config.annotation.InterceptorRegistry;
import org.springframework.web.servlet.config.annotation.WebMvcConfigurerAdapter;
import org.springframework.web.servlet.handler.HandlerInterceptorAdapter;
import javax.servlet.ServletException;
import javax.servlet.http.HttpServletRequest;
import javax.servlet.http.HttpServletResponse;
import java.io.IOException;
import java.nio.charset.Charset;
import java.util.ArrayList;
import java.util.Collections;
import java.util.List;
    //添加拦截器
    @Override
    public void addInterceptors(InterceptorRegistry registry) {
        //接口签名认证拦截器，该签名认证比较简单，实际项目中可以使用 Json Web
Token 或其他更好的方式替代。
        if (!"dev".equals(env)) { //开发环境忽略签名认证
            registry.addInterceptor(new HandlerInterceptorAdapter() {
                @Override
                public boolean preHandle(HttpServletRequest request, HttpServletResponse
response, Object handler) throws Exception {
                    //验证签名
                    boolean pass = validateSign(request);
                    if (pass) {
                        return true;
                    } else {
                        logger.warn("签名认证失败，请求接口：{}，请求 IP：{}，请
求参数：{}",
                                request.getRequestURI(), getIpAddress(request),
JSON.toJSONString(request.getParameterMap()));

                        Result result = new Result();
                        result.setCode(ResultCode.UNAUTHORIZED).setMessage("签名
认证失败");
```

```
                    responseResult(response, result);
                    return false;
                }
            }
        });
    }
}

private void responseResult(HttpServletResponse response, Result result) {
    response.setCharacterEncoding("UTF-8");
    response.setHeader("Content-type", "application/json;charset=UTF-8");
    response.setStatus(200);
    try {
        response.getWriter().write(JSON.toJSONString(result));
    } catch (IOException ex) {
        logger.error(ex.getMessage());
    }
}

/**
 * 定义认证规则：
 * 1. 将请求参数按 ascii 码排序
 * 2. 拼接为 a=value&b=value...这样的字符串(不包含 sign)
 * 3. 混合密钥(secret)进行 md5 获得签名，与请求的签名进行比较
 */
private boolean validateSign(HttpServletRequest request) {
    String requestSign = request.getParameter("sign");//获得请求签名，如
sign=19e907700db7ad91318424a97c54ed57
    if (StringUtils.isEmpty(requestSign))
    {
        return false;
    }
    List<String> keys = new ArrayList<String>(request.getParameterMap().keySet());
    keys.remove("sign");//排除 sign 参数
    Collections.sort(keys);//排序

    StringBuilder sb = new StringBuilder();
    for (String key : keys)
    {
```

```
            sb.append(key).append("=").append(request.getParameter(key)).append("&");//拼接字符串
        }
        String linkString = sb.toString();
        linkString = StringUtils.substring(linkString, 0, linkString.length() - 1);//去除最后一个'&'

        String secret = "Potato";//密钥，自己修改
        String sign = DigestUtils.md5Hex(linkString + secret);//混合密钥 md5

        return StringUtils.equals(sign, requestSign);//比较
    }

    private String getIpAddress(HttpServletRequest request) {
        String ip = request.getHeader("x-forwarded-for");
        if (ip == null || ip.length() == 0 || "unknown".equalsIgnoreCase(ip)) {
            ip = request.getHeader("Proxy-Client-IP");
        }
        if (ip == null || ip.length() == 0 || "unknown".equalsIgnoreCase(ip)) {
            ip = request.getHeader("WL-Proxy-Client-IP");
        }
        if (ip == null || ip.length() == 0 || "unknown".equalsIgnoreCase(ip)) {
            ip = request.getHeader("HTTP_CLIENT_IP");
        }
        if (ip == null || ip.length() == 0 || "unknown".equalsIgnoreCase(ip)) {
            ip = request.getHeader("HTTP_X_FORWARDED_FOR");
        }
        if (ip == null || ip.length() == 0 || "unknown".equalsIgnoreCase(ip)) {
            ip = request.getRemoteAddr();
        }
        // 如果是多级代理，那么取第一个 ip 为客户端 ip
        if (ip != null && ip.indexOf(",") != -1) {
            ip = ip.substring(0, ip.indexOf(",")).trim();
        }

        return ip;
    }
}
```

3. 运行结果

1) 登录界面

用 Java 设计了登录界面，实现了用户登录，并自动分配属性密钥。登录界面如图 5.50 所示。

2) 主界面

如图 5.51 所示，运行时 UI 总共包含发送消息、查看消息和设置词库 3 个部分，其中发送消息部分，将短消息发送与加密整合到同一窗口，通过主动识别敏感词和加密，实现消息的加密传送；查看消息部分，将系统短信查看整合到同一窗口，识别加密短信，可在窗口内解密查看明文，提供标签功能，用户可点击各界面标签切换系统功能；设置词库部分，实现本系统基于“NLP+机器学习”的敏感词识别功能，同时支持用户对词库进行查阅和手动编辑。

图 5.50　登录界面　　　　图 5.51　主界面

3) 设置词库界面

如图 5.52 所示，设置词库界面整体采用了蓝白的配色，实现本系统基于“NLP+机器学习”的敏感词识别功能，同时支持用户对词库进行查阅和手动编辑。

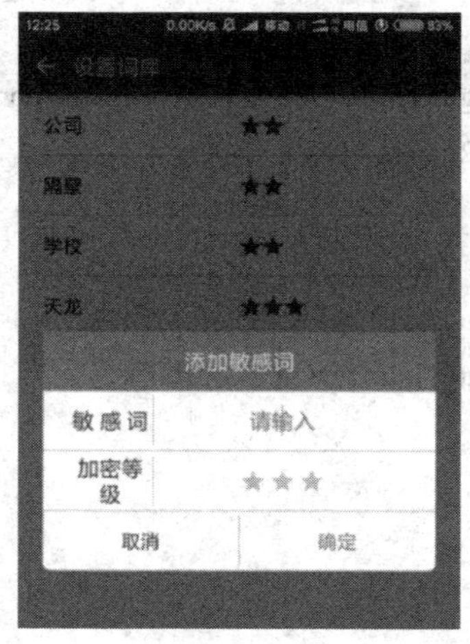

图 5.52　设置词库界面

4) 查看消息界面

如图 5.53 所示，本界面设计了 3 个按钮，实现了敏感词识别、还原和发送加密功能。

5) 联系人查看

如图 5.54 所示，该界面可以查看本应用的联系人。

图 5.53　查看界面

图 5.54　联系人查看界面

6) 收到加密消息

图 5.55、图 5.56 演示了短消息从关键词替换与加密，到解密后结果的效果。短消息中的敏感词汇首先被替换成其他无关的且没有严重歧义的词汇，然后对换下来的词汇进行加密发送。

当收到短消息时，如果没有解密，则会看到一个很自然的但隐含了原始信息量的短消息，只有经过解密后才能查看其真实内容。

图 5.55　短消息的关键词替换与加密

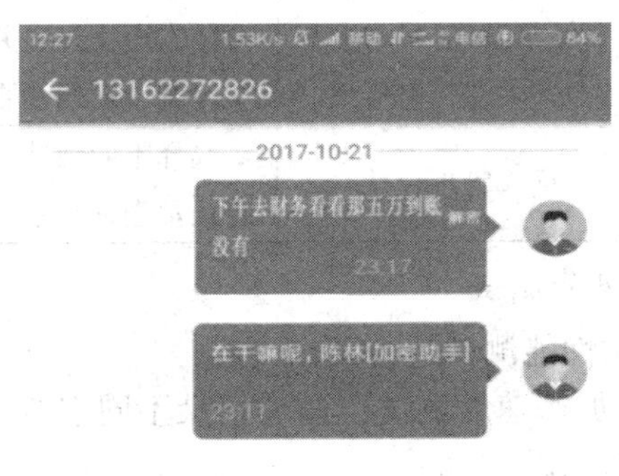

图 5.56　解密后结果

5.3.5　系统测试与结果

1. 测试方案

1) 系统测试环境

本次系统测试环境与真实运行环境有所不同，是真实环境的缩小。其中具体的环境如下：

(1) 操作系统：Windows 10 (64 bit)。

(2) 网络环境：华为路由器 WS832(无线路由器搭建无线局域网，所有测试设备连接至该局域网)。

(3) 硬件环境如表 5.9 所示。

表 5.9 硬 件 环 境

测试设备型号	处 理 器	内 存
一加 3T	高通骁龙 821(MSM8996 Pro)	4G
魅族魅蓝 2	联发科 HelioP20	3G
红米 note5A	高通骁龙 435(MSM8940)	4G

2) 功能测试

功能测试总览如表 5.10 所示。

图 5.10 功能测试总览

序号	测试内容	测试方法	测试结果
1	系统环境的配置及相互之间的连接	按照既定的环境配置方法在不同 PC 上进行配置。通过无线局域网络将各个手机设备连接	正常配置，成功 正常连接，成功
2	PC 端系统启动	在已配置好环境的计算机上运行服务器	正常启动并运行
3	APP 操作响应	在不同手机上运行本系统并点击各个响应模块	界面正常响应对应操作
4	收发消息功能使用	在不同手机上相互发送消息实验	收发消息功能正常运行
5	加解密模块	进行加密操作得到加密短信，选择已加密样本短信发送并进行解密操作，得到明文，查看短信是否能解密且是否丢失信息	短信正常加解密并未丢失信息
6	词库管理模块	选择不同敏感词，随机设定分级，是否能正常查询显示。分类器能否正常运行	词库管理功能正常运行

3) 性能测试

本次性能测试包含两个内容：

(1) 加密速度测试：通过记录不同字符数文本的识别和加密速度的时间，计算出对应的平均速度。

(2) SM4 和 SM2 的加解密效率测试：通过记录不同字符数文本的识别和加密速度的时间，计算出对应的平均速度，主要包括以下参数：SM4 加密文件速度、SM2 加密密钥速度、平均总加密速度、SM4 解密文件速度、SM2 解密密钥速度和平均总解密速度。

2. 测试数据与结果

1) 传输速度测试

由表 5.11 可以看出，在加载不同字符数文本时，总体加解密速度稳定在较快状态。文本增大时，传输的速度也随之提升。考虑到日常短消息的字符数限制，这样的加解密效率已经可以体现本系统服务的实用性。传输文本的平均速度也较为对称，平均识别时间总体较短。

表 5.11　传 输 速 度

传输文件类型/Byte	平均识别时间/s	平均加密速度 kB/s	平均解密时间/s
256	0.17	2234.6	0.31
1024	0.52	2344.8	0.76
4096	2.21	3010.4	2.88
40 960	7.46	4070.0	5.06

2) 加解密效率测试

由表 5.12 可以看出，当文本大小达到数百千字节甚至更大时，由于 SM4 加解密是对单个字符进行加解密的，其加解密速度主要与所处理的文本大小有关。SM4 对密钥解密的速度基本稳定在 45 ms 左右。加密模块能够满足设计需求。

表 5.12　加解密性能测试表

文件名	大小/kB	重复次数	平均总加密速度/ms	SM4 加密文件速度/ms	SM2 加密密钥速度/ms	平均总解密速度/ms	SM4 解密文件速度/ms	SM2 解密密钥速度/ms
文件 1	411	100	1341	31	367	1355	34	369
文件 2	366	100	1220	47	332	1789	42	364
文件 3	425	100	1511	41	363	1601	47	393
文件 4	327	100	1773	33	314	1793	39	354

5.4　思 考 题

(1) 完成 5.1、5.2、5.3 节的实践，并撰写实践报告。

(2) 选择感兴趣的方向，根据教师的指导，自行组建团队，完成创新课题。

参 考 文 献

[1] 教育部高等学校信息安全专业教学指导委员会. 高等学校信息安全专业指导性专业规范[M]. 北京：清华大学出版社, 2014.

[2] 杨波. 现代密码学[M]. 北京：清华大学出版社，2017.

[3] 李剑，张然. 信息安全概论[M]. 北京：机械工业出版社，2018.

[4] Ducas L, Micciancio D. FHEW: Bootstrapping Homomorphic Encryption in Less Than a Second [M]. Advances in Cryptology-EUROCRYPT 2015. New York：Springer Berlin Heidelberg, 2015: 617-640.

[5] Gentry C, Sahai A, Waters B. Homomorphic Encryption from Learning with Errors: Conceptually-Simpler, Asymptotically-Faster, Attribute-Based [M]. Advances in Cryptology–CRYPTO 2013. New York: Springer Berlin Heidelberg, 2013: 75-92.

[6] Chillotti I, Gama N, Georgieva M, et al. Faster Fully Homomorphic Encryption: Boot-strapping in Less Than 0.1 Seconds[M]. Advances in Cryptology-ASIACRYPT 2016. New York: Springer Berlin Heidelberg, 2016.

[7] Kim M, Song Y, Cheon J H. Secure Searching of Biomarkers through Hybrid Homomorphic Encryption Scheme [J]. Bmc Medical Genomics, 2017, 10(2): 42.